"十二五"职业教育国家规划教材

经全国职业教育教材审定委员会审定

中等职业教育化学工艺专业系列教材

合成氨工艺及设备

魏葆婷　主编　　　陈炳和　主审

U0359676

化学工业出版社

·北京·

本书是根据教育部近期制定的《中等职业学校化学工艺专业教学标准》，由全国石油和化工职业教育教学指导委员会组织编写的全国中等职业学校规划教材。

本教材以合成氨企业产品的生产过程为导向进行编写，主要内容包括合成氨生产过程准备、合成氨生产原料准备、合成氨生产原料气制取、合成氨生产原料气脱硫、合成氨生产原料气变换、合成氨生产原料气脱碳、合成氨生产原料气精制、合成氨生产原料气压缩、原料气合成、合成氨的储存与输送10个项目。内容选取上注重新工艺、新技术、新材料、新设备以及节能、减排、安全、经济、环保等相关信息在教材中的体现。

本教材可作为中等职业院校化学工艺专业及相关专业的教材，也可以作为企业员工的培训教材。

图书在版编目（CIP）数据

合成氨工艺及设备/魏葆婷主编 . —北京：化学工业
出版社，2015.11（2024.10重印）
"十二五"职业教育国家规划教材
ISBN 978-7-122-25141-1

Ⅰ.①合… Ⅱ.①魏… Ⅲ.①合成氨生产-生产工
艺-中等专业学校-教材②合成氨生产-化工设备-中等专
业学校-教材 Ⅳ.①TQ113.26

中国版本图书馆 CIP 数据核字（2015）第 218042 号

责任编辑：旷英姿　　　　　　　　　文字编辑：李　玥
责任校对：宋　玮　　　　　　　　　装帧设计：王晓宇

出版发行：化学工业出版社（北京市东城区青年湖南街 13 号　邮政编码 100011）
印　　装：北京科印技术咨询服务有限公司数码印刷分部
787mm×1092mm　1/16　印张 17　字数 448 千字　2024 年 10 月北京第 1 版第 7 次印刷

购书咨询：010-64518888　　　　　　　售后服务：010-64518899
网　　址：http://www.cip.com.cn
凡购买本书，如有缺损质量问题，本社销售中心负责调换。

定　　价：48.00 元　　　　　　　　　　　　　　　版权所有　违者必究

前言

本书是根据教育部近期制定的《中等职业学校化学工艺专业教学标准》，由全国石油和化工职业教育教学指导委员会组织编写的全国中等职业学校规划教材。

本书紧密结合企业生产实际，以培养学生的职业能力为出发点，深浅适度。在内容编排上，以合成氨产品的生产过程为导向，采用项目式教学，以项目引领，任务驱动，知识与任务相呼应，并强化了生产过程的操作及事故的处理，具有较强的针对性和实用性。

在内容表达上充分考虑中职学生学习特点及认知规律，表达方式灵活、多样，图文并茂，视觉感强，使学生乐学、易学。

全书共分十个项目，由常州工程职业技术学院陈炳和教授主审。河南化工技师学院魏葆婷担任主编，负责编写项目五、项目八、项目十并且统稿；河南化工技师学院高美莹编写项目一、项目二并参与统稿；广西柳州化工技工学校戚桂良编写项目三中的任务一、任务二、任务三、任务四；广西柳州化工技工学校辛桂强编写项目三中的任务五、任务六；山东化工技师学院孙欣欣编写项目四；云南化工高级技校凡泽佑编写项目六；云南化工高级技校张弘浩编写项目七；河南煤业永煤集团吕本福编写项目九。

教材在编写过程中得到了编写老师所在学院领导及各方面的大力支持和帮助，并提出了许多宝贵的建议，在此一并感谢。

由于编写水平有限，编写时间仓促，书中难免出现不妥之处，敬请读者和同行批评指正。

编者

2015 年 7 月

目录

合成氨生产过程准备

任务一　认识合成氨

任务目标

通过对氨的理论知识的学习，掌握氨的物理性质和化学性质以及氨的用途，理解合成氨的意义，了解合成氨工业的发展概况及合成氨工业的特点。

任务要求

➤ 能说出氨的用途。
➤ 能写出合成氨的化学反应方程式。
➤ 列举出氨的物理性质并能对相应的物理性质的相关知识进行分析。
➤ 列举出氨的化学性质并能分析化学性质与用途间的关系。
➤ 能根据所学的知识，充分了解我国合成氨工业的现状、发展方向、开发的重点。
➤ 能树立正确的人生观、价值观、学习观、发展观，掌握正确的学习方法，学好合成氨生产知识。

任务分析

氨是我国产量最大的无机产品之一，合成氨工业在国民经济中占有重要地位，用途非常广泛。

理论知识

一、合成氨

科学家们通过研究发现，氮元素是植物营养的重要成分之一，它是植物生长最重要的营养，给土地施含有氮的肥料，能有效地增加粮食产量。氮气在空气中所占比例非常大（78.09%），是自然界中分布很广的气体。但是大多数植物不能直接吸收空气中的氮气，只有当氮气与其他元素化合以后，才能被植物吸收利用，因此必须把空气中的氮气转变为氮的化合物。

把空气中的游离氮转变为氮的化合物的过程称为固定氮，如图 1-1 所示。

在自然状态下固定氮的方式有两种，如图 1-2 所示。一种是依靠固氮微生物将氮气转化为氨被植物吸收，另外一种是依靠闪电等自然能量将氮气转化为氨，随雨水降到地面被植物吸收。但是这两种固氮方式都是依靠自然力量，效率很低，同时条件也有很大的局限性。人类不断地探索更高效的固氮方法，德国化学家哈伯于 1908 年成功地研究出由氮气和氢气反应合成氨的方法，由于是用人工的方法将氮气转化为氨，所以称为人工固氮，这是目前应用最广泛也是最经济的固氮方法。

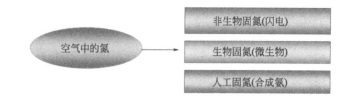

图 1-1 固定氮

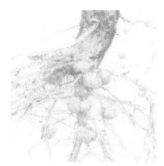  

图 1-2 固定氮的形式

用人工合成的方法固氮生产氨，习惯上称之为合成氨。

合成氨是用将氮气和氢气合成的方法生产氨。氨的化学式是 NH_3，现代的合成氨的方法是在高温、高压、有催化剂的条件下，把原料氮气和氢气合成氨气。反应方程式是：

$$N_2 + 3H_2 \Longrightarrow 2NH_3 + Q$$

合成氨是人类科学技术史上的一项重大突破，对社会发展与进步具有重要意义。

二、氨的性质

1. 物理性质

（1）状态 氨是具有特殊刺激性臭味的无色气体，能刺激人体器官的黏膜。氨有强烈的毒性，空气中含有 0.5% 的氨，就会使人在几分钟内窒息而亡。在标准状况下，氨的相对密度为 0.5971（空气中），比空气轻。图 1-3 所示为氨气泄漏。

图 1-3 氨气泄漏   图 1-4 液氨钢瓶

（2）氨极易溶于水 可制成含氨 15%～30% 的商品氨水。氨溶解时放出大量的热。氨的水溶液呈弱碱性，易挥发。

（3）氨很易被液化 在 0.1MPa 压力下将氨冷却到 −33.5℃，或在常温下加压到 0.7～0.8MPa，氨就能冷凝成无色的液体，同时放出大量的热量。如果人与液氨接触，则会严重地冻伤皮肤。液氨也很易汽化，降低压力可急剧蒸发，并吸收大量的热。液氨钢瓶如图 1-4 所示。

2. 化学性质

① 氨与酸或酸酐可以直接作用，生成各种铵盐，例如氯化铵、碳酸氢铵等。

② 氨与二氧化碳作用生成氨基甲酸铵，脱水生成尿素。

③ 在铂催化作用存在条件下，与氧作用生成一氧化氮，一氧化氮继续与水作用能制得硝酸。

④ 在高温、电火花或紫外线作用下，氨能分解成氢和氮。

⑤ 液氨或干燥的氨气对大部分物质没有腐蚀性，但在有水的条件下，对铜、银、锌等金属有腐蚀作用。

⑥ 氨与空气或氧按一定比例混合后，遇火能爆炸。常温常压下，氨在空气中的爆炸范围为 $15.5\%\sim28\%$，在氧气中为 $13.5\%\sim82\%$。

三、氨的用途

氨是重要的无机化工产品之一，在国民经济中占有重要地位，用途见图 1-5，具体分为如下几个方面。

① 氨主要用于农业，制造各种化学肥料。如图 1-6 所示，合成氨是重要的化工原料，用于制造尿素、碳铵、硝铵、氯化铵等肥料。

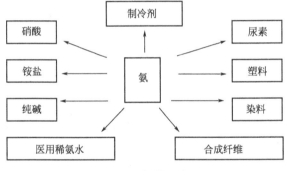

图 1-5　氨的用途

图 1-6　氨用于制造化学肥料

② 在化学工业中作为重要的化工原料，用于生产染料、制药、煤油、纯碱、合成纤维、合成树脂等，如图 1-7 所示。

(a) 氨纶　　　　　　(b) 染料　　　　　　(c) 合成瓦　　　　　　(d) 纯碱

图 1-7　氨产品

③ 在国防工业中，氨是生产炸药的原料（图 1-8），另外可以生产导弹，作为火箭的推进剂和氧化剂。

④ 液氨是常用的制冷剂，在食品工业、医疗行业、冷藏系统中作为制冷剂。如图 1-9 所示。

图 1-8　氨用于生产炸药　　　　　　　　　　　图 1-9　氨制冷机组

四、合成氨发展概况

1. 世界合成氨发展

合成氨工业在 20 世纪初期形成，开始用氨作火炸药工业的原料，为战争服务；第一次世界大战结束后，转向为农业、工业服务。随着科学技术的发展，对氨的需要量日益增长。20 世纪 50 年代后氨的原料构成发生重大变化。近 30 年来合成氨工业发展很快。

1913 年在德国奥堡巴登苯胺纯碱公司建成了一套日产 30t 的合成氨装置，是世界上第一个实现工业化生产的合成氨生产装置，至今合成氨工业已走过 100 多年历程，随着合成氨需要量的增长、石油工业的发展及新工艺新技术的不断涌现，合成氨工业在生产技术上发生了重大变化。20 世纪 60 年代，美国凯洛格公司首先利用工艺过程的余热副产高压蒸汽作为动力，实现了单系列合成氨装置的大型化，这是合成氨工业的一次重要突破。20 世纪 70 年代，计算机技术应用于合成氨生产过程，使操作控制产生了质的飞跃，使能耗水平大为下降。近年来合成氨工业发展很快，大型化、低能耗、清洁生产成为合成氨装置发展的主流，技术改进的主要方向是研制性能更好的催化剂、降低氨合成压力、开发新的原料气净化方法、降低燃料消耗、回收和合理利用低位热能等。

目前合成氨产量以中国、俄罗斯、美国、印度等国最高，约占世界总产量的一半以上。合成氨主要原料有天然气、石脑油、重质油和煤等，因以天然气为原料的合成氨装置投资低、能耗低、成本低，世界大多数合成氨装置以天然气为原料。但是自从石油涨价后，由煤制氨路线重新受到重视。从目前世界燃料储量来看，煤的储量约为石油、天然气总和的 10倍，所以以煤为原料合成氨仍具有潜力。

2. 我国合成氨发展

我国合成氨工业于 20 世纪 30 年代起步，当时仅在南京、大连两地建有氨厂，以焦炭为原料，规模不大，最高年产量不过 50kt（1941 年），此外在上海还有一个电解水制氢生产合成氨的小车间。新中国成立后，我国科学家侯德榜博士率工程技术人员进行了合成氨工艺装置的研究、定型、推广并首创碳铵流程小合成氨厂，经过数十年的努力，已形成了遍布全国、大中小型氨厂并存的氮肥工业布局。20 世纪 60 年代，全国 1500 余家，几乎县县建有小化肥厂。20 世纪 60 年代至 70 年代初，国内引进美国凯洛格公司 13 套以天然气为原料的合成氨装置配 54 万吨尿素，从根本上提升了我国化肥工业的技术和产能。20 世纪 70 年代中期，我国石油工业发展，又出现了一批国产化的以轻质油（石脑油）为原料的合成氨厂。随着石油化工的发展，石脑油为原料的资源越来越贫，而相应的厂家则没法生存。20 世纪80 年代，石油炼油发展迅速，提供大量的重油、渣油。以重油为原料的 30 万吨合成氨厂建了十余个，包括新疆、镇海、兰州、南京、大连、锦州等。随着炼油技术的提高，重油资源越来越少，以重油为原料的厂家几乎全部亏损，不得不选择其他原料制气。目前我国的煤炭资源丰富，油气匮乏，以煤炭为原料合成氨在我国合成氨工业中仍将占主导地位。

我国的合成氨产量排名世界第一。但设备单一、规模较小，近年来合成氨设备的大型化是世界合成氨的主流发展趋势，因此我国也在对合成氨产业进行调整，兴建大型合成氨设备，改善中型合成氨设备，淘汰小型合成氨设备，建立区域性大型合成氨企业集团。

五、合成氨生产工艺的特点

合成氨生产具有传统产业和现代技术的双重特征，其生产工艺有如下特点。

1. 能量消耗高

合成氨工业是能耗较高的行业，由于原料品种、生产规模和技术先进程度的差异，能耗在 28～66GJ 之间。因此，当原料路线确定后，生产规模和所采用的先进技术应以总体节能为目标，即能耗是评价合成氨工艺先进性的重要指标之一。目前，合成氨装置的总能耗为：以天然气为原料、采用烃类蒸气转化的低能耗工艺的吨氨能耗最低达到 28.0GJ 左右；以重油为原料、采用部分氧化的低能耗工艺的吨氨能耗最低达到 38.0GJ 左右；以煤为原料、采用部分氧化工艺的吨氨能耗最低达到 48.0GJ 左右。

2. 技术要求高

一方面由于制取粗原料气比较困难，另一方面粗原料气净化过程比较长，而且高温高压操作条件对氨合成设备要求也比较高。因此，合成氨工业是技术要求很高的系统工程。

3. 高度连续化

合成氨工业还具有高度连续化生产的特点，它要求原料供应充足连续，有比较高的自动控制水平和科学管理水平，确保长周期运行，以获得较高的生产效率和经济效益。

4. 生产工艺典型

合成氨生产工艺中包括了流体输送、传热、传质、分离、冷冻等化工单元操作，是比较典型的化学工艺过程。

图 1-10　施肥后的庄稼

5. 与农业息息相关

农业对化肥的需求是合成氨工业发展的持久推动力。世界人口不断增长给粮食供应带来压力，而施用化学肥料是农业增产的有效途径，合成氨的下游产品主要是化学肥料，所以合成氨工业与国计民生紧密相连，如图 1-10 所示。

任务小结

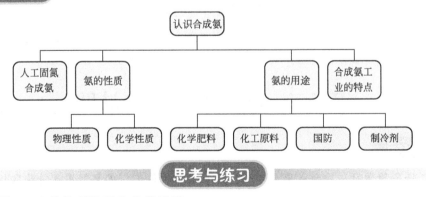

思考与练习

1. 总结 NH_3 的物理性质和化学性质。

2. 写出工业合成氨的反应式（注明中文名称）。

3. 氨的用途有哪些？

4. 通过阅读下列资料，写出自己的感想，想一想你从资料中能得到什么启示。

5. 查阅合成氨工业的建立者哈伯的资料，谈一谈你的感想。

6. 你所在的地区有没有合成氨企业？请了解其规模。

资源导读

合成氨的历史

1900 年，法国化学家勒夏特列通过理论计算，认为氮气和氢气可以直接化合生成氨。他在用实验验证的过程中发生了爆炸。他没有调查事故发生的原因，而是觉得这个实验有危险，就放弃了。后来查明实验失败的原因是他所用混合气体中含有氧气。稍后，德国物理化学家能斯特通过理论计算，竟然认为合成氨是不能进行的。后来才发现，他在计算时误用一个热力学数据，以致得到错误的结论。由于能斯特在物理化学领域的权威性，人工合成氨的研究陷入低潮。能斯特结论的公布给同时也在研究合成氨的哈伯很大的打击，但是通过比较发现，他所取得的某些数据与能斯特有所不同。他没有盲从权威，而是依靠实验来检验，终于证实了能斯特的计算是错误的。

哈伯首先想到，也许高温下会进行这个反应。结果却出乎意料，当温度升高到 1000℃时，氨的产量才不过是原料体积的 0.012%，还不如低温时的产量高。但是，降低反应温度时，反应却又变得十分缓慢。哈伯的实验陷入困境。1903 年，伯克兰和艾德采取在空气中放电的方法固氮。哈伯赴美国考察，回国后也采用高压放电固氮，实验历时一年效果不尽如人意。放电法还是回到高温法？经过慎重考虑，哈伯觉得放电法需要大量的电力，不易形成流程化，没有前途，决定再回到高温法。

1905 年底，哈伯确定了氮气和氢气的混合气体在高温高压及催化剂的作用下合成氨。但什么样的高温和高压条件为最佳？以什么样的催化剂为最好？经过四年几千次的实验和计算，哈伯终于在 1909 年取得了鼓舞人心的成果。这就是在 550℃ 的高温、200atm 和锇为催化剂的条件下，能得到产率约为 6.25% 的合成氨。现代合成氨工艺的反应条件是用铁作催化剂，500℃ 左右，20～50MPa。氨的产量大约在 10%～15%。

由于温度高、压力大，哈伯的实验装置在几天后的另一次实验中发生了爆炸，变成一堆废铁，后来另一位科学家博施采用双层结构的方式才解决了设备耐高温高压的问题，博施因在化工设备耐高温高压方面的巨大贡献也获得了 1931 年的诺贝尔化学奖。

任务二　认识合成氨生产过程

任务目标

通过本任务的学习，对合成氨生产过程建立初步的认识，巩固利用资料获取信息和利用互联网查阅资料的方法，能分析出以煤为原料生产合成氨的工艺过程和以天然气为原料生产合成氨的过程。

任务要求

➤ 能够准确地用方框图表示出合成氨生产的工艺过程。
➤ 用语言叙述出合成氨生产过程包括的三个步骤。

➢ 列举出合成氨生产所使用的原料。

➢ 查阅资料说明我国合成氨企业使用的原料的特点。

➢ 能够查阅资料根据当地的能源特点选择合成氨原料路线与生产路线。

任务分析

氨是氢气和氮气在高温高压有催化剂的条件下合成的，因此需要选择合适的原料通过一系列的加工过程才能完成合成氨的生产。

理论知识

一、合成氨的原料

氢气和氮气是合成氨的直接原料气，所以生产合成氨必须要制备合格的氢气和氮气。

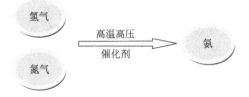

1. 氢气的来源

因为氢气不能直接从其他混合物中取得，合成氨生产过程中最重要的问题是如何获取纯净的氢气，合成氨的绝大多数过程都是在制取氢气。工业普遍采用焦炭、煤（图 1-11）、天然气、轻油、重油（图 1-12）等燃料在高温下与水蒸气反应的方法制取。根据这些原料的状态不同，又把合成氨原料分为固体燃料（焦炭、煤等）、气态烃（天然气等）和重油等。

图 1-11　煤　　　　　　　　　　　　　　　　图 1-12　重油

2. 氮气的来源

氮气在空气中的体积分数达到 78.09%，空气在自然界广泛存在，是氮气的最好来源，要将空气中的氮气用于合成氨，可以通过把空气中的氧气和氮气分离的方法得到，或者将空气中的氧气通过燃烧的方式消耗掉从而得到氮气。

二、合成氨生产过程

合成氨的主要原料可分为固体原料、液体原料和气体原料。经过百年的发展，合成氨技术趋于成熟，形成了一大批各有特色的工艺流程，但都是由三个基本部分组成，即：

原料气的制备指的是由燃料经过燃烧制取氢氮混合气的过程；原料气的净化主要包括原料气脱硫、一氧化碳变换、脱碳、少量一氧化碳及二氧化碳脱除等工序，将原料气中的杂质硫化物、一氧化碳、二氧化碳等脱除，并对气体成分进行调整；气体的压缩与氨的合成指的是在高温、高压和有催化剂的条件下，将氢氮气合成为氨。各工序

的任务在下面进行介绍。

1. 原料气的制备工序

原料气的制备工序主要目标是由原料制备合成氨原料气——氢氮混合气，也称造气工序。

2. 脱硫工序

无论哪一种原料制备出的合成氨原料气中，都含有硫化物。原料气中的硫化物，不仅能腐蚀设备和管道，而且能使合成氨所用催化剂中毒。此外，硫是一种重要的化工原料，应当予以回收。因此，原料气的硫化物，必须脱除干净。脱硫工序的目标是脱除原料气中的硫化物。

3. 一氧化碳的变换工序

以含碳燃料制备的合成氨原料气中，都含有一氧化碳，一氧化碳不是合成氨的直接原料气，在一氧化碳的变换工序使一氧化碳与水蒸气进行变换反应，变换反应后得到的氢气是合成氨直接原料气，得到的二氧化碳也比一氧化碳更容易被除去。同时一氧化碳对氨合成催化剂有毒害，因此原料气送往合成工序之前必须将一氧化碳清除。一氧化碳变换是对原料气的进一步加工。

4. 脱碳工序

脱碳中的碳指的是二氧化碳。二氧化碳不仅不是合成氨的直接原料，还是合成氨催化剂的毒物，因此必须加以脱除，但二氧化碳同时是一种有用的化工原料，应加以回收利用。

5. 少量的一氧化碳和二氧化碳脱除工序

为了防止氨合成催化剂中毒，在进氨合成塔前将残余的一氧化碳和二氧化碳进一步脱除，又称为精制工序。

6. 气体的压缩工序

用压缩机将气体进行压缩，满足各工序的压力要求，最终将氢氮混合气压缩到合成氨所需的压力。

7. 氨的合成工序

经过净化和压缩后的氢氮混合气在氨合成塔内合成氨，经过加工处理制得产品液氨。把各工序组合起来，就构成了合成氨的工艺流程，合成氨生产流程方框图如图1-13所示。

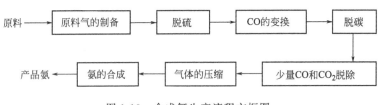

图1-13　合成氨生产流程方框图

三、以煤为原料合成氨的工艺过程

以煤为原料合成氨的工艺种类非常多，各种工艺流程的最主要区别在于煤气化过程也就是原料气的制备工序不同。传统的煤气化工艺采用块煤固定层间歇气化法，典型的大型煤气化工艺主要包括碎煤固定层加压气化工艺、水煤浆加压气化工艺以及粉煤加压气化工艺等。固定层间歇式气化合成氨流程被国内煤、焦炭为原料的企业所用，如图1-14所示。但是由于对煤种要求高，能耗大，效率较低，所以已逐渐被淘汰。

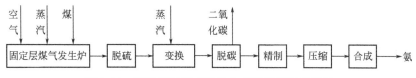

图 1-14　固定层间歇式气化合成氨工艺流程简图

图 1-15 所示为连续式制气工艺流程简图，对煤种的适应性比较广，而且生产大型化、规模化，是目前比较新型的合成氨工艺流程。

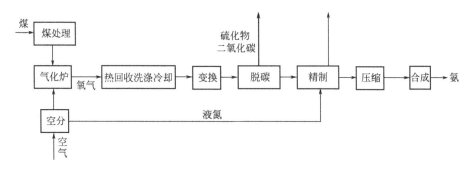

图 1-15　连续式制气工艺流程简图

四、以天然气为原料合成氨的工艺过程

以天然气为原料合成氨与以煤为原料合成氨的主要区别在于原料气的制备工序不同，天然气需先脱硫，除掉硫化物，然后进入转化工序，在催化剂的作用下使天然气与空气和水蒸气反应，通过二段转化，使之转化为粗原料气（一氧化碳、氢气、氮气混合物），再分别经过一氧化碳变换、二氧化碳脱除等工序进行气体成分的调整，得到的氮氢混合气，再经精制工序处理后，制得氢氮比适当的纯净氢氮气，经压缩机压缩后进入氨合成工序，制得产品氨。流程简图如图 1-16 所示。

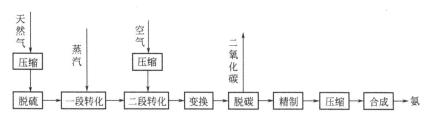

图 1-16　以天然气为原料合成氨的流程简图

以天然气为原料的气态烃类转化过程经济效益最高，热利用率高、自动化程度高、合成氨生产成本低。

以固体燃料（煤炭、焦炭等）为原料制气的合成氨企业比例最大，固体燃料是目前我国合成氨生产的主要原料，在煤的利用上主要以无烟煤为主，随着煤气化技术的进步，多煤种均可作为合成氨的原料。天然气是合成氨的第二大原材料，虽然技术成熟可靠，但是由于能源结构的问题，以天然气为原料生产合成氨在我国的比例并不高，2012 年《天然气利用政策》规定，限制已建的合成氨厂以天然气为原料的扩建项目、合成氨厂煤改气项目。由于生产成本较高，以油为原料生产合成氨于 2010 年被淘汰。

任务小结

1. 合成氨生产过程的三个步骤：

原料气的制备	⟹	原料气的净化	⟹	原料气的压缩与合成

2. 以固体燃料为原料合成氨。
3. 以气体燃料为原料合成氨。

思考与练习

1. 假如你是一位工艺设计师，你正在对合成氨造气原料进行选取，查阅资料说明你如何选择及选择原因。

2. 合成氨工艺包括哪三个步骤？分别包括哪些工序？作用是什么？

3. 画出合成氨生产工艺流程方框图。

4. 固体燃料合成氨的工艺过程是什么？

5. 气体燃料合成氨的工艺过程是什么？

任务三　合成氨生产水处理

任务目标

通过对合成氨生产水处理的原理及工艺的学习，掌握水处理的原因及合成氨企业水处理岗位的主要任务及工艺流程，了解不同的水处理方法及各类水质指标。知道水处理方法的原理。

任务要求

➤ 能说出水中的杂质及其危害。
➤ 能区分不同水处理岗位的岗位任务。
➤ 能列出常用的水质指标并说明其意义。
➤ 能根据工艺流程图说明水处理岗位的工艺流程。
➤ 能说明水的处理方式及应用。
➤ 能分析水处理对合成氨企业的意义。

任务分析

合成氨生产过程中，每个工序都跟水直接或者间接相关。水主要有如下几个方面的作用：①水在锅炉内转化成蒸汽，蒸汽直接参与反应（造气工序、变换工序）或者作为热源加热反应物；②水用作加热介质或冷却介质；③作为溶剂，用于制备水煤浆、脱硫溶液、脱碳溶液等。

水处理就是通过各种必要的工艺技术（物理的、化学的、生物的，或将其组合）去除其中的不必要成分，从而达到所需水质标准的净化过程。根据水质标准不同将合成氨生产的水处理分为水的预处理、脱盐水处理、循环水处理、污水处理等，如图 1-17 所示。

理论知识

一、水中的杂质及其危害

杂质按其在水中存在的状态分为三类。

（1）悬浮物质　由大分子尺寸的颗粒组成。比如水中悬浮的泥沙颗粒、藻类物质、细菌、原生动物等微生物。

图 1-17 水处理

（2）胶体物质 大小介于悬浮物质与溶解物质之间。水中的胶体主要是铝、铁、硅的化合物及有机化合物。

（3）溶解物质 水中溶解的物质分为溶解的气体和溶解的盐类。溶解的气体比如溶解在水中的氧气、二氧化碳；溶解的盐类以各种离子的形式存在，在水中溶解量比较大的主要有钙离子、镁离子、碳酸氢根离子、氯离子、硫酸根离子等。

水中存在的杂质，不管是悬浮物、胶体物、溶解物都会给工业生产带来不利。水中的杂质结垢在换热器或锅炉的表面，垢层的存在会降低换热器的传热速率，影响设备的正常运行，严重的甚至会引起爆炸；水中溶解的氧气、氯离子等杂质可能会造成设备或换热器的腐蚀；只有进行水的处理，尽量减少有害杂质的含量，改善水中结垢离子、腐蚀离子相互间量的关系，提高水的洁净程度，才能有效地减少其危害。另外各工序的污水也不能直接排放出系统，必须进行污水的处理，将有害的物质降低到国家标准以下才可排放，否则必然会造成环境污染。

二、常用的水质指标

水质用水质标准来衡量，不同的工序对水的要求也不相同，下面简要介绍与合成氨生产水处理相关的水质指标。

（1）浊度 水中由于含有悬浮及胶体状态的杂质而产生浑浊现象，水的浑浊程度可以用浊度来表示。浊度综合性地反映水的浑浊程度。浊度可以采用混凝、澄清、过滤的方法去除。

（2）pH 表示水中氢离子的浓度。pH 等于 7 为中性；pH 小于 7 说明水显酸性，越小酸性越强；pH 大于 7 说明水显碱性，越大碱性越强。

（3）硬度（H） 水中钙离子与镁离子含量的综合称为水的总硬度。表示水中结垢物质的多少。硬度越大说明水中容易造成结垢的离子越多。

（4）化学需氧量（COD） 在一定严格的条件下，水中各种有机物质与外加的强氧化剂作用时所消耗的氧化剂量。COD 值常用于衡量水中有机物质的量。COD 值越高表明水体中还原性物质（如有机物）含量越高，而还原性物质可降低水体中溶解氧的含量，导致水生生物缺氧以至死亡，水质腐败变臭。另外，苯、苯酚等有机物还具有较强的毒性，会对水生生物和人体造成直接伤害。因此，我国将 COD 作为重点控制的水污染物指标。

（5）生化需氧量（BOD） 在人工控制的一定条件下，使水样中的有机物在有氧的条件下被微生物分解，在此过程中消耗的溶解氧的量。BOD 常用于衡量水中有机物质的量。其值越高说明水中有机污染物质越多，污染也就越严重。

（6）氨氮（NH_3-N） 是指以游离氨（NH_3）和离子氨（NH_4^+）形式存在的氮。氨氮是合成氨企业的一个重要指标。

（7）电导率 水中溶解的盐类均以离子状态存在，具有一定的导电能力。电导率是指一定体积溶液的电导，即在 25℃时面积为 1cm²，间距为 1cm 的两片平板电极间溶液的电导。电导率越大，说明水中的溶解盐类越多。电导率是衡量脱盐水的重要指标。

（8）溶解氧（DO） 溶解在水中的分子态的氧。

常用的水质标准见表 1-1。

表 1-1 常用的水质标准

物理性水质指标	感官物理性水质指标	温度、色度、嗅和味、浑浊度、透明度等
	其他物理性水质指标	总固体、悬浮固体、溶解固体、可沉固体、电导率等
化学性水质指标	一般的化学性水质指标	pH、碱度、硬度、氨氮、各种阳离子和阴离子、总含盐量、一般有机物质等
	有毒的化学性水质指标	各种重金属、氰化物、多环芳烃、各种农药等
	氧平衡指标	溶解氧 DO、化学需氧量 COD、生化需氧量 BOD、总需氧量 TOC 等
生物学水质指标	微生物指标	细菌总数、总大肠菌数、各种病原细菌、病毒

三、水中杂质的清除方法

1. 水中的悬浮物及胶体的处理

对于粒径较大（0.1mm 以上）的泥砂颗粒，可以利用自然沉淀将其除去。对于粒径较小的悬浮物及胶体溶液，需要采用混凝。

（1）混凝 混凝是通过投加化学药剂来破坏胶体和悬浮物在水中形成的稳定体系，使其聚集为具有明显沉降性能的絮凝体，然后用沉降法予以分离。常用的絮凝剂有铝盐、铁盐及有机化合物等。

（2）澄清 澄清是利用活性泥渣与混凝处理后的水进一步接触，加速沉淀的过程，即澄清是混凝后的絮凝物质与水分离的过程，通常在澄清池内完成。

（3）过滤 过滤是水通过过滤介质时，其中的悬浮颗粒和胶体就被截留在滤料的表面和内部空隙中，这种通过粒状介质层分离不溶物的方法称为粒状介质过滤。图 1-18 所示为过滤介质，图 1-19 所示为压力过滤器。过滤可作为活性炭吸附和离子交换等深度处理过程之前的预处理，也可用于化学混凝和生化处理之后作为后处理过程。常用滤料有石英砂、无烟煤屑、大理石粒等。

图 1-18 过滤介质

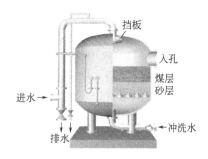

图 1-19 压力过滤器

（4）除氧 水中的溶解氧是引起给水系统中金属腐蚀的主要因素。给水系统发生氧腐蚀时，表面形成许多小型鼓包，直径不一，称为溃疡腐蚀，鼓包颜色由黄褐色至砖红色不等，次层则是黑色粉末状物，这些均为腐蚀产物，主要是铁的氧化物。所以要进行水的除氧处理，用以降低水中的溶解氧。

除氧的方法主要有化学除氧和热力除氧。热力除氧是水加热至沸点，使氧的溶解度减小，水中氧不断逸出，再将水面上产生的氧气连同水蒸气一道排除，还能除掉水中各种气体

（包括游离态 CO_2、N_2），除氧后的水不会增加含盐量，也不会增加其他气体溶解量，操作控制相对容易，而且运行稳定、可靠。化学除氧是在水中加入除氧剂，使除氧剂与氧气反应，从而除去水中的氧。化学除氧剂有亚硫酸钠、联氨等。

2. 水的软化处理

水的软化处理主要目的是去除或降低水中的 Ca^{2+}、Mg^{2+} 等易形成难溶盐类的金属离子含量。将硬水处理成软水的过程称为水的软化。软化处理的方法有药剂软化法、离子交换软化法。

药剂软化工艺指按一定量投加某些药剂（如石灰、纯碱等）于原水中，使之与水中 Ca^{2+}、Mg^{2+} 反应生成沉淀物 $CaCO_3$ 和 $Mg(OH)_2$，从而降低水的硬度。药剂软化法用于水软化的初步处理。

离子交换软化是指使水中的 Ca^{2+}、Mg^{2+} 与离子交换剂中的阳离子交换，Ca^{2+}、Mg^{2+} 被交换到离子交换剂上，从而降低水的硬度，达到软化的目的。常用的离子交换剂为离子交换树脂（图 1-20），所用的设备为离子交换器（图 1-21）。

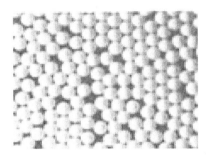

图 1-20　离子交换树脂

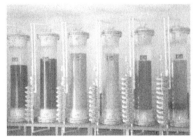

图 1-21　离子交换器

3. 水的除盐处理

水的除盐处理是除去水中所有阴离子和阳离子得到高纯度的水的过程。水的除盐处理的方法有：化学除盐——离子交换、电力除盐——电渗析、压力除盐——反渗透等。在除盐处理之前原水需先预处理，使浊度、胶体硅等达到要求后进入脱盐水处理系统。

（1）离子交换除盐　离子交换除盐是利用离子交换树脂的可离解离子对水中离子产生交换反应的特性。阳离子交换树脂交换水中钙、镁、钠等离子放出 H^+；阴离子交换树脂再交换水中二价硫酸根离子、氯离子、硅酸根离子等阴离子放出 OH^-；H^+ 和 OH^- 结合生成水，从而达到去除水中盐类的目的。所用的设备为离子交换床。

阳离子交换床内装填的是阳离子交换树脂，用于将水中的阳离子杂质交换为氢离子，阴离子交换床内装填的是阴离子交换树脂，用于将水中的阴离子杂质交换为氢氧根离子，混床内装填是的阴、阳离子交换树脂，用于分别处理阴、阳离子杂质。在离子交换除盐流程中通常还有脱碳塔，是通过风机的风力来吹脱水中游离 CO_2 的设备。脱碳塔的作用是一方面减少酸性气体对锅炉、过滤器的腐蚀,如果水中含有一定的CO_2,那么CO_2和水产生碳酸,而电离出的氢离子腐蚀后面的各种容器;另一方面,如果用于阴阳离子交换器,则可以减轻阴离子交换器的负荷,提高化学除盐工艺的经济性和出水水质。工艺流程如图1-22所示。

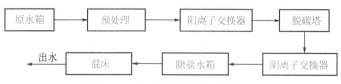

图1-22 离子交换除盐工艺流程

(2) 电渗析除盐 电渗析除盐是在水中置入阴、阳两个电极,并施加直流电场,则溶液中的阳离子将移向阴极,阴离子则移向阳极,在阴、阳两电极之间有离子交换膜(阳离子交换膜或阴离子交换膜),利用离子交换膜的选择透过性(即阳膜只允许阳离子透过,阴膜只允许阴离子透过),阳离子、阴离子会选择性地通过膜,通过这个过程把阴、阳离子从溶液中分离出来。多膜电渗析槽实物如图1-23所示,多膜电电渗析槽工作原理如图1-24所示。

图1-23 多膜电渗析槽实物

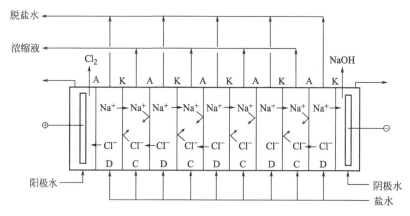

图1-24 多膜电渗析槽工作原理示意
A—阴离子膜;K—阳离子膜;D—稀室;C—浓室

(3) 反渗透除盐 反渗透是采用膜分离的水处理技术,是一种新型的水处理工艺,随着膜科学研究和制造的进步已经得到普及,它利用膜技术将水中的离子成分去除,达到脱盐的目的。反渗透除盐的关键部件是反渗透膜。反渗透膜是在压力驱动下,允许溶剂分子透过而不允许溶质分子透过的一种功能性的半透膜。它是一种用化学合成高分子材料加工制成的具有半透性能的薄膜。它能在外加压力的作用下使水溶液的某一些组分选择性透过，从而达到淡化、净化或浓缩分离的目的，装置如图1-25所示。

4. 水的杀菌灭藻处理

微生物繁殖的主要形式是黏泥（微生物及其分泌物聚成的块）和夹杂的无机和有机杂质。在工艺设备上沉积的微生物黏泥能明显地减少传热量，降低换热效率，金属表面的生物污垢能造成腐蚀。水的杀菌灭藻处理的方法主要是投加杀菌灭藻剂。往冷却水系统

图1-25 反渗透装置

中添加杀生剂（也称杀菌灭藻剂）是控制微生物繁殖最有效、最常用的方法之一。

氧化性杀生剂是具有强烈氧化性的杀生药剂，通常是一种强氧化剂，对水中微生物的杀生作用强烈。常用的氧化性杀生剂有：含氯化合物、过氧化合物、含溴化合物等。

5. 水的生物处理

水的生物处理主要用于污水处理，主要是利用微生物将污水中有机物等杂质分解，从而达到净化的目的。具体方式有活性污泥法和生物膜法等。

活性污泥法是利用活性污泥中的活性微生物对污水中的有机物进行氧化、分解，从而使污水净化的方法。生物膜法是使微生物在固体介质表面（滤料或某些载体）生长、繁殖，形成膜状活性污泥（生物膜），当污水与之接触时，生物膜上的微生物摄取污水中的有机物为营养，从而使污水得以净化的方法。

污水处理包括一级处理、二级处理和三级处理，一级处理主要是处理水中的悬浮固体、胶体悬浮油类，方法有物理法、中和法等。经过一级处理的污水，达不到排放标准，还需要进行二级处理。一级处理属于二级处理的预处理。二级处理又称二级生物处理或生物处理，主要去除污水中呈胶体和溶解状态的有机污染物质，使出水的有机污染物含量达到排放标准的要求。主要使用的方法是微生物处理法。具体方式有活性污泥法和生物膜法。污水经过一级处理后，已经去除了漂浮物和部分悬浮物，经过二级生物处理后，去除率可达90%以上，二沉池出水能达标排放。三级处理又称为深度处理，主要目的是回用，企业用得比较少。

四、合成氨厂的水处理

1. 水的预处理

水的预处理是除去原水（未经处理的水或进入某处理工序前的水称为该工序的原水）中的悬浮物和胶体物质，从而满足锅炉给水、循环水及进入脱盐装置等的水质要求的处理过程，包括混凝、澄清、过滤等处理装置的正常运行。

水的预处理岗位的任务和内容包括：①除去水中的悬浮物、胶体物和有机物；②降低生物物质，如浮游生物、藻类和细菌；③去除重金属，如铁、锰等；④降低水中钙镁硬度和重碳酸根等。

典型的水的预处理工艺流程如图1-26所示。

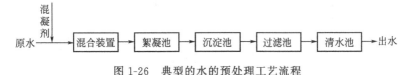

图1-26 典型的水的预处理工艺流程

2. 脱盐水处理

水的除盐处理主要目的是除去水中的溶解盐类，除盐后的水称为脱盐水，根据标准不同又分为一级脱盐水和二级脱盐水，每个企业所用的脱盐方式不同，工艺流程也不同。脱盐水

系统主要是供应锅炉用水。

3. 循环水处理

冷却水在循环系统中不断循环使用，由于水的温度提高，水流速度的变化，水的蒸发，各种无机离子和有机物质的浓缩，冷却塔和冷水池在室外受到阳光照射、风吹雨淋、灰尘杂物的进入，以及设备结构和材料等多种因素的综合作用，会产生严重的沉积物的附着、设备腐蚀和微生物的大量滋生，以及由此形成的黏泥污垢塞堵管道等问题，如图 1-27 所示，它们会威胁和破坏工厂长周期的安全生产，甚至造成经济损失，因此必须对循环冷却水进行水处理。

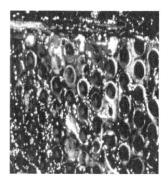

图 1-27　管道腐蚀、结垢、黏泥沉积

循环水岗位的主要任务是负责向各工艺装置区输送水质合格，压力、温度、流量符合工艺要求的冷却用水，再将各用户返回的热水经凉水塔冷却后，经循环水泵升压送往各用户，循环利用。循环过程中，必须连续地补充由于蒸发、散失、排污（包括用户排放的冷却水）而损失的水。同时为循环水加药（缓蚀剂、阻垢剂、杀菌灭藻剂等），使得水质稳定，防止循环水对设备的腐蚀、结垢及微生物的生长，保证设备安全、稳定长周期运行。

典型的循环水流程如图 1-28 所示。

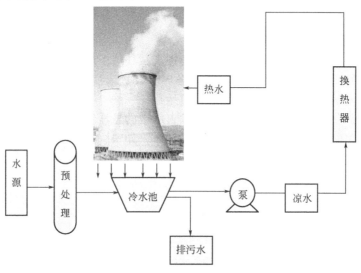

图 1-28　典型的循环水流程

（1）冷却塔　如图 1-29～图 1-31 所示。冷却塔的作用是把热水散热，将经过换热温度升高的循环水汇集后，自下而上由水泵输送到塔顶，热水通过与塔顶风机产生的大量冷空气

图 1-29 冷却塔实物

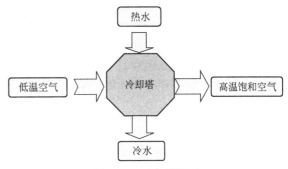

图 1-30 冷却塔原理

图 1-31 冷却塔上水管

逆流接触，降低水温后汇集到集水池中，再由循环水泵送到各用水点。

（3）风机 风机的作用是产生预计的风量并将塔内的湿热空气送往高空，如图 1-32 所示。

（4）集水池 集水池的作用是汇集淋水装置落下的冷却水，调节水量，如图 1-33 所示。

图 1-32 冷却塔顶部的风机

图 1-33 集水池

（4）循环泵 循环泵的作用是输送循环水。

4. 污水处理

各机泵密封冷却水、锅炉排污、循环冷却水排污、过滤罐洗涤用水及脱盐水、酸碱再生废水等排放的废水最终汇集到污水处理岗位。污水处理岗位的任务是负责将污水进行处理，使水质达到排放标准。

在合成氨生产过程中，造气、脱硫工段排放的废水主要是半水煤气洗涤水，其为高温和高污染废水，主要污染物为悬浮物、氨氮、氰化物、硫化物、COD、酚类等；合成、精制工段在生产过程中会产生废稀氨水，其中污水中氨氮浓度非常高。

目前对含氨废水的治理方法主要分为物理化学法和生化法。物理化学法主要有化学酸碱中和法、氨气吹脱法、蒸汽汽提法等。氨气吹脱法和蒸汽汽提法在工业生产上用于处理含氮废水较为普遍，但是氨气吹脱法在环境温度低于 0℃时，无法运行，且吹脱塔填料上易产生结垢，合成氨企业的污水的温度比较高。蒸汽汽提法则适用于氨氮含量在 1000mg/L 以上的高浓度含氨废水的处理。目前应用较为广泛的是生物脱氮技术，生物脱氮的基本原理是先通过硝化将氨氮氧化成硝酸氮（$NO_3—N$），再通过反硝化将硝酸氮还原成氮气（N_2）从水中逸出。污水生物处理流程如图 1-34 所示。

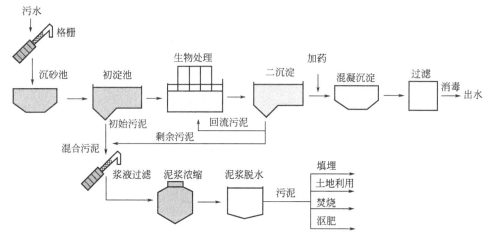

图 1-34　污水生物处理流程

　　在传统的多级活性污泥生物脱氮法的基础上，为进一步提高脱氮效率、降低运行费用、减少占地面积、便于操作、降低能耗、避免二次污染等，开发了许多各具特色的脱氮工艺。如前置反硝化单级活性污泥脱氮工艺、A/O 工艺及其改进工艺、A/A/O 工艺，SRB 序批式活性污泥法及改进工艺等。在经过格栅过滤（图 1-35）、混凝、沉淀（图 1-36）及一些基本处理以后，进入到污水的生物处理部分。下面主要介绍基础生物处理法的活性污泥法和典型的合成氨污水处理的 A/A/O 工艺。

图 1-35　格栅　　　　　　　　　　　　　　　图 1-36　沉淀池

　　(1) 活性污泥法　工艺流程如图 1-37 所示，经预处理后的污水与二次沉淀池回流的活性污泥同时进入曝气池（图 1-38），由曝气与空气扩散系统送出的空气，以小气泡的形式进入污水中，其作用除向污水充氧外，还使曝气池内的污水、污泥处于剧烈的搅拌状态，活性污泥与污水互相混合、充分接触，使活性污泥反应得以正常进行。活性污泥反应的结果是污水中有机污染物得到降解和去除，污水得到净化，同时由于微生物的生长和繁殖，活性污泥也得到增长。曝气池中混合液（活性污泥和污水、空气的混合液体）进入二次沉淀池进行沉淀分离，上层出水排放，分离后的污泥一部分返回曝气池，使曝气池内保持一定浓度的活性污泥，其余为剩余污泥，由系统排出。

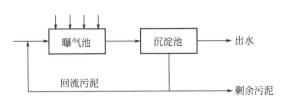

图 1-37　活性污泥法工艺流程

图 1-38　污水曝气

（2）A/A/O 工艺　污水中的氮主要以有机氮或氨氮形式存在。有机氮可通过细菌分解和水解转化成氨氮。A/A/O 工艺流程如图 1-39 所示。

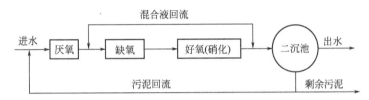

图 1-39　A/A/O 工艺流程

该工艺将预处理的废水依次经过厌氧、缺氧和好氧三段处理，其中第一个 A 代表厌氧池，在厌氧池内废水与池中组合填料上的生物膜（厌氧菌）充分接触进行生化反应。第二个 A 代表缺氧池，在缺氧池内进水的有机物作为反硝化的碳源和能源，以回流沉淀池出水中的硝态氮为反硝化的氧源，在池中组合填料上生物膜（兼性菌团）作用下进行反硝化脱氮反应，使回流液中的 NO_2—N、NO_3—N 转化为 N_2 排出，同时降解有机物。O 代表好氧池，微生物的生物化学过程主要在好氧池中进行。废水中的氨氮在此被氧化成亚硝态氮及硝态氮。缺氧池出水流入好氧池，与经污泥泵提升后送回到好氧池的活性污泥充分混合，由微生物降解废水中的有机物，用曝气器添加空气中的氧气。厌氧段能较好地对污水进行水解酸化，水解酸化促使废水可生化性提高，以便提高缺氧/好氧的处理效率。

任务小结

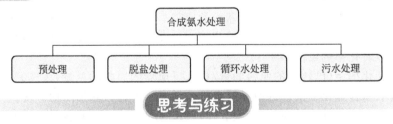

思考与练习

1. 为什么水需要进行处理？
2. 水中的杂质有哪些？有什么危害？
3. 什么是 COD 和 BOD？分别衡量水的什么？
4. 什么是水的硬度？哪些物质会引起水的硬度？
5. 什么是混凝？有什么作用？常用的混凝剂有哪些？
6. 什么是过滤？有什么作用？常用的过滤介质有哪些？

7. 水的预处理岗位的任务是什么？

8. 脱盐水处理岗位的任务是什么？

9. 循环水处理岗位的任务是什么？

10. 污水处理岗位的任务是什么？

任务四 认识合成氨生产中常用指标

任务目标

通过学习合成氨生产中的常用指标，掌握单耗的计算，理解空间速度、停留时间、转化率、选择性、收率的意义，了解合成氨生产中的其他指标及其意义。

任务要求

➢ 能对比说明转化率、收率、选择性的意义。

➢ 能查阅资料说明合成氨企业的生产能力。

➢ 能计算某种物料的单耗。

➢ 能说出常用的经济评价指标。

➢ 能说明工艺指标的重要性。

➢ 养成严格遵守工艺指标的职业素养。

任务分析

为了说明生产中化学反应进行的情况，反映某一反应系统中，原料的变化情况和消耗情况，需要引入一些常用的指标，用于工艺过程的研究开发及指导生产。常用的经济评价指标有转化率、收率、选择性、生产强度、生产能力、单耗等。

合成氨生产企业是一个连续化程度很高的企业，各工序间环环紧扣，各工序间的工艺指标紧密相连，生产过程中需要工艺指标进行控制，工艺指标与产品的产量、质量以及化工设备、安全生产、环境质量都息息相关。

理论知识

一、经济评价指标

1. 转化率、收率、选择性

（1）转化率　转化率表示进入反应器内的原料与参加反应的原料之间的数量关系。转化率越大，说明参加反应的原料量越多，转化程度越高。由于进入反应器的原料一般不会全部参加反应，所以转化率的数值小于1。

转化率＝（已转化的原料的量/投入反应器的原料的总量）×100％

转化率高表示参加化学反应的原料量占投入反应器中物料总量的比例多。

（2）选择性　选择性表示参加主反应的原料量与参加反应的原料量之间的数量关系，即参加反应的原料有一部分被副反应消耗掉了，而没有生成目标产物。选择性越高，说明参加反应的原料生成的目标产物越多。选择性用来评价反应过程的效率，它表达了主、副反应进行程度的相对大小，能确切地反映原料的利用是否合理。

选择性＝（生成目标产物消耗的原料量/参加反应的原料量）×100％

选择性高表示转化的原料中生成目标产物的比例高，但并不能说明有多少原料参加了反应。

（3）收率　收率表示进入反应器的原料与生成目标产物所消耗的原料之间的数量关系。收率越高，说明进入反应器的原料中，消耗在生产目的产物上的数量越多。

$$收率＝（目标产物生成消耗原料量/反应物进料量）×100\%$$

$$收率＝选择性×转化率$$

例如：某反应器内有反应物 A 和 B，目标是生成 C，但也会有副反应，主反应为：

$$A＋B＝＝＝C$$

所以 C 为目标产物，反应前加入 10 份 A，经过反应后检测还有 2 份 A 存在。分别计算转化率、选择性、收率。

分析：8 份 A 参与了反应，则

$$转化率＝（已转化的原料的量/原料的总量）×100\%＝（8/10）×100\%＝80\%$$

反应的转化率为 80%；

假设参与反应的 8 份 A 中有 7 份 A 反应生成了 C，则

$$选择性＝（生成目标产物消耗的原料量/参加反应的原料量）×100\%$$
$$＝（7/8）×100\%＝87.5\%$$

反应的选择性为 87.5%；

$$收率＝（目标产物生成消耗原料量/反应物进料量）×100\%＝（7/10）×100\%＝70\%$$

或者

$$收率＝选择性×转化率＝80\%×87.5\%＝70\%$$

反应的收率为 70%。

2. 生产强度、生产能力

（1）生产能力　化工装置在单位时间（年、日、小时、分等）内生产的产品量（t、kg）或在单位时间内处理的原料量，称为生产能力。其单位为 kg/h、t/d 等。化工装置在最佳条件下可以达到的最大生产能力称为设计能力。

例如合成氨装置年产氨 18 万吨、24 万吨、45 万吨。

（2）生产强度　指设备的单位容积或单位面积在单位时间内得到产物的数量，单位为 $kg/(h·m^3)$、$t/(d·m^3)$ 或 $kg/(h·m^2)$、$t/(d·m^2)$。

3. 消耗定额

消耗定额是指生产单位产品所消耗的原料量，即每生产单位量的产品所需要的原料数量，又称单耗。

$$产品单耗＝\frac{生产某种产品的某种原材料(燃料、动力)消耗总量}{某种合格产品产量}$$

$$合成氨耗实物煤单耗(kg/t)＝\frac{合成氨耗煤总量(kg)}{合成氨产量(t)}$$

工厂中产品的消耗定额包括原料、辅助原料及公用工程（供水、供热、冷冻、供电和供气）的消耗情况。消耗定额的高低说明生产工艺水平的高低和操作技术水平的好坏。生产中应选择先进的工艺技术，严格控制各操作条件，才能达到高产低耗，即低的消耗定额的目的。消耗定额为促使企业不断改善经营管理，提高操作技术，采用新技术，经济合理地利用原材料、燃料、动力，节约消耗，制定原材料、燃料、动力消耗计划提供必要的依据。

4. 空间速度和停留时间

空间速度简称空速，指单位时间、单位体积（或质量）催化剂上通过的原料气体（相当于标准状况）的体积（或质量），单位为 $m^3/(m^3$ 催化剂·h），可简化为 h^{-1}。停留时间也称接触时间，是指原料在反应区或在催化剂层的停留时间。

停留时间与空速有密切的关系，空速越大，停留时间越短；空速越小，停留时间越长，但不是简单的反比关系。

空速越高表示催化剂活性越高，装置处理能力越大。但是，空速不能无限提高。对于给定装置，进料量增加时空速增大，空速大意味着单位时间里通过催化剂的原料多，原料在催化剂上的停留时间短，反应深度浅。相反，空速小意味着反应时间长，降低空速对于提高反应的转化率是有利的。但是，较低的空速意味着在相同处理量的情况下需要的催化剂数量较多，反应器体积较大，在经济上是不合理的。所以，工业上空速的选择要根据装置的投资、催化剂的活性、原料性质、产品要求等各方面综合确定。

二、工艺控制指标

1. 温度

温度是化工生产中既普遍又重要的操作参数，衡量的是化工设备或容器温度的高低。几乎所有设备的正常运行都需要进行温度的检测，温度测量装置如图1-40所示。

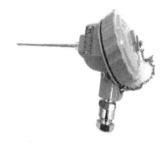

图1-40　测温元件　　　　　　　　　　　图1-41　测压元件

（1）最适宜温度　指的是化学反应速率达到最大值时的温度。在最适宜温度下反应，化学反应最快，单位时间内能得到更多的产品。

（2）热点温度　指的是催化剂层内温度最高的地方的温度。

（3）灵敏点温度　指的是催化剂层内随条件变化最明显的地方的温度。

（4）操作温度　指的是设备或反应器等正常运行时的温度。

2. 压力

压力既是生产过程中的重要参数，又是安全生产控制的关键，衡量的是容器或者设备压力的大小。压力由压力测量装置测量，压力测量显示装置如图1-41所示。

在化工生产中每个岗位都有自己的工艺指标，除温度、压力外，物料的浓度、纯度、配比、流量等都可能会成为岗位的工艺指标，应严格监视，按章操作。

任务小结

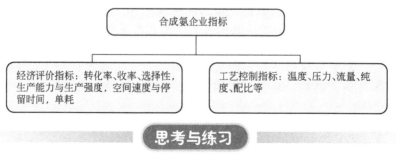

思考与练习

1. 什么是转化率、选择性、收率？

2. 什么是空间速度？空间速度与停留时间有什么关系？

3. 单耗是什么？查阅资料列举合成氨企业涉及哪些物质的单耗？
4. 什么是最适宜温度？
5. 经济评价指标有什么作用？
6. 谈谈为什么要严格控制工艺指标？说出你的见解。

任务五 认识催化剂

任务目标

通过对催化剂知识的学习，掌握催化剂的组成、性质、氧化与还原、中毒与衰老，理解催化剂的作用原理及催化剂的选择原则，认识合成氨生产所使用的催化剂。

任务要求

➢ 能解释催化剂的作用。
➢ 能列举出氨合成催化剂的种类。
➢ 能说明催化剂的结构及各部分的作用。
➢ 能分析催化剂的性能参数。
➢ 能分析催化剂需要还原和氧化的原因。
➢ 能区分催化剂的中毒方式。

任务分析

合成氨生产中多个工序都需要使用催化剂，催化剂的使用降低了合成氨的成本，大大提高了合成氨的生产效率。掌握催化剂的性质及使用注意事项等相关知识，对催化剂合理有效地使用有积极意义。

理论知识

一、什么是催化剂

催化剂是在化学反应中能改变化学反应速率，而本身的组成和质量在反应前后保持不变的物质。通常所说的催化剂是指正催化剂，也就是用于加快化学反应速率的催化剂。催化剂通过降低化学反应的活化能，从而使化学反应更容易发生。如图 1-42～图 1-46 所示。

图 1-42 各种类型的催化剂

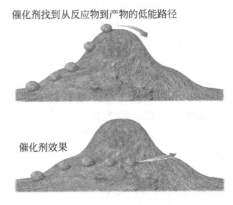

催化剂找到从反应物到产物的低能路径

催化剂效果

图 1-43 催化剂效果

图 1-44　天然气转化催化剂　　　　图 1-45　钴钼加氢脱硫剂　　　　图 1-46　氨合成催化剂

催化剂的特点：

① 催化剂只能改变化学反应的速率，缩短到达平衡的时间，却不能改变化学平衡的状态，即不能改变平衡常数。

② 催化剂只能加速热力学上可能进行的化学反应，而不能加速热力学上不能进行的反应。

③ 催化剂具有较强的选择性。

④ 催化剂具有一定的使用寿命。

在合成氨生产中多数工序都需要使用催化剂。氨合成工序，氢气和氮气在没有催化剂的情况下，化学反应速率非常低，但是使用了铁系催化剂以后，化学反应速率能够大大提高，单位时间内能够生成更多的产品氨。除此以外，在烃类转化制气工序、变换工序、精制工序等都需要用催化剂来加快反应速率。

催化剂的使用在化工过程开发和技术进步方面的作用是很大的，主要表现在以下几方面：①采用新型催化剂改进原有催化过程，提高转化率和选择性；②简化工艺过程，减少反应步骤；③缓和操作条件，降低反应压力和温度；④改变原料路线，采用多样化及廉价原料；⑤使清洁生产成为现实。

二、催化剂的组成

工业催化剂大多是由多种化合物组成的，按其在催化反应中所起的作用可分为主催化剂、助催化剂及载体等部分。

1. 主催化剂

又称为活性成分，是催化剂中起主要催化作用的组分。

2. 助催化剂

助催化剂用来提高主活性组分的催化性能，提高催化剂的选择性或热稳定性。按其作用的不同又分为结构性助剂和调变性助剂。

结构性助剂的作用是增大比表面积，提高催化剂热稳定性及主活性组分的结构稳定性。

调变性助剂的作用是改变主活性组分的电子结构、表面性质或晶型结构，从而提高主活性组分的活性和选择性。

3. 载体

载体是负载活性组分并具有足够的机械强度的多孔性物质，就像人的骨架对于人体的作用。载体的作用是：作为担载主活性组分的骨架，增大活性比表面积，改善催化剂的导热性能以及提高催化剂的抗毒性等。应具有足够的机械强度，使催化剂在储存、运输、装卸和使用中不易破碎或粉化。

三、催化剂的性能

1. 催化剂的物理性质

（1）几何形状与粒度　固体催化剂的几何形状有粉末、微球、小球、圆柱体（条形或片状)、环柱体、无规则颗粒以及丝网、薄膜等。催化剂的粒度衡量催化剂颗粒的大小，催化剂的粒度小至几十微米，大到几十毫米。工业上常见的催化剂外形及其粒度如下：固定床催化剂为小球、条形、片状及其他无规则颗粒，一般直径在4mm以上；移动床催化剂为小球，直径3mm左右；流化床催化剂为微球，几十至几百微米。

(2) 比表面积　多孔性固体催化剂由微孔的孔壁构成巨大的表面积，为反应提供广阔的场地。1g催化剂所暴露的总表面积称为总比表面积（简称比表面积）。1g催化剂中活性组分暴露的表面积称为活性组分比表面积。于是，催化剂的总表面积是活性组分、助催化剂、载体以及杂质各表面积的总和。

(3) 孔隙率　催化剂的孔隙容积与颗粒体积之比称为孔隙率。孔隙率的大小与孔径、比表面积、机械强度有关，较理想的孔隙率多在0.4～0.6之间。

(4) 堆积密度　催化剂在自然堆积状态下单位体积的质量称为催化剂的堆积密度，是表示催化剂密度的一种方式。大群催化剂颗粒堆积在一起时的密度，包括颗粒与颗粒之间的空隙在内。

2. 催化剂的动力学指标

衡量催化剂的最实用的三大指标，是活性、选择性和稳定性。

(1) 活性　催化活性是衡量一个催化剂的催化效能的指标。催化活性是催化剂对反应速率的影响程度，是判断催化剂效能高低的标准，是在给定的温度、压力和反应物流量（或空间速度）下，催化剂使原料转化的能力。

(2) 选择性　指反应所消耗的原料中有多少转化为目标产物。催化剂具有明显的选择性，特定的催化剂只能催化特定的反应。

(3) 稳定性　指催化剂对温度、毒物、机械力、化学侵蚀、结焦积污等的抵抗能力，分别称为耐热稳定性、抗毒稳定性、机械稳定性、化学稳定性、抗污稳定性。这些稳定性都各有一些表征指标，而衡量催化剂稳定性的总指标通常以寿命表示。寿命是指催化剂能够维持一定活性和选择性水平的使用时间。催化剂每活化一次能够使用的时间称为单程寿命；多次失活再生而能使用的累计时间称为总寿命。

四、催化剂还原与氧化

多数催化剂在使用前是以氧化态存在的，因为氧化态更稳定，容易保存。但是氧化态的催化剂不具备催化活性，使用前必须经过还原活化处理，处理之后的催化剂才能发挥催化活性。还原过程通常在催化剂的使用装置内进行，使用一些具有还原性的物质，如氢气、一氧化碳等在一定的条件下对催化剂进行还原，还原之后才可投入使用。

催化剂还原的工艺条件及操作过程对催化剂的活性及性能有至关重要的影响。例如氨合成催化剂，厂家以铁的氧化物的形式供货，只有还原为 α-铁后才有催化活性，使用合成气按照还原方案将之进行还原后，才可以投入使用。

因为还原后的催化剂如果再次暴露在空气中很容易被氧化而失去活性，所以在停车卸出催化剂前，要对催化剂进行氧化操作，把催化剂由活化状态转化为稳定状态，用于保护催化剂。催化剂的氧化操作也称为催化剂的钝化。

五、催化剂中毒与衰老

1. 催化剂中毒

催化剂的中毒是指由于某些物质的作用而使催化活性衰退或丧失的现象。这种现象是由于在反应原料中存在着微量能使催化剂失掉活性的物质所引起的，这种物质称为催化毒物，根据引起中毒的原因不同及中毒程度的轻重不同，催化剂的中毒分为暂时性中毒、永久性中毒及选择性中毒等。

(1) 暂时性中毒　如果毒物与活性组分作用较弱，可用简单方法使活性恢复，称为暂时性中毒。

（2）永久性中毒　如果活性降低以后，不能用简单方法使催化剂恢复活性则称为永久性中毒。

例如合成氨中用的铁系催化剂，水和氧是催化毒物，能引起催化活性降低，当这种中毒现象发生时，可以用还原或加热的方法，使催化剂重新活化，这种中毒就是暂时性中毒；而硫或磷的化合物也是催化毒物，当由它们引起中毒时，催化剂就很难重新活化，这就是永久性中毒。

催化剂中毒大大降低了催化剂的活性甚至失活，所以在生产中应尽量避免或者减少催化剂与催化剂毒物的接触，这也是合成氨生产要进行净化操作的原因。

2. 催化剂衰老

催化剂在正常工作条件下逐渐失去活性称为催化剂的衰老。多种因素能引起催化剂的衰老，例如长期在高温下使用、温度频繁波动、气流不断冲刷、催化剂的表面状态被破坏等，而且工作温度越高，衰老速率越快。

催化剂在工业装置中的使用期限，称为催化剂的寿命，它取决于化学反应的类型和操作条件，有的仅几小时，有的长达数年。

六、生产中对催化剂的要求

在合成氨生产中，催化剂作为一种必不可少的原料，是生产最重要的条件之一。这就意味着，要获得较高的生产效率，必须选择与生产相适应的催化剂。实际工业生产中，催化剂的选择是一门重要的学问。生产对催化剂的要求大致包括下列几项：

① 具有良好的活性，特别是在低温下的活性。

② 对反应过程具有良好的选择性，尽量减少或不发生不需要的副反应。

③ 具有良好的耐热性能和抗毒性能。

④ 具有一定的使用寿命。

⑤ 具有较高的机械强度，能够经受开停车和事故的冲击。

⑥ 制造催化剂所需要的原材料价格便宜，并容易获得。

在生产中，不能盲目地追求催化剂的某一种性能，同时由于受实际条件的限制，完全满足所有条件的催化剂也是不现实的，应该综合考虑整个工业生产过程，从全局的角度来考虑。

任务小结

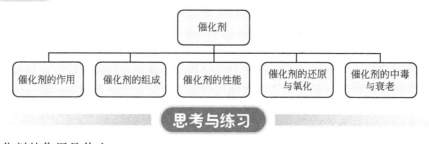

思考与练习

1. 催化剂的作用是什么？

2. 通过查阅资料请列举出合成氨所使用的催化剂。

3. 催化剂的性能参数有哪些？

4. 为什么催化剂在使用前需要还原？

5. 什么是催化剂的中毒？分为哪些类型？

6. 什么是催化剂的衰老？哪些原因会引起催化剂衰老？

7. 选择催化剂可以从哪些方面入手？

资源导读

合成氨生产催化剂的型号

合成氨生产催化剂产品型号用于区别具体产品的不同用途或不同特点，它位于基本名称之前。产品型号一般由一个汉语拼音字母和三位阿拉伯数字组成，字母表示产品的类别代号，位于型号最前面；百位数字与字母组成产品支类代号；十位和个位数字表示产品的顺序。顺序号一字线之后的数字表示同一型号具有某种不同特点的产品。产品型号中的顺序号（含一字线后的数字）用以区别同一支类或同一型号具有不同特点的产品，一般以产品命名先后为序。产品型号后的字母，是表示产品外观几何形状的特征代号。具体见表 1-2 和表 1-3。

表 1-2　合成氨催化剂产品类别和代号

类别代号	类别名称	类别代号	类别名称
T	脱毒类	J	甲烷化类
Z	转化类	A	氨合成类
B	变换类		

表 1-3　合成氨催化剂产品支类和代号

类别代号	支类代号	基本名称	类别代号	支类代号	基本名称
T	T1	活性炭脱硫剂	J	J1	甲烷化催化剂
Z	Z1	天然气一段转化催化剂	A	A1	氨合成催化剂
B	B1	一氧化碳高温变换催化剂			

任务六　认识化学基础知识

任务目标

通过对化学基础知识的学习，掌握化学平衡和化学反应速率原理，理解物质的量、物质的量浓度、可逆反应、溶解度、氧化还原反应的概念，灵活应用化学平衡和化学反应速率原理。

任务要求

➤ 能进行简单的物质的量的计算。
➤ 能判断反应是吸热反应还是放热反应。
➤ 能运用化学平衡移动的原理使可逆反应向预计的方向进行。
➤ 能运用化学反应速率的原理使反应向预计的目标进行。
➤ 能说出固体的溶解度和气体的溶解度的特点。
➤ 能判断反应是否是氧化还原反应。
➤ 培养对工作一丝不苟、严谨细致的优良作风。
➤ 培养工程技术观念。

任务分析

化学基础知识是生产过程中定量地进行计算的基础，化学反应、化学平衡和化学反应速率是各工序的工艺指标的确定原则。

📖 理论知识

一、物质的量及其单位——摩尔

物质的量是国际单位制（SI）中的第七个基本量，它表示含有一定数目粒子（分子、原子等）的集合体，符号为 n，单位名称是摩尔，单位符号为 mol。物质的量所计量的对象是微观粒子（分子、原子等）。科学上规定任何物质所含的结构微粒（分子、离子、电子等）只要与 0.012kg（12g）C^{12} 中所含有的碳原子数相同，其物质的量就是 1mol。

单位物质的量物质所具有的质量，称为摩尔质量，用符号 M 表示，比如 C 的摩尔质量为 12g/mol，表示每摩尔碳原子的质量是 12g，O 的摩尔质量为 16g/mol。

物质的量（n）、物质的质量（m）和物质的摩尔质量（M）之间存在着下式所表示的关系：

$$n = m/M$$

在使用摩尔时必须注意以下两点：

① 摩尔虽然是表示物质的量的单位，但它与一般的计量单位有本质区别。一是摩尔所计量的对象是微观物质的基本单元，如分子、原子、离子等，而不是计量宏观物体，如汽车、苹果等。二是摩尔以阿伏加德罗常数 6.022×10^{23} 为计数单位，因此摩尔表示一个"大批量"的集合体，而不是表示一两个的个体微粒。

② 使用摩尔时必须准确指明物质的基本单元，基本单元可以是物质的任何自然存在的微粒，如分子、原子、离子、电子等，或这些粒子的特定组合。

二、反应热、吸热反应与放热反应

化学反应常伴随着热效应，如果化学反应过程中会放出热量，则这样的反应称为放热反应，放热用"＋"表示；如果反应过程中需要吸收热量，则这样的反应称为吸热反应，吸热用"－"表示。

例如碳燃烧生成二氧化碳的反应，放出热量，则用下式表示：

$$C + O_2 = CO_2 + Q$$

碳与水蒸气反应需要吸收热量，用下式表示：

$$C + H_2O(g) = CO + H_2 - Q$$

式中，Q 表示吸收或者放出的热量值，其单位是 kJ/mol。

三、可逆反应与不可逆反应

化学反应具有方向性。一些化学反应进行的结果，反应物能完全变为生成物，即反应能进行到底，这种反应只能向一个方向进行的反应称为不可逆反应。在同一条件下，能同时向两个相反方向进行的反应称为可逆反应。绝大多数的反应都是可逆反应。可逆反应的方程式中用可逆符号来表示，而不能用等号，即：

$$Cl_2 + H_2O \rightleftharpoons HCl + HClO$$

对可逆反应来说，我们通常把从左向右的反应称为正反应，从右向左的反应称为逆反应。

四、化学平衡、化学平衡移动因素及影响因素

化学平衡就是指在一定条件下的可逆反应里，当正反应的速率和逆反应的速率相等时，反应混合物中各组成成分的浓度不再随着时间而改变的状态。化学平衡是一种动态平衡。

影响平衡的外界条件（如浓度、压力、温度等）一旦发生变化，原来的平衡状态就会被破坏，各物质浓度就会发生变化，使正、逆反应速率不再相等，直到在新的条件下，反应又达至新的平衡状态。像这样因外界条件的改变，使旧的化学平衡被破坏，直至建立起新的化

学平衡的过程，称为化学平衡的移动。

1. 浓度对化学平衡的影响

对于任何可逆反应，在其他条件不变的情况下，增大反应物的浓度或减小生成物的浓度，都可以使平衡向着正反应的方向移动；增大生成物的浓度或减小反应物的浓度，都可以使平衡向着逆反应的方向移动。

2. 压力对化学平衡的影响

对于任何有气体参加的可逆反应，在其他条件不变的情况下，增大压力，化学平衡向着气体分子总数减少的方向移动；减小压力，化学平衡向着气体分子总数增加的方向移动。

3. 温度对化学平衡的影响

对于任何可逆反应，在其他条件不变的情况下，升高温度，化学平衡向吸热反应方向移动；降低温度，化学平衡向放热反应方向移动。

五、化学反应速率及其影响因素

化学反应速率就是化学反应进行的快慢程度（平均反应速率），用单位时间内反应物或生成物的物质的量来表示。在容积不变的反应容器中，通常用单位时间内反应物浓度的减少或生成物浓度的增加来表示。

1. 温度对化学反应速率的影响

其他条件不变时，升高温度可加快化学反应速率，降低温度可减慢化学反应速率。实验测得，温度每升高 $10℃$，化学反应速率通常增大到原来的 $2\sim4$ 倍。温度对反应速率影响的规律，对吸热反应、放热反应都适用，且不受反应物状态的限制。

2. 浓度对化学反应速率的影响

对于气体反应或溶液中的反应，其他条件不变时，增大反应物的浓度，可增大化学反应速率；减小反应物的浓度，可减小化学反应速率。

在一定温度下，对固态和纯液态物质来说，其物质的量浓度为常数，故改变它们的量对化学反应速率一般无影响。

3. 压力对化学反应速率的影响

对于有气体参加的化学反应，其他条件不变时，增大压力，化学反应速率加快；减小压力，化学反应速率减慢。

若参加反应的物质是固体或纯液体，由于压力的变化对它们的浓度几乎无影响，所以认为反应速率不变。

4. 催化剂对化学反应速率的影响

能加快反应速率的催化剂称为正催化剂，能减慢反应速率的催化剂称为负催化剂。如果不特别说明，一般指的是正催化剂。

六、溶解度

在一定温度下，某固态物质在 100g 溶剂中达到饱和状态时所溶解的溶质的质量，称为这种物质在这种溶剂中的溶解度，用字母 S 表示。例如：在 20℃ 时，100g 水里最多能溶 36g 氯化钠（这时溶液达到饱和状态），我们就说在 20℃ 时，氯化钠在水里的溶解度是 36g。

在一定温度和压强下，气体在一定量溶剂中溶解的最高量称为气体的溶解度。常用定温下 1 体积溶剂中所溶解的最多体积数来表示。例如在脱碳工序中 NHD 法脱碳所用的溶剂为 NHD，在 1MPa、5℃ 的条件下二氧化碳的溶解度为 $60.2m^3/m^3$，表示在 1MPa、5℃ 的条件下 1m³ 的溶剂 NHD 能溶解 60.2m³ 体积的二氧化碳。

大多数固体物质的溶解度随温度的升高而增大，氯化钠（NaCl）的溶解度随温度的升高而缓慢增大，硝酸钾（KNO_3）的溶解度随温度的升高而迅速增大，而硫酸钠（Na_2SO_4）

的溶解度却随温度的升高而减小。固体物质的溶解度基本不受压力的影响。气体物质的溶解度随温度的升高而降低，气体在液体中的溶解度与气体的分压成正比，即压力越大，气体的溶解度越大。

七、氧化还原反应和非氧化还原反应

在无机化学中，有时把化学反应分为氧化还原反应和非氧化还原反应。

参加反应的物质中，各元素的化合价在反应前后都没有发生变化的反应称为非氧化还原反应；反之，在化学反应中，某元素的化合价在反应前后发生改变的反应称为氧化还原反应。按这种分类方法，置换反应全部是氧化还原反应，复分解反应全部是非氧化还原反应，化合反应和分解反应情况比较复杂，有的是氧化还原反应，有的是非氧化还原反应。例如：

$$H_2+Cl_2 = 2HCl \qquad\qquad （氧化还原反应）$$
$$2KClO_3 \xrightarrow[MnO_2]{\triangle} 2KCl+3O_2\uparrow \qquad （氧化还原反应）$$
$$CaO+H_2O = Ca(OH)_2 \qquad\qquad （非氧化还原反应）$$
$$2NaHCO_3 = Na_2CO_3+H_2O+CO_2\uparrow \quad （非氧化还原反应）$$

因此化合反应和分解反应是否是氧化还原反应，需要从它们的定义出发，通过具体的分析才能确定。

任务小结

1. 物质的量是表示物质微粒粒子多少的物理量。

2. 化学反应具有方向性。

3. 任何化学反应过程都需要从化学平衡与反应速率两方面来综合考虑。化学平衡是一种动态平衡。浓度、压力、温度等因素对化学平衡有一定的影响。

4. 化学反应常伴随着热效应，如果化学反应反应过程中会放出热量，则这样的反应称为放热反应，放热用"＋"表示；如果反应过程中需要吸收热量，则这样的反应称为吸热反应，吸热用"－"表示。

5. 化学反应速率就是化学反应进行的快慢程度，温度、压力、浓度、催化剂等因素能影响化学反应速率。

6. 参加反应的物质中，各元素的化合价在反应前后都没有发生变化的反应称为非氧化还原反应；反之，在化学反应中，某元素的化合价在反应前后发生改变的反应称为氧化还原反应。

思考与练习

1. 什么是物质的量？使用物质的量应注意什么问题？

2. 氨的合成反应是否是可逆反应？

3. 试从浓度、温度、压力、催化剂的角度分析氨合成反应的化学反应速率。

4. 试从浓度、温度、压力的角度分析氨合成反应的化学平衡。

5. 请分析氨合成反应是否属于氧化还原反应。

项目二

合成氨生产原料准备

任务一　合成氨生产固体燃料选取及处理

任务目标

通过合成氨固体燃料选取及处理，掌握合成氨固体燃料的种类，不同的煤气化方式对煤种的要求及处理，理解煤的性能指标及对煤气化的影响，了解我国煤的分类及各种煤的特点。

任务要求

➢ 能分析出固定层间歇气化对原料的选取及处理。
➢ 能分析出固定层加压连续气化对原料的选取及处理。
➢ 能分析出粉煤气流层气化对原料的选取及处理。
➢ 能分析出水煤浆加压连续气化对原料的选取及处理。
➢ 能列举出煤的性能指标并说明对煤气化的影响。

任务分析

固体燃料合成氨的原料主要是煤和焦炭，固体燃料气化就是使煤或煤焦与气化剂（空气、氧气、水蒸气等）在一定温度及压力下发生化学反应，将煤或煤焦中的有机质转化为煤气的过程。不同的气化方法对固体燃料的要求不同，处理工艺也不同。

理论知识

在地表常温、常压下，堆积在停滞水体中的植物遗体经泥炭化作用或腐泥化作用，转变成泥炭或腐泥；泥炭或腐泥被埋藏后，由于盆地基底下降而沉至地下深部，经成岩作用而转变成褐煤；当温度和压力逐渐增高时，再经变质作用转变成烟煤至无烟煤。合成氨原料煤如图 2-1 所示。

图 2-1　合成氨原料煤

将烟煤在隔绝空气的条件下，加热到 950～1050℃，经过干燥、热解、熔融、黏结、固化、收缩等阶段最终制成焦炭。

煤的化学组成很复杂，但归纳起来可分为有机质和无机质两大类，以有机质为主体。煤中的有机质主要由碳、氢、氧、氮和有机硫五种元素组成，其中，碳、氢、氧占有机质的 95% 以上，此外还有极少量的磷和其他元素。煤中的无机质主要是水分和矿物质，它们的存在降低了煤的质量和利用价值，其中绝大多数是煤中的有害成分。原料煤的性质不但是选择气化方法的依据，同时又是影响气化过程技术经济指标及能否顺利操作的关键。

一、煤的性质及对煤气化的影响

1. 煤的质量指标

（1）水分　煤中水分分为内在水分、外在水分、结晶水和分解水。外在水分是在煤的开采、运输、储存和洗选过程中润湿在煤的外表面以及大毛细孔而形成的。内在水分是吸附或凝聚在煤内部较小的毛细孔中的水分。结晶水是在煤中以硫酸钙（$CaSO_4 \cdot 2H_2O$）、高岭土（$Al_2O_3 \cdot 2SiO_2 \cdot 2H_2O$）等形式存在的，通常高于200℃以上才能析出。煤化程度越低，煤的内部表面积越大，水分含量越高。

常用的水分指标如下。

① 全水分：是煤中所有内在水分和外在水分的总和，通常规定在8%以下。

② 空气干燥基水分：指煤炭在空气干燥状态下所含的水分，也可以认为是内在水分。

煤中水分过多，不利于加工、运输等，燃烧时会影响热稳定性和热传导。

（2）灰分　指煤在燃烧后留下的残渣。不是煤中矿物质总和，而是这些矿物质在化学反应和分解后的残余物。灰分高，说明煤中可燃成分较低，发热量就低。

煤的灰分高，增加运输的费用，从工艺角度能降低气化效率，增加炉渣的排出量，增加随炉渣排出的碳损耗量，并且增大气化的各项消耗指标（如氧气、水蒸气和煤的消耗指标），而净煤气的产率下降。

（3）挥发分　指煤中有机物和部分矿物质加热分解后的产物，不全是煤中固有成分，还有部分是热解产物，所以称为挥发分产率。挥发分大小与煤的变质程度有关，煤炭变质程度越高，挥发分产率就越低。

煤气化用于合成氨的原料煤一般要求使用低挥发分、低硫的无烟煤、半焦或焦炭，因为变质程度浅（年轻）的煤种，生产的煤气中焦油产率高，容易堵塞管道和阀门，给焦油分离带来一定的困难，同时也增加含氰废水的处理量。

（4）固定碳　指煤中不挥发的固体可燃物，不同于元素分析的碳，是根据水分、灰分和挥发分计算出来的。

（5）硫分　硫是煤中的有害元素，硫分包括有机硫、无机硫，虽对燃烧本身没有影响，但硫不仅对设备造成腐蚀，污染环境，而且会影响后段工序的运行，如造成催化剂中毒、加重脱硫的负担等。所以，气化用燃料中硫含量应是越低越好。

2. 煤的工艺指标

煤的工艺性质主要包括黏结性、粒度、活性、热稳定性、机械强度等。

（1）黏结性　黏结性是指煤在干馏过程中，由于煤中有机质分解、熔融而使煤粒能够相互黏结成块的性能。黏结性煤在气化时，使料层的透气性变差，阻碍气体流动，出现炉内崩料或架桥现象，使煤料不易往下移动，导致操作恶化。黏结性是进行煤的工业分类的主要指标。煤化程度最高和最低的煤，一般都没有黏结性。

（2）粒度　煤的粒度指的是煤炭颗粒的大小程度，煤的粒度将直接影响气化炉的运行负荷、煤气和焦油的产率以及气化时的各项消耗指标。煤的粒径越小，比表面积越大。粒度越大，传热越慢。煤粒内外温差越大，粒内焦油蒸气的扩散和停留时间增加，焦油的热分解加剧。煤的粒度太小，当气化速率较大时，小颗粒的煤有可能被带出气化炉外，从而使炉子的气化效率下降。煤的粒度减小，相应的气化剂氧气和水蒸气消耗将增大。

（3）活性　活性是指煤在一定温度下与二氧化碳、氧和水蒸气相互作用的反应能力。它是评价气化用煤的一项重要指标。活性强弱直接影响到耗煤量和煤气的有效成分。煤的活性一般随煤化程度加深而减弱。

（4）热稳定性 热稳定性是指煤在高温作用下保持原来粒度的性能。它是评价气化用煤和动力用煤的又一项重要指标。热稳定性的好坏，直接影响炉内能否正常生产以及煤的气化和燃烧效率。热稳定性差的煤在气化时，伴随气化温度的升高，易碎裂成煤末和细粒，对移动床内的气流均匀分布和正常流动造成严重的影响。

（5）机械强度 机械强度是指块煤受外力作用而破碎的难易程度。机械强度低的煤投入气化炉时，容易碎成小块和粉末，影响气化炉正常操作。因此，气化用煤必须具备较高的机械强度。

（6）灰熔点 灰熔点就是煤炭中的灰分在燃烧时达到一定温度以后，发生变形、软化和熔融时的温度。煤炭的灰熔点对固体燃料气化的温度有重要影响。煤炭气化时的灰熔点有两方面的含义：一是气化炉正常操作时，不致使灰熔融而影响正常生产的最高温度；二是采用液态排渣的气化炉所必须超过的最低温度。

二、煤的种类

1. 煤按照粒度分类

对于一个大、中型气化厂来说，应考虑原料煤的分级利用。将煤按照粒度进行分级标准见表 2-1、图 2-2。

表 2-1 煤的粒度分级

分类	特大块	大块	中块	小块	末煤	混煤
粒度/mm	＞100	50～100	25～50	13～25	0～13	(0～50)～(0～100)

图 2-2 煤的粒度

图 2-3 无烟煤

2. 煤按照性质分类

国际上把煤分为三大类：无烟煤、烟煤、褐煤。每一大类又分为若干小类。各类煤的基本特征如下。

（1）无烟煤 无烟煤（图 2-3），又称白煤或硬煤，是煤化程度最高的一种煤，因其燃烧时无黑烟而称为无烟煤。黑色坚硬，有金属光泽，它具有挥发分低、固定碳高（含碳最高达 89%～97%）、水分少、相对密度大（1.4～1.9）、燃点高（普遍在 380℃以上）、化学反应性低等特点。燃烧时无烟，火焰呈青蓝色。

（2）烟煤 烟煤因燃烧时有烟所以称为烟煤。烟煤的煤化程度低于无烟煤，高于褐煤。一般为粒状、小块状，也有粉状的，多呈黑色而有光泽，质地细致，含挥发分 30% 以上，燃点不太高,较易点燃;含碳量与发热量较高,燃烧时上火快,火焰长,有大量黑烟,燃烧时间较长;大多数烟煤有黏性,燃烧时易结渣。烟煤包括贫煤、贫瘦煤、瘦煤、焦煤、肥煤、1/3焦煤、气肥煤、气煤、1/2中黏煤、弱黏煤、不黏煤、长焰煤。烟煤主要用作燃料及炼焦、低温干馏、气化等原料。

(3)褐煤 褐煤是未经过成岩阶段,没有或很少经过变质过程的煤,是最年轻的煤,外观呈褐色或褐黑色,多为块状,光泽暗,质地疏松;含挥发分40%左右,燃点低,容易着火,燃烧时上火快,火焰大,冒黑烟;含碳量与发热量较低,燃烧时间短,需经常加煤。

三、固体燃料气化对原料的选取及处理

每一种具体的固体燃料气化方法对煤种都有一定的要求,应该以可能选用的煤种和煤气的用途为出发点预选几种可供采用的气化方法。

1. 固定层间歇气化对原料的选取及处理

固定床煤气化炉的煤从上部加入,以空气和水蒸气为气化剂,分阶段进行,将空气和水蒸气交替地通过固定的燃料层,燃料煤床层的相对位置不变,煤的停留时间较长。因而它要求能够气化的煤必须是:有一定粒度,保证床层的孔隙率(能透气);有一定抗碎强度,煤在运输及从加煤机落到炉内时不能摔碎,以免影响透气;有一定热稳定性,在炉内加热不能爆碎,以免影响透气;灰熔点越高越好,因为要在灰熔点以下的温度操作,灰熔点高,可以适当提高气化操作温度,有利于提高反应速率;黏结性要低,黏结性高的煤,在固定床里气化时,干馏层会产生胶质结焦,黏结在一起影响床层透气。固定层间歇气化法的煤种主要是粒度为25~75mm的块状无烟煤、焦炭。

2. 固定层加压连续气化对原料的选取及处理

固定层加压连续气化以富氧空气(或氧气)与水蒸气为气化剂,连续地通过固体燃料床层,并且加压操作,所以可利用的固体燃料范围比固定层间歇气化法广。

固定层加压连续气化要求选取粒度均匀的碎煤,粒度在5~50mm的无烟煤或焦炭,机械强度及热稳定性好,不易黏结;灰分含量低,灰熔点高(不低于1200℃);化学活性高;氯含量不高于0.5%,以免对设备造成腐蚀。

原料煤经过皮带输送机通过煤箱加入到气化炉中。

3. 粉煤气流层气化对原料的选取及处理

粉煤气流层气化采用干煤粉为原料,以纯氧气和水蒸气为气化剂在高温状态(1400~1700℃)下在气化炉内发生煤气化反应,粉煤气流层气化在气化炉内的停留时间非常短,液态排渣,对煤种的适应性比较广泛,从较差的褐煤、次烟煤、烟煤到石油焦均可使用;对煤的灰熔点适应范围比其他气化工艺更宽,即使是高灰分、高水分、高熔点、高硫的煤种也能使用。

粉煤气流层气化原料煤处理的典型特点为:

① 原料煤需要经过干燥,磨细为粒度均匀的干煤粉。

② 由于干煤粉是小颗粒的固体粉尘,所以在输送上需要由惰性气体(氮气或者二氧化碳)作为输送载体,输送到煤气发生炉。

合格原料煤由原料储运系统通过胶带输送机送入磨煤机前碎煤仓。碎煤仓中的煤通过称重给煤机送到磨煤机中磨粉。从热风炉送来的热烟气送入磨煤机中对煤粉进行干燥,在磨粉的同时,经旋转分离器分选,将干燥后合格的煤粉吹入煤粉袋式过滤器分离收集,经旋转给料器、螺旋输送机送入煤粉储仓中储存。分离后的尾气经循环风机加压后大部分循环至热风炉循环使用,部分排入大气。流程见图2-4。

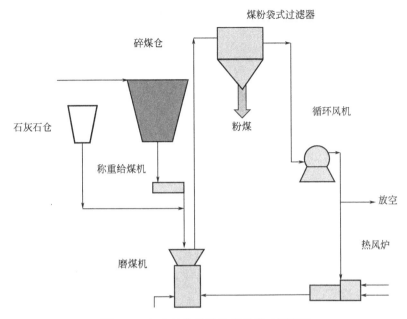

图 2-4 Shell 气化炉煤处理系统工艺流程

4. 水煤浆加压连续气化对原料的选取及处理

水煤浆加压连续气化通过由原料煤磨制成的水煤浆（图 2-5）与气化剂纯氧在气化炉内发生反应制取原料气，原料煤运输、制浆、泵送入系统比干粉煤加压气化要简单。对原料煤适应性较广，气煤、烟煤、次烟煤、无烟煤、高硫煤及低灰熔点的劣质煤、石油焦等均能作气化原料。但要求原料煤含灰量较低，还原性气氛下的灰熔点低于 1300℃，灰渣黏结特性好。

水煤浆加压连续气化原料处理工艺的典型特点是：

① 原料煤经过洗选、筛分、研磨、加水和少量添加剂制成黏稠的水煤浆。

② 水煤浆性质特殊，所以由高压煤浆泵输送。

水煤浆的制备工艺流程如图 2-6 所示，由煤储运系

图 2-5 水煤浆

统来的小于 10mm 的碎煤进入煤储斗后，经煤称量给料机称量送入磨机。粉末状的添加剂由人工送至添加剂溶解槽中溶解成一定浓度的水溶液，由添加剂溶解槽泵送至添加剂槽中储存。并由添加剂计量泵送至磨机中。添加剂槽可以储存使用若干天的添加剂。在添加剂槽底部设有蒸汽盘管，在冬季维持添加剂温度在 20～30℃，以防止冻结。

工艺水由研磨水泵加压经磨机给水阀来控制送至磨机。煤、工艺水和添加剂一同送入磨机中研磨成一定粒度分布、浓度约 60%～65% 的合格水煤浆。水煤浆经滚动筛滤去 3mm 以上的大颗粒后溢流至磨机出料槽中，由磨机出料槽泵送至煤浆槽。磨机出料槽和煤浆槽均设有搅拌器，使煤浆始终处于均匀悬浮状态。

水煤浆添加剂是水煤浆生产过程中必需的重要助剂，特别是对于高浓度、高稳定性水煤浆的制备，添加剂的作用尤为关键。水煤浆添加剂可分为分散剂、稳定剂和助熔剂三大类。水煤浆添加剂的种类及加入量与煤种、煤浆浓度、煤粒度等因素相关，通常需要通过试验确定，一般为干煤质量的 1% 左右。分散剂能使煤颗粒均匀分散在水中，并在颗粒表面形成水

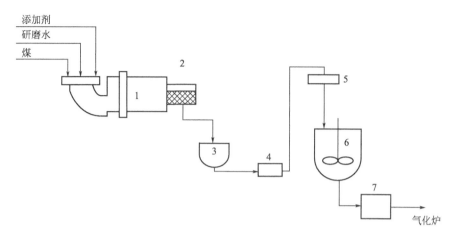

图 2-6 水煤浆的制备工艺流程

1—磨煤机；2—滚筒筛；3—出料槽；4—低压煤浆泵；5—振动筛；6—煤浆槽；7—高压煤浆泵

图 2-7 磨煤机

化膜，使煤浆具有流动性。水煤浆稳定剂具有两个作用：一方面是使水煤浆具有剪切变稀的流变特性，即当静置存放时水煤浆有较高的黏度，开始流动后黏度又可迅速降下来。另一方面是使沉淀物具有松软的结构，防止产生不可恢复的硬沉淀。使用过的添加剂种类有腐殖酸系、木质素系、聚烯烃系等。助熔剂的主要作用一方面是降低灰分的灰熔点，防止因为操作温度过高给生产带来不利影响；另一方面是降低灰渣的黏度，使熔渣顺利流动。多用石灰石或者生石灰作为助熔剂。

磨煤机（图 2-7）有球磨与棒磨两种。通过调整研磨体（钢球或钢棒）的配比来调节煤粉的粒度分布。输送煤浆的流体输送机械也比较特殊，由于煤浆黏度大且含有大量固体颗粒，运转设备部件磨损很快，因此煤浆的输送多选用隔膜柱塞泵。

任务小结

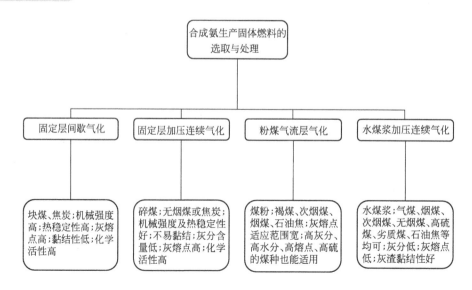

思考与练习

1. 煤的质量指标有哪些？对煤气化有什么影响？
2. 煤的工艺指标有哪些？对煤气化有什么影响？
3. 煤的种类有哪些？分别有哪些特点？
4. 固定层间歇气化对煤种有什么要求？
5. 固定层加压连续气化对煤种有什么要求？
6. 粉煤气流层气化对煤种有什么要求？
7. 水煤浆加压连续气化对煤种有什么要求？
8. 为什么水煤浆加压气化需要加添加剂？
9. 粉煤在输送时为什么要使用惰性气体？
10. 查阅资料选择一个使用固体燃料合成氨的企业说明其原料的处理方式，画出流程图。

任务二　合成氨生产气体原料选取及处理

任务目标

通过学习合成氨气体原料的选取和处理，掌握合成氨用天然气的组成、来源及处理方法，理解对天然气进行脱硫的原因及方法，了解天然气的组成和性质。

任务要求

➤ 能分析天然气需要脱硫的原因。
➤ 能说明天然气的主要成分。
➤ 能说出天然气的组分。
➤ 能列举出天然气脱硫的方法。
➤ 查阅资料解释天然气可以作为合成氨原料在世界范围内广泛使用的独特优势。

任务分析

合成氨生产的气体原料主要是各类气态的烃类化合物，包括天然气、焦炉煤气、炼厂气、油田伴生气，其中以天然气转化合成氨应用最为广泛。

理论知识

一、天然气

天然气是宝贵的化工原料，天然气不仅是一种清洁优质的能源，而且与其他固体或液体化工原料相比，它具有含水、含灰粉极少，含硫化物等杂质极微，使用、处理方便等优点。合成氨使用天然气作为原料制备原料气，热值高，能耗低，技术成熟，可使生产合成氨的成本降低，世界上合成氨多用天然气为原料，但是我国煤多，油和气相对而言都比较少，所以我国以天然气为原料的合成氨企业有限。

天然气是埋藏在地下的主要含甲烷的可燃性气体。其中的组分包括烃类组分、含硫组分和其他组分。

1. 烃类组分

只有碳和氢两种元素组成的有机化合物，称为烃类化合物。烃类化合物是天然气的主要

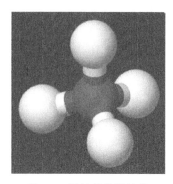

图 2-8 甲烷的分子结构

组分，大多数天然气中烃类组分含量为 $60\%\sim90\%$。天然气的烃类组分中，烷烃的比例最大，其中最简单的是甲烷，其分子式为 CH_4（图 2-8）。一般来说，大多数天然气的甲烷含量都很高，通常为 $70\%\sim90\%$，甲烷是无色无嗅比空气轻的可燃气体。甲烷是天然气最主要的组分，其含量相当高，故通常将天然气作为甲烷来处理。

天然气中除甲烷组分外，还有乙烷、丙烷、丁烷（含正丁烷和异丁烷），它们在常温常压下都是气体。有些天然气中，乙烷、丙烷和丁烷的含量较高，而丙烷、丁烷常可以适当加压或降温而液化，这就是常说的液化石油气，简称为液化气。天然气中常含有一定量的戊烷、己烷、庚烷、辛烷、壬烷和癸烷，这些含碳量较多的烷烃，简称为碳五以上组分，它们在常温常压下是液体，是汽油的主要成分。在天然气开采中，上述组分凝析为液态而被回收，称为凝析油，是一种天然汽油，可以用作汽车的燃料。含碳量更高的烷烃，天然气中的含量极少。

2. 含硫组分

天然气中的含硫组分，可分为无机硫化物和有机硫化物两类。

无机硫化物组分，只有硫化氢，分子式为 H_2S。硫化氢是一种比空气重、可燃、有毒、有臭鸭蛋气味的气体。硫化氢的水溶液叫氢硫酸，显酸性，故称硫化氢为酸性气体。有水存在的情况下，硫化氢对金属有强烈的腐蚀作用，硫化氢还会使合成氨转化催化剂中毒而失去活性。因此，天然气中含有硫化氢时，必须经过脱硫净化处理，才能进行转化。由脱硫工艺可知，在进行天然气脱硫的同时，可回收硫化氢并将它转换为硫黄及进一步加工为硫化工产品。

天然气中有时含有少量的有机硫化物组分，例如硫醇、硫醚、二硫醚、二硫化碳、羰基硫、噻吩、硫酚等。有机硫化物对金属的腐蚀不及硫化氢严重，但对化工生产中的催化剂的毒害作用与硫化氢一样，使催化剂失去活性。大多数有机硫有毒、具有臭味、会污染大气，因此，天然气中的有机硫，也应该通过净化处理，尽量脱除。

3. 其他组分

天然气中，除去烃类和含硫组分之外，相对而言，较为多见的组分，还有二氧化碳及一氧化碳、氧和氮、氢、氦、氩以及水汽。

二氧化碳是无色、无嗅、比空气重的不可燃气体，溶于水生成碳酸，故二氧化碳是酸性气体。有水存在时，二氧化碳对金属设备腐蚀严重，通常在天然气脱硫工艺中，将二氧化碳同硫化氢一起尽量脱除。一氧化碳在天然气中的含量甚微。

根据天然气的组成可将天然气分为干气和湿气。干气主要成分是甲烷，其次还有少量的乙烷、丙烷和丁烷及更重的烷烃，也会有 CO_2、N_2、H_2S 和 NH_3 等。对它稍加压缩不会有液体产生，故称为干气。湿气除甲烷和乙烷等低碳烷烃外，还含有少量轻汽油，对它稍加压缩就有称为凝析油的液态烃析出来，故称为湿气。干气是生产合成氨和甲醇的重要化工原料。湿气中 C_2 以上烃类含量高，这些烃类都是热裂解制低级烯烃的优质原料。

二、天然气的物理性质

1. 密度

单位体积天然气的质量称为天然气的密度，单位是千克每立方米（kg/cm^3）。工作中常采用的是相对密度，即在任意压力和温度下的天然气密度，与在标准条件下同体积干燥空气的密度的比值。密度的大小与气体的组分成正比，相对密度在 0.58～1.6 多为干气，相对密度在 1.6 以上的称为湿气。

2. 饱和蒸气压

将气体变成液体时所需要的最低压力称为此气体的饱和蒸气压。饱和蒸气压随温度的增高而增高。

3. 溶解度

任何气体均有不同程度的溶解于液体的性能，气体溶于液体的数量，取决于液体与气体的性质、压力、温度及已溶于液体中的其他溶解物的特点。在地层中，天然气一般溶于油和水中，轻质石油比重质石油溶解容易得多，而重的烃类化合物气体较轻的烃类化合物气体易于溶解。当天然气溶于石油后就会降低石油的密度、黏度及表面张力，使石油的流动性增大。

图 2-9　天然气燃烧

4. 热值

每立方米天然气燃烧时，所发出的热量称为热值，其单位为 kJ/m³。气体的热值变化很大，天然气中的湿气具有最大的发热量，可达 83kJ/m³，远远小于石油的发热值（图 2-9）。

5. 黏度

天然气的黏度是天然气流动时气体内部分子间的摩擦力。

6. 体积系数

体积系数是指天然气在油层条件下所占的体积与标准状况（20℃，0.101MPa）下所占体积的比值，单位是 m³/m³。

7. 弹性压缩系数

弹性压缩系数是指压力每变化 1MPa，气体体积的变化率。

三、天然气的预处理

天然气预处理流程如图 2-10 所示，天然气用作化工原料，如生产合成氨、甲醇及液体燃料时常需要将其硫含量降至 1mL/m³ 或更低即为精脱硫，也称深度脱硫。原因是：①硫化物有毒，它与水形成酸腐蚀管线和设备，还使钢材发生氢脆和硫化物应力开裂；②天然气转化所使用的催化剂为镍，硫化物会造成镍催化剂的中毒，所以转化前必须将硫化物脱除掉；③硫是有用的化工原料，可以加以回收。

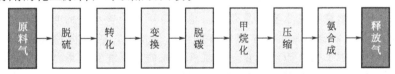

图 2-10　以天然气为原料合成氨流程简图

精脱硫通常在各以天然气为原料的合成氨化工厂作为原料处理的工序。

1. 中温氧化锌脱硫

中温氧化锌脱硫即氧化锌脱硫剂在中等温度下可脱除 H₂S 及一些有机硫，使总硫含量降至 0.1mL/m³，但脱除过程是不可逆的，且不能脱除 CO₂。虽然氧化锌脱硫剂在更高的温度下氧化可获得再生，但因其硫容高、使用寿命长，故并不再生。

2. 钴钼加氢转化-氧化锌脱硫

当气流中含有噻吩及硫醚之类与氧化锌难以反应的组分时，需先行将它们加氢转化为

H_2S，再以氧化锌脱硫剂除去。通常使用的加氢转化催化剂为钴钼系催化剂，然后再串联一个氧化锌脱硫。

任务小结

思考与练习

1. 天然气中的主要成分是什么？
2. 天然气中还有什么其他的成分？
3. 天然气转化制取合成氨原料气为什么要脱硫？
4. 查阅资料了解脱硫的方法有哪些。
5. 天然气有哪些物理性质？
6. 查阅资料了解天然气的来源是哪里。

资源导读

认识甲烷

甲烷是最简单的烷烃，是含碳量最小、含氢量最大的烃，是沼气、天然气、瓦斯、坑道气以及油田气的主要成分，是优质气体燃料，也是制造合成气和许多化工产品的重要原料。从分子的层面上来说，甲烷是一种比二氧化碳更加活跃的温室气体，但它在大气中数量较少。甲烷有丰富的天然来源，它大量存在于开采石油的天然气及煤矿中。植物在水中或潮湿处腐烂也产生它，所以甲烷又名沼气。

人们很早就发现了它。公元前 1066 年至公元前 771 年，我国西周时写成的《周易》中，在谈到一些自然界发生的现象时说："象曰：'泽中有火。'"这里的"泽"就是沼泽。"火井"是我国古代人们给天然气井的形象命名。根据现已发现的文字记载，在我国辽阔的土地上，北起长城内外，南到云贵高原，西至玉门关外，东临黄海之滨和台湾省，都曾发现过天然气，有的地方早在 2000 年前就钻凿了天然气井。

1790 年英国医生奥斯汀发表燃烧甲烷和氢气的报告。他测定了甲烷比氢气重。而且氢气燃烧生成水，甲烷燃烧生成水和二氧化碳。他确定甲烷是碳和氢的化合物。

从 16 世纪开始，欧洲各地的煤矿就时有爆炸事件发生，矿工携带照明的矿灯进入煤坑后，火焰变成蓝色，矿工们认为这是由一种坑气造成的，甲烷正是爆炸的罪魁祸首。今天煤矿中通风设备得到改进，照明采用了电池灯，甲烷已经不再是造成煤矿爆炸的罪魁祸首了。

甲烷已成为制造多种化工产品的原料和农村、城市使用的一种燃料。我国许多农村把秸秆、杂草、树叶、人畜粪便等放在密闭的沼气池中发酵，经过几天后，就有大量甲烷生成，可用来照明或作燃料。我国政府还投入大量资金从盛产天然气的地区把天然气通过埋在地下的管道通向各地，进入千家万户作为燃料。家庭中燃烧天然气比燃烧焦炉煤气清洁，它不会带来油迹。燃烧天然气不会排放硫化物，排放一氧化氮和二氧化碳的量也比汽油低，因此我国一些城市已用天然气代替汽油，用作大客车、卡车的燃料。

除作燃料外，甲烷大量作为化工原料，如用于合成氨、尿素，还可用于生产甲醇、氢、乙炔、乙烯、甲醛、二硫化碳、硝基甲烷、氢氰酸和 1,4-丁二醇等。甲烷高温分解可得炭黑，用作颜料、油墨、涂料以及橡胶的添加剂等。氯仿和 CCl_4 都是重要的溶剂，甲烷氯化可得一氯甲烷、二氯甲烷、三氯甲烷及四氯化碳。高纯甲烷可用于非晶硅太阳电池制造，用于大规模集成电路干法刻蚀或等离子刻蚀气的辅助添加气。

甲烷为最简单的有机化合物，在自然界中分布很广，是天然气、煤层气、沼气的主要成分，经分离可以取得，方法如下。

从天然气分离：天然气中含甲烷 80%～99%，干天然气经甲烷清净后，用冷凝法、吸收法、吸附法分离出乙烷以上轻烃后使用。

从油田气分离：石油开采时从油井中逸出天然气，其中干气含甲烷 80%～85%；湿气含甲烷 10%。在加压和冷凝的情况下，可以液化用作化工原料。

从炼厂气分离：各炼厂石油加工气体中含甲烷 20%～50%。用吸收蒸馏法和冷凝蒸馏法从石油加工气体中分离乙烯、丙烯时可副产甲烷、氢或纯甲烷。

从焦炉气分离：焦炉气含甲烷约 20%～30%，干馏煤气含甲烷约 40%～60%。采用深冷法分离焦炉气氢时副产甲烷。

利用天然气提氦装置副产品甲烷（含 CH_4 98% 以上）为原料，经一个或两个低温甲烷精馏塔，脱除氮、氧杂质，再经吸附器脱除 C_2 以上烃类，即得纯度 99.99% 以上的高纯甲烷产品。或者以乙烯装置尾气为原料气，先经吸附器脱除水、二氧化碳和 C_2 以上烃类杂质，然后导入间歇精馏塔精馏。当塔顶排出气体中总杂质浓度指标达到要求后，停止精馏即可，可以制得纯度为 99.995% 以上的高纯甲烷。

任务三　空气液化分离

任务目标

通过学习空气的液化分离，掌握空气液化分离的工艺流程及每个设备的作用，理解空气的液化分离对合成氨的意义，了解空气分离的原理。初步建立起工程的概念。

任务要求

➤ 能说明空气的液化分离对合成氨的作用。
➤ 能说明空气的液化分离必须包含的几个过程。
➤ 能分析空气的组分及各组分对空气的液化分离的影响。
➤ 能列举空气的液化分离的主要设备及作用。
➤ 能画出双级精馏塔的结构简图并说明其工作原理。
➤ 能查阅资料说明空气的液化分离的主要产品在其他行业的应用。

任务分析

空气中的主要成分是氧气和氮气，它们在自然界中以气态混合物的形式存在，氧、氮、氩和其他物质一样，具有气、液和固三态。在常温常压下它们呈气态。在标准大气压下，氧被冷凝至 $-183℃$，氮被冷凝至 $-196℃$，即会变为液态，氧和氮的沸点相差 $13℃$。空气的分离就是充分利用其沸点的不同来将空气进行分离，提供氧气和氮气，氧气和氮气与合成氨生产有着密切的关系，空分的产品氧气是连续制气的气化剂，氮气是合成氨的直接原料气。另外氮气性质稳定，是合成氨生产中的惰性气体，用于工艺管道及设备的吹扫及置换。空气的分离目前主要有三种分离方法，即深冷法、吸附法和膜分离法，目前，世界各国广泛采用深冷法生产高纯度的氧气和氮气。工业上将获得 $-100℃$ 以下温度的方法称为深度冷冻法，简称深冷法。深冷法空分是将空气液化，利用液化空气中各组分沸点的不同而将各组分分离出来的方法。深冷法空气分离具有生产成本低、产品纯度高、实现容易等特点而被广泛地应用于合成氨生产企业（图2-11）。

图2-11　深加空分装置全貌

理论知识

一、空分装置的基本原理和过程

空气的液化分离的主要目标是将空气中的氮气和氧气分离开，并且要得到纯度较高的氮气和氢气。空气是从大气中吸入系统中的，除掉空气中的固体杂质和水分、二氧化碳、烃类化合物等杂质后，降低空气的温度，使其液化为液态空气，然后利用氧和氮的沸点不同在空气分馏塔内进行精馏，最终得到氧气和氮气。空气液化分离基本工艺流程是：空气从空气吸入塔进入工艺系统，经过过滤和空气压缩机加压后，进入空气预冷塔，用冷却水对空气进行冷却，经冷却后的空气送入纯化系统，空气经过纯化系统吸附净化后，在膨胀机中进行膨胀，温度下降，空气液化，在精馏塔系统中，空气将实现分离，最终得到氧气和氮气。自然界的空气是一种混合物，除了主要的氮气和氧气外，还有少量的固体粉尘颗粒，另外还有水、二氧化碳等。空气中主要组分的种类及其物性参数见表2-2及表2-3。

表2-2　空气中主要组分的物理特性（一）

名称	化学符号	体积分数/%	质量分数/%
氮	N_2	78.09	75.5
氧	O_2	20.95	23.1
氩	Ar	0.932	1.29
二氧化碳	CO_2	0.03	0.05
氦	He	0.00046	0.00006
氖	Ne	0.0016	0.0011
氪	Kr	0.00011	0.00032
氙	Xe	0.000008	0.00004

表2-3　空气中主要组分的物理特性（二）

名称	化学符号	汽化温度/℃	熔化温度/℃	密度		临界点	
				/(kg/m³)	/(kg/L)	/℃	/10^{-1}MPa
氮	N_2	−195.8	−209.86	1.25	0.81	−147	34.5
氧	O_2	−183	−218.4	1.43	1.14	−119	51.3
氩	Ar	−185.7	−189.2	1.782	1.4	−122	49.59
氦	He	−268.9	−272.55	0.18	0.125	−267.7	2.335
氖	Ne	−246.1	−248.6	0.748	1.204	−228.7	28.13
氪	Kr	−153.2	−157.2	1.735	2.155	−63.7	56
氙	Xe	−108.0	−111.8	1.664	3.52	+16.6	60.1

二、实现空气分离的过程

1. 空气的过滤和压缩

由于空气中存在灰尘等固体杂质，带入系统会影响压缩机的运转及堵塞管道等，所以需先经过空气过滤器过滤灰尘等机械杂质，然后在空气压缩机中压缩到所需的压力。压缩产生的热量被冷却水带走。

2. 空气预冷干燥系统

从压缩机组来的压缩空气进入空气预冷干燥系统，被冷却后进入气水分离器，被冷却至5～8℃并分离游离水后进入空气纯化系统。

3. 空气纯化系统

空气中的水和二氧化碳进入空分设备的低温区后，会形成固态的冰和干冰，会阻塞换热器的通道和塔板上的小孔。空气中的危险杂质还有烃类化合物，尤其是乙炔，在精馏过程中乙炔在液空和液氧中浓缩到一定程度就有发生爆炸的可能，因此规定乙炔在液氧中的含量不得超过 $0.1×10^{-6}$，这必须予以充分的注意，这些组分必须在空气进冷箱前除去。这一部分是空气纯化系统。

用分子筛吸附器来预先清除空气中的水分、二氧化碳及烃类化合物，从空气预冷干燥系统出来的空气进入分子筛吸附器，分子筛吸附器成对切换使用，一只工作时另一只在再生。进入分子筛吸附器的空气温度约为－21℃。

4. 空气被冷却到液化温度

空气的冷却是在中间换热器中进行的，其中循环空气被膨胀后的返流空气和返流气体冷却、增压空气被膨胀后的返流空气和返流气体冷却到超临界状态。与此同时，冷的返流气体被复热。

5. 冷量的制取

由表2-2、表2-3可见，要将空气液化，必须要在深冷条件下（－100℃），这样的低温是由膨胀机做功，使空气在高、低温膨胀机中等熵膨胀和通过等温节流效应而获得的。另外冷量的损失、换热器的复热不足损失和冷箱中向外直接排放低温流体等冷量都是由上述设备和原理完成的。

6. 液化

在正常运行中，氮气和液氧的热交换是在冷凝蒸发器中进行的，由于两种流体压力不同，氮气被液化而液氧被蒸发，氮气和液氧分别由下塔和上塔供给，这是保证上、下塔精馏过程进行所必需具备的条件（注：原始开车时，大部分气体也是在主冷中被冷却至液化温度而被液化的）。

7. 精馏

空气的精馏是在双级精馏塔内完成的。空气的精馏是在氧-氮混合物的气相与液相接触之间的热质交换过程中进行的，气体自下而上流动，而液体自上而下流动，该过程由筛板（填料）来完成。由于氧、氮组分沸点不同，氮比氧易蒸发，氧比氮易冷凝，气体逐板（段）通过时，氮浓度不断增加，只要有足够多的塔板（填料），在塔顶即可获得高纯度的氮气；反之液体逐板（段）通过时，氧浓度不断增加，在下塔底部可获得富氧液空（液态空气中氮组分蒸发后剩余的组分），在上塔底部可获得高纯度氧气。

在下塔中空气被初次分离成富氧液空和氮气，液空由下塔底部抽出后经节流送入和液空组分相近的上塔某段上，一部分液氮由下塔顶部抽出后经节流送入上塔顶部，液空和液氮在节流前先在过冷器中过冷。空气的最终分离在上塔进行。产品氧气由上塔底部抽出，而氮气由上塔顶部抽出，并通过主换热器复热到常温后送出。

8. 危险杂质的排除

在冷凝蒸发器中，由于液氧的不断蒸发，将会使烃类化合物有浓缩的危险，但是只要从冷凝蒸发器中连续排放部分液氧就可防止浓缩。而当在冷凝蒸发器中提取液氧时，就可不用再另外排放液氧来防止烃类化合物浓缩。

三、空气分离的工艺流程

1. 空分的流程简图

空分的流程简图如图 2-12 所示。

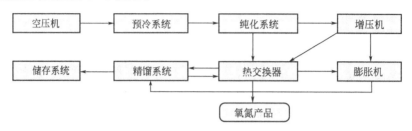

图 2-12　空分的流程简图

2. 空气分离的工艺流程

空气分离的工艺流程如图 2-13 所示。

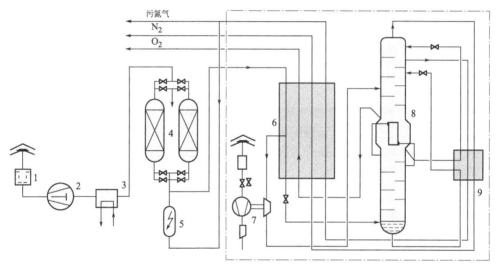

图 2-13　空气分离的工艺流程

1—空气过滤器；2—空气压缩机；3—预冷机组；4—分子纯化器；
5—电加热器；6—主换热器；7—透平膨胀机；8—双级精馏塔；9—过冷器

原料空气自大气中吸入，经空气过滤器除去灰尘及其他机械杂质。空气经过滤后在离心式空气压缩机中压缩，经空气冷却塔预冷，冷却水分段进入冷却塔内，下段为循环冷却水，上段为低温冷冻水，空气自下而上穿过空气冷却塔，在冷却的同时，又得到清洗。空气经空气冷却塔冷却后，温度降至−10℃，然后进入切换使用的分子筛吸附器，空气中的二氧化碳、烃类化合物及残留的水蒸气被吸附。分子筛吸附器为两只切换使用，其中一只工作时，另一只再生。

空气经净化后，分为两路：大部分空气直接进入分馏塔，而另一路去增压膨胀机增压后进入分馏塔。大部分空气在主换热器中与返流气体（纯氧、纯氮、污氮等）换热达到接近空气液化温度约−173℃进入下塔。增压空气在主换热器内被返流冷气体冷却至−109℃时抽出进入膨胀机膨胀制冷，膨胀后空气进入上塔参加精馏。

在下塔中，空气被初步分离成氮和富氧液空，顶部氮气在冷凝蒸发器中被冷凝为液体，同时主冷的低压侧液氧被汽化。部分液氮作为下塔回流液，另一部分液氮从下塔顶部引出，经过冷器被氮气和污氮气过冷并节流后送入上塔顶部。液空在过冷器中过冷后经节流送入上塔中部作回流液。

氧气从上塔底部引出，并在主换热器中复热后出冷箱进入氧气压缩机加压送往用户。

污氮气从上塔上部引出，并在过冷器及主换热器中复热后送出分馏塔外，部分作为分子筛吸附器的再生气体，其余氮气进入水冷却塔。氮气从上塔顶部引出，在过冷器及主换热器中复热后出冷箱，一部分作为产品氮气送出，去氮气压缩机加压后送往用户，其余氮气进入水冷却塔中作为冷源冷却外界水。产品液氧从主冷中排出送入液氧储槽保存。从液氧储槽中排出液氧，利用液氧泵加压，加压后的液氧进入汽化器，蒸发成氧气，然后送往用户。

四、空气分离的主要设备

（1）空气过滤器　空气过滤器（图 2-14）的作用是清除空气中的机械杂质及灰尘。空分对 $0.1\mu m$ 以下的粒子不作太多要求，因过滤网眼太小，阻力大；对 $0.1\mu m$ 以上的粒子要 100% 除去；空气穿过高效过滤筒，粉尘由于重力、静电和接触被阻留，净化空气进入净气室。对 $1\mu m$ 以上的灰尘过滤效率达 99.9%，滤筒上的灰尘通过专用喷头清除。

（2）空气透平压缩机　空气压缩机的作用是把空气压缩到设计压力。离心式压缩机又称为透平压缩机（图 2-15、图 2-16）。因为离心式压缩机流量均匀，所以空分使用离心式压缩机。离心式压缩机利用装于轴上带有

图 2-14　空气过滤器

工作轮的叶片在原动机械的带动下作高速旋转运动，叶轮对气体做功，使气体获得动能，然后气体在扩压器中速度下降，动能转变为静压能，压力得到进一步提高。

图 2-15　离心式压缩机外部

图 2-16　离心式压缩机内部

空气经过滤器过滤其中的机械杂质、灰尘等，然后进入原料空气压缩机经过压缩后，送至空气冷却塔冷却。

（3）空气冷却塔　空气冷却塔的作用是把出空压机的高温气体（大约为 $100℃$）冷却到约 $8\sim10℃$，将空气降温的意义为：一方面空气和水直接接触，既换热又受到洗涤，进一步除去灰尘并溶解一些腐蚀性的杂质气体；另一方面空气的温度降低，进后工序分子筛的空气的露点降低，减小分子筛的吸附负荷，改善分子筛吸附器的工作情况，更好地纯化空气，保证进精馏塔空气的洁净，而且充分回收、利用氮气、污氮气的冷量来冷却空气。空气冷却塔为立式圆筒形塔，分上、下两段，内装散装填料，出口安装高效除雾器。冷却分两段，下段为冷却水泵提供的常温冷却水，上段为经过水冷却塔和冷水机组降温的冷冻水。

出空压机的空气从下部进入空气冷却塔，水通过布水器均匀地分布到填料上，水从上往

图 2-17　空气冷却塔和水冷却塔

下流，空气从下穿过填料层，在其间空气被水洗涤并冷却，最终在塔顶被除雾器分离水分后出塔，升温后的冷却水从塔底排出。

（4）水冷却塔　水冷却塔的作用是利用分馏塔出来的低温干燥氮气和污氮气预冷却外界供水，使水有较低的温度，经过冷冻机组进一步冷却后输送至空冷塔上段，用于冷却空气。其结构为立式圆筒体，内设支承板，以支承填料（图 2-17）。

外界供水（温度约为 32℃）自上而下流经填料，与从分馏塔出来的冷干燥氮气和污氮气进行热质交换，使外界供水冷却下来，水在塔底被水泵抽走，上升气体带走热量后从塔顶排往大气。

（5）分子筛吸附器　分子筛吸附器的作用是吸附空气中的水分、二氧化碳等杂质，使进入冷箱的空气净化。其结构为立式圆筒体，内设支承棚架，以承托分子筛吸附剂。内部装填分子筛吸附剂（图 2-18、图 2-19）。

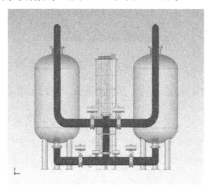

图 2-18　分子筛纯化器模拟图

图 2-19　分子筛纯化器实物

分子筛是人工合成的晶体铝硅酸盐，是一种多孔性固体物质，具有较大的内表面积，吸附过程发生在分子筛的微孔上，凡是被处理流体的分子大于微孔尺寸的都不能通过微孔，它把小于微孔的分子吸入孔内，把大于微孔的分子挡在孔外，起着筛分分子的作用。空气中的组分由于分子的极性、不饱和程度和空间结构不同，在分子筛上就会被不同程度地吸附，从而达到净化作用。目前空分上使用最多的分子筛是 13X 分子筛，13X 分子筛是一种离子性吸附剂，对极性分子有强的亲和力。13X 分子筛有条形、球形之分（图 2-20、图 2-21）。

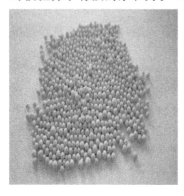

图 2-20　球形分子筛

图 2-21　条形分子筛

当吸附剂达到最大吸附能力后，需要进行再生使其恢复吸附能力，再生的方法有热再生和减压再生，在空分流程中常采用热再生。热再生是利用吸附剂在高温时吸附容量降低的原理，把加温气体通入吸附层，使吸附层温度升高，被吸附组分解吸。

空气通过分子筛床层时，由于分子筛的吸附特性，空气中的水分、二氧化碳、乙炔等烃类化合物被吸附，在再生周期中，分子筛先被高温干燥污氮反向再生后，再被常温干燥污氮冷却到常温。分子筛吸附器成对交替使用，一只工作时，另一只被再生。

（6）增压透平膨胀机　透平膨胀机的作用是使空气在膨胀机中等熵膨胀获得分馏塔所需冷量，也是提供空分装置所需冷量的装置。膨胀机是空分设备的"心脏"部机之一。其工作原理是使工作介质在透平膨胀机的通流部分膨胀获得动能，并由工作轮轴端输出外功，因而降低了膨胀机出口工作介质的内能和温度。

膨胀机主要是被用来生产冷量造成低温，其工作对象主要是气体。主机主要由膨胀机蜗壳、机身、增压机蜗壳、转子、可调喷嘴、轴承及密封件等组成，工作介质由进口管进入蜗壳，经可调喷嘴再进入工作轮做功，然后经扩压室、排气管排出。工作介质先经增压机增压，再经冷却后进入主换热器，然后再进入膨胀机进行绝热膨胀产生空分装置所需的冷量，与此同时产生的机械功又被增压机所吸收（图2-22、图2-23）。

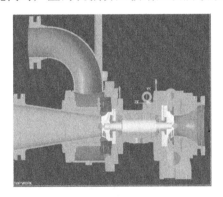

图2-22　透平膨胀机内部结构模拟图

图2-23　运行中的增压透平膨胀机组

（7）热交换器　热交换器的作用是进行多股流之间的热交换。结构为多层板翅式。各通道中的冷、热气流通过翅片和隔板进行良好的换热，对经分子筛吸附器除去水分和二氧化碳的压缩空气进行冷却，直至达到接近液化温度，各返流气在其中被加热到常温。

（8）过冷器　过冷器的作用是对低温液体进行过冷。结构为多层板翅式，相邻通道间物流通过翅片和隔板进行良好的换热。

液空和液氮在流经过冷器时被氮气和污氮气进一步冷却，使其温度低于饱和温度，这样，液空和液氮在节流后可以减少汽化，改善上塔的精馏工况。

（9）冷凝蒸发器　冷凝蒸发器位于双级精馏塔的中部，是连接上塔和下塔进行换热的换热设备，供氮气冷凝和液氧蒸发用，以维持精馏塔精馏过程的进行。其结构为多层板翅式，相邻通道的物流通过翅片和隔板进行良好的换热。

冷凝蒸发器置于上、下塔之间，下塔上升的氮气在其间被冷凝，而上塔回流的液氧在其间被蒸发。这个过程得以进行，是因为氮气压力高，液氧压力低。例如氮气压力为0.46MPa时，液化温度为95.5K，而液氧在压力为0.039MPa时，蒸发温度为93.6K，两者温差1.9K。这样，氮气的冷凝和液氧的蒸发就可进行。冷凝蒸发器都是按此原理进行的，只是冷凝和蒸发的介质不同而已。

（10）双级精馏塔　双级精馏塔是利用混合气体中氧、氮组分的沸点不同，将氧、氮组分分离成所要求纯度的产品。双级精馏塔由位于下部的下塔、位于中部的冷凝蒸发器和位于上部的上塔组成。

精馏塔分为筛板塔和填料塔两大类。填料塔又分为散堆填料塔和规整填料塔两种。筛板塔虽然结构较简单，适应性强，在空分设备中被广泛采用。但是，随着气液传热、传质技术的发展，对高效规整填料的研究，一些效率高、压降小、持液量小的规整填料的开发，填料塔也逐渐应用到空分精馏塔上。规整填料由金属波纹板组成，金属波纹板一块块排列起来，低温液体在每一片填料表面上都形成一层液膜，与上升的蒸气相接触，进行传热传质。规整填料的金属比表面积大，液氧持留量小，操作弹性大，热、质交换充分，分离效率高，对负荷变化的应变能力较强。目前填料塔有逐步替代筛板塔的趋势。

双级精馏塔的结构：塔筒为圆筒形；下塔为筛板塔，内装多层对流筛板；上塔为如图 2-24 所示的筛板塔。目前上塔多为填料塔，填料塔的内部填装规整填料及液体收集分布器。实物如图 2-25 所示。

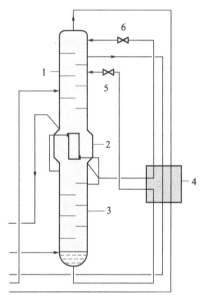

图 2-24　双级精馏塔
1—筛板上塔；2—冷凝蒸发器；3—筛板下塔；
4—过冷器；5,6—节流阀

图 2-25　双级精馏塔实物图

在下塔精馏过程中，液体自上往下逐一流过每块筛板，由于溢流堰的作用，塔板上造成一定的液层高度。当气体由下而上穿过筛板小孔时与液体接触，产生了鼓泡，这样就增加了气液接触面积，使热质交换过程高效地进行。低沸点组分逐渐蒸发，高沸点的组分逐渐液化，至塔顶就获得低沸点的纯氮，在塔底获得高沸点的富氧液空组分。

上塔在精馏过程中，气体穿过分布器沿填料盘上升，液体自上往下通过分布器均匀地分布在填料盘上，在填料表面上气、液充分接触进行高效的热质交换。上升气体中低沸点组分（氮）含量不断提高，高沸点组分（氧）被大量的洗涤下来，形成回流液。最终在塔顶得到低沸点纯氮气，塔底得到高沸点的液氧。

五、空气液化分离安全规程

空分装置的使用必须遵守安全规程。操作人员及在空分部门工作的人员都必须事先学习安全规程，并进行必要的训练。

1. 空气及空气组分的一般特性

（1）空气　空气液化后经精馏可获得所含的各种组分，如果把液空放在敞口容器中搁置一段时间，由于更易挥发的氮的逐步汽化，液体中氧的含量将会增加，液体将逐渐具有液氧的性质。

（2）氧　氧是一种无色、无嗅、无毒的气体，有强烈的助燃作用。氧的浓度越高，燃烧就越剧烈。空气中的氧含量只要增加4%，就会导致燃烧显著加剧。包括金属在内的许多物质在普通大气中不会点燃但在较高浓度氧的情况下，或在纯氧中便能燃起来。因此，可燃性物质在较高氧浓度的情况下，易产生自燃，甚至爆炸。如遇受压氧气和液态氧，则情况更会加剧。浸透氧的衣服极易着火（例如由静电荷产生的火花），并会极其迅速地燃烧起来，如不及时加以驱氧，则在相当长时间内都会有这种危险。

（3）氮　氮气是一种无色、无嗅、无毒的气体，但在高浓度的情况下，人一旦吸入，引起缺氧，便会窒息，这是很危险的，因为受害者会在事先没有感到任何不舒服的情况下很快失去知觉。氮能阻止燃烧。因此，氮气在许多场合作易燃和易爆物质的保护气，在空分装置的保冷箱内，充有氮气，以排除湿气和防止氧的积聚。氩、氖、氦、氪、氙等稀有气体也具有和氮相似的性质。

（4）液化气体　空气及其组分的液态，温度均很低，若与人的皮肤接触，将引起冻伤，类似严重烧伤。

2. 安全注意事项

空分装置的工作区及所有储存、输送和再处理各类产品气的场所，都必须注意以下安全事项。

（1）防止火灾和爆炸

① 禁止吸烟和明火以及会产生火苗的工作，如电焊、气焊、砂轮磨刮等，通常禁止在空分生产区进行，如确需进行，则必须采取措施，确保在氧浓度不高的场地，要在专职安全人员的监督下才能进行。

② 不得穿着带有铁钉或带有任何钢质件的鞋子，以避免摩擦产生火花。不能采用易产生静电火花的布料制作工作服。

③ 严禁油和油脂，所有和氧接触的部位及零件都要绝对无油和油脂，要进行脱脂清洗，应该用烃的氯化物或烃的氟氯化合物。例如，全氯乙烯来清洗，一般的三氯乙烯等不适用于铝或铝合金的清洗，因为这会引起爆炸反应。由于这类清洗剂有毒，在使用时，必须注意通风及皮肤的保护，并戴防毒面具。

④ 现场人员的衣着必须无油和油脂，甚至脂肪质的化妆品也会成为火源。

⑤ 装置的工作区内禁止储放可燃物品。对于装置运行所必需的润滑剂和原材料必须由专人妥善保管。

⑥ 要防止氧气的局部增浓。如果发现某些区域已经增浓或有可能增浓，则必须清楚地作出标记，并进行强制通风。人员在进入氧气容器或管道之前，必须用无油空气吹除，并经取样分析确认含量正常才能进入。

⑦ 人员应避免在氧气浓度增高的区域停留。如果已经停留则其衣着必被氧气浸透，应立即用空气彻底吹洗置换。

⑧ 氧气阀门的启闭要缓慢进行，避免快速操作，特别是对于加压氧气必须绝对遵守。

⑨ 冷凝蒸发器液氧中的乙炔和其他烃类化合物的浓度必须严格控制。

（2）防止窒息引起死亡

① 要防止氮气的局部增浓。如果发现某些区域已经增浓或有可能增浓则必须清楚地作出标记，并进行强制通风。

② 严禁人员进入氮气增浓区域。如要进入氮气增浓区域，需先通风置换，经检验分析确认正常以后才允许进入，并要在安全人员监督下进行。

③ 人员进入氮气容器或管道前，必须经检验分析确认无氮气增浓，才允许进入，并要在安全人员监督下进行。

（3）防止冻伤

① 在处理低温液化气体时，必须穿着必要的保护服，戴手套，裤脚不得塞进靴子内，以防止液体触及皮肤。

② 进入空分装置保冷箱前，有关的区段必须先加温。

任务小结

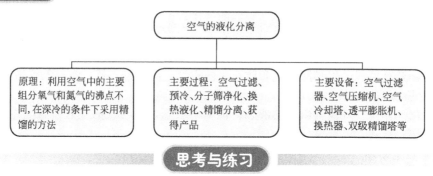

思考与练习

1. 空气的分离对合成氨有什么作用？
2. 深冷空分的原理是什么？
3. 对于空分来讲空气中有哪些杂质？这些杂质有什么危害？
4. 一个空分装置应该包括哪几个方面的过程？
5. 画出空分装置的方框图。
6. 空气冷却塔的作用是什么？
7. 双级精馏塔的作用是什么？原理是什么？
8. 空分装置的冷量主要由什么提供？原理是什么？
9. 空分装置工作区应注意什么事项？
10. 查阅资料了解空分的产品除了氧气和氮气以外还有什么？其工艺流程是什么？
11. 查阅资料了解空分的产品在其他行业中有什么作用。

资源导读

空分的发展历史

空分设备是由诸多配套部机组成的成套设备，我国空分于1953年起步，经过50多年的发展，从第一代小型空分流程发展到目前的第六代大型全精馏无氢制氩工艺流程。每一次空分设备流程的变革和推进，都是新技术、新工艺的创新。透平膨胀机的产生，实现了大型空分设备全低压流程；高效板翅式换热器的出现，使切换板翅式流程取代了石头蓄冷器、可逆式换热器流程，使装置冷量回收效率更高；增压透平膨胀机的出现极大地提高了膨胀机的制冷效率，并把输出的外功进行了有效的回收；常温分子筛净化流程替代了切换式换热器，使空分装置净化系统的安全性、稳定性得到极大提高并使能耗大大降低，随着规整填料和低温液体泵在空分装置中的应用，进一步降低了空分设备的能耗，实现了全精馏无氢制氩，使空分设备在高效、节能、安全等方面取得了进步。随着计算机的广泛应用，空分装置的自动控制、变负荷跟踪调节等变得更为先进。

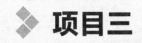 **项目三**

合成氨生产原料气制取

任务一　固定层间歇气化

任务目标

能通过固定层间歇气化生产工艺流程，从固体燃料气化原理的角度分析，知道固定层间歇气化制取合成氨原料气的思路，会选择适合间歇气化的工艺条件。

任务要求

➢ 能够讲述固定层间歇气化生产过程，并且能叙述和绘出工艺流程图，知道设备的结构和作用。

➢ 知道固定层间歇气化原理，能写出主要反应方程式。能运用反应原理并考虑生产实际、技术经济情况对工艺条件进行选择，知道工艺流程设置的一般原则。

➢ 知道本任务的安全操作规程，知道本任务所涉及的物料安全特性，会正确操作本岗位消防器材和劳动防护设备。

任务分析

固定层间歇气化法制取合成氨原料气是以空气和水蒸气为气化剂，交替地通过固定的燃料层，使燃料气化，制得半水煤气。通入空气的目的是空气中的氧与燃料中的碳燃烧，以便提高燃料层的温度，为蒸汽与碳的吸热反应提供热量，并为合成氨提供氮气，通入蒸汽的目的是与灼热的碳反应，得到氢和一氧化碳。

理论知识

一、固定层间歇气化流程

固定层间歇气化是在煤气发生炉中进行的。煤由煤气炉顶部间歇加入，气化剂（空气、水蒸气）通过燃料层在高温下进行煤的气化反应，制得半水煤气。气化后的灰渣从炉底排出。

固定层间歇法制半水煤气时，吹风和制气两个阶段交替进行。自上一次送入空气开始到下一次送入空气为止称为一个工作循环。对于制气阶段设置加氮空气的流程，每个工作循环分为五个阶段，见表3-1。

间歇式生产半水煤气的工艺流程一般由煤气化、余热回收、降温除尘以及煤气储存等部分组成。

中型氨厂流程如图3-1所示，煤由加料机从煤气发生炉顶部间歇加入炉内进行煤气化反应。气化后灰渣从炉底定期排出炉外。

吹风时，空气由鼓风机加压自下而上通过煤气发生炉，吹风气经燃烧室及废热锅炉回收热量后由烟囱放空。燃烧室中加入二次空气，将吹风气中的可燃性气体燃烧，使蓄热砖温度升高。

表 3-1 固定层间歇法制半水煤气的五个阶段

工作循环	主要目的	气化剂	气体走向
吹风阶段	燃料燃烧,提高炉温	空气	空气从炉底送入,吹风气经燃烧室和废热锅炉回收热量后放空
一次上吹制气阶段	制取半水煤气	蒸汽和加氮空气	气化剂从炉底送入,生成的煤气经燃烧室和废热锅炉回收热量后去洗气箱、洗气塔除尘降温后去气柜
下吹制气阶段	制取半水煤气,稳定气化层温度,避免气化层上移	蒸汽和加氮空气	气化剂从炉上部送入,生成的煤气从炉底送出,经洗气箱、洗气塔除尘降温后去气柜
二次上吹制气阶段	制取半水煤气,回收炉底空间残留煤气,防止爆炸	蒸汽和加氮空气	同一次上吹制气阶段
空气吹净阶段	回收炉顶部空间和出气管道残留的煤气	空气	同吹风阶段,但吹风气不放空,回收至气柜

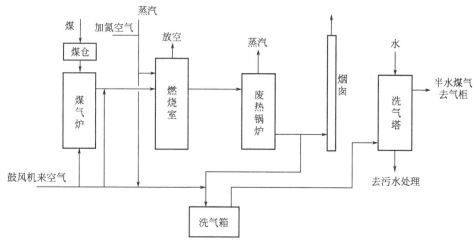

图 3-1 中型合成氨厂造气工艺流程方框图

一次上吹制气,蒸汽和加氮空气混合后从炉底进入炉内反应,所得煤气经燃烧室及废热锅炉回收余热后,再经洗气箱及洗涤塔进入气柜。

下吹制气,蒸汽和空气从燃烧室顶部进入,经预热后进入煤气炉自上而下流经燃料层。由于煤气温度较低,煤气直接经洗气箱和洗涤塔降温除尘后进入气柜。

二次上吹制气,气体流程与一次上吹制气相同。

空气吹净时,空气从炉底通入炉内反应,煤气流程与一次上吹制气相同。此时燃烧室不能加入二次空气。

注意在上、下吹制气时,每当变换上、下吹时,加氮空气阀要比蒸汽阀适当迟开早关,避免加氮空气与半水煤气相遇,发生爆炸或半水煤气中氧含量增高。

此流程的主要特点是利用燃烧室回收吹风气中一氧化碳及其他可燃性气体的燃烧热,预热下吹制气的蒸汽和加氮空气;利用废热锅炉回收吹风气和上吹煤气的显热,副产蒸汽;制气阶段配入加氮空气,可直接得到半水煤气;吹风气全部放空。

固定层间歇气化制气的技术已经落后:对煤种要求高,产量低。由于从废热锅炉出来的煤气及烟气温度较高,热量损失大,灰渣残碳高,总能耗高,只相当于德士古炉的 1/20,约为 $62.8 \times 10^6 \, kJ/tNH_3$。因此采用加压连续固定床、常压或加压流化床,用氧或富氧和蒸汽作气化剂的技术会更广泛。

二、固定层间歇气化设备

固定层间歇气化的主要设备是煤气发生炉(简称煤气炉),固体燃料在煤气炉内与空气和蒸汽反应，生成半水煤气。煤气炉由炉体、夹套锅炉、底盘、机械除灰装置和传动装置五个部分组成。以 2.74m 煤气炉为例，介绍煤气炉的结构，如图 3-2 所示。

1. 炉体

由钢板焊成，上部内衬有耐火砖 9 和保温砖 8，下部设有夹套锅炉 4。底部焊有保护钢板。炉口有铸钢制成的护圈，以防加料时磨损耐火砖。锥形部分有出气口。

2. 夹套锅炉

夹套锅炉的传热面积约 16m²，容水量 15t。作用是防止燃料层温度过高，使灰粘在炉壁上而发生挂炉现象，并副产低压蒸汽。夹套锅炉外壁包覆石棉绒保温材料，两侧各有四个试火孔，来观察火层情况。夹套锅炉上安装有液位计 10，水位自动调节器、安全阀 2 等附件。

3. 底盘

底盘 7 由两个半圆形铸件组合而成，两侧有灰斗。底盘与炉壳通过大法兰连成一体。底盘中心有吹风管及下吹煤气出气管，上部有轴承轨道，用以承托灰盘及燃料层的质量。底盘有溢流排污管和水封桶。当煤气炉内压力超标时，气体将冲破水封，使炉内压力降低，起安全保护作用。

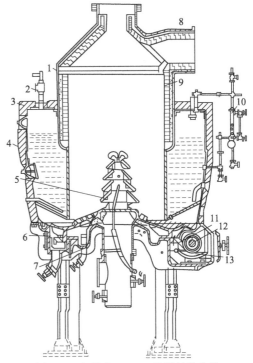

图 3-2 直径为 2.74m 的煤气发生炉

1—炉体；2—安全阀；3—保温材料；
4—夹套锅炉；5—炉箅；6—回盘接触面；
7—底盘；8—保温砖；9—耐火砖；10—液位计；
11—蜗轮；12—蜗杆；13—油箱

4. 机械除灰装置

除灰装置包括灰盘、炉箅、蜗轮、蜗杆及固定不动的灰犁等。灰盘承受灰渣和燃料的重量，由内外两个外缘倾斜的环形铸铁圈组成。在灰盘的倾斜面上固定有四根月牙形灰筋，称为推灰器，将灰渣推出灰盘，并将内外灰盘连成一体。灰盘底下的轴承轨道压在底盘轴承轨道上旋转。宝塔形炉箅固定在内灰盘上，随灰盘旋转。外灰盘底部铸有 100 个齿的大蜗轮，被传动装置带动而使灰盘旋转。固定在出灰口上的灰犁，在灰盘旋转过程中将灰渣刮入灰斗，再定期排出。炉箅能连续排灰和使气化剂分布均匀。宝塔形炉箅共分五层，最上层是半球形炉箅，帽上有气孔。气化剂从炉箅每层间的空隙和帽上的小孔进入炉膛。炉箅除了宝塔形外，还有鳞片状偏心圆锥形、螺旋锥形和均布型等。

5. 传动装置

由电动机提供动力，通过变速机、蜗杆、蜗轮带动 100 齿大蜗轮转动而完成。连接部件密封良好，防止气体逸出。传动装置带动注油器，向各加油点输送润滑油。

三、固定层间歇气化基本原理

1. 碳和氧气反应（吹风阶段）

吹风阶段，空气通过燃料层与碳反应，放出热量，为碳与水蒸气反应提供热量。

碳与氧气的反应主要有：

$$C + O_2 = CO_2 + Q \tag{3-1}$$

$$2C + O_2 = 2CO + Q \tag{3-2}$$

$$2CO+O_2 \Longrightarrow 2CO_2+Q \tag{3-3}$$

$$CO_2+C \Longrightarrow 2CO-Q \tag{3-4}$$

式(3-4)为体积增大的可逆吸热反应，提高温度、降低压力有利于CO_2还原，生成气中一氧化碳平衡含量增加，二氧化碳平衡含量下降。当温度高于900℃时，二氧化碳平衡含量很低。

为了避免CO_2还原为CO，减少热量损失和燃料消耗，实现吹风的目的，吹风阶段采取的措施是：提高压力，提高空气流速，增大氧的加入量，缩短气体与碳层的接触时间，使碳与氧反应生成的二氧化碳来不及进行还原反应就离开燃料层；同时要控制燃料层的温度和高度不能过高。

2. 碳和水蒸气反应（制气阶段）

此阶段的主要目的是高温碳与水蒸气反应，希望得到尽可能多的一氧化碳和氢气。

主要反应如下：

$$C+H_2O(g) \Longrightarrow CO+H_2-Q \tag{3-5}$$

$$C+2H_2O(g) \Longrightarrow CO_2+2H_2-Q \tag{3-6}$$

生成的二氧化碳可在还原层中还原成一氧化碳：

$$CO_2+C \Longrightarrow 2CO-Q \tag{3-7}$$

当温度较低时，会有生成甲烷和一氧化碳转化为氢的副反应发生：

$$C+2H_2 \Longrightarrow CH_4+Q \tag{3-8}$$

$$CO+H_2O(g) \Longrightarrow CO_2+H_2+Q \tag{3-9}$$

式(3-5)～式(3-7)为体积增大的可逆吸热反应，依据化学平衡移动原理，提高温度，降低蒸汽压力可使反应的平衡向右移动，煤气中一氧化碳和氢的含量增加，二氧化碳和甲烷的含量减少，与生产目的一致。

3. 煤气化反应速率

煤气化反应复杂，既有气体之间的均相反应，又有气固相的非均相反应，主要是非均相反应。反应速率以总的反应速率来衡量，煤气化反应过程由多个步骤组成，总反应速率取决于反应过程中最慢的一步，称为控制步骤。

（1）碳与氧的反应速率　在较低温度（775℃）下，受化学反应控制，温度升高，反应速率加快。当温度高于900℃时，主要受扩散控制，因此提高气流速度，反应速率加快。

（2）碳与二氧化碳的反应速率　碳与二氧化碳的还原反应速率与温度、燃料的化学活性、灰分含量有关。温度越高，燃料的化学活性越高，灰分含量越低，二氧化碳还原为一氧化碳速率越快。

（3）碳与水蒸气的反应速率　碳与水蒸气的反应速率主要受温度和燃料的化学活性影响。温度越高，燃料的化学活性越高，反应速率就越快；蒸汽与碳接触时间增加，蒸汽分解率就会提高。燃料的化学活性一般按无烟煤、焦炭、褐煤、木炭的顺序递增。

4. 碳和氧、蒸汽同时反应

制气阶段，同时通入蒸汽和适量空气进入燃料层，既有碳与氧的燃烧放热反应，又有碳和蒸汽、二氧化碳的吸热反应，从反应热平衡角度来看，是热效应相互抵消的过程，对维持燃料层温度的稳定、延长制气时间有利。间歇造气的中小型合成氨厂普遍采用此法。

四、固定层间歇气化工艺条件

1. 温度

煤气炉内燃料层温度是沿着燃料层高度而变化的，其中氧化层温度最高。操作温度一般指氧化层温度，简称炉温。炉温高，蒸汽分解率高，煤气产量高、质量好，制气效率高。

炉温主要由吹风阶段决定,炉温高,吹风气中二氧化碳含量低,吹风效率低。当温度上升至 1700℃时,吹风气中二氧化碳含量为零,吹风效率为零,反应放出的热量全部被吹风气带出,不能再为制气阶段提供热量。一般,炉温比燃料的灰熔点低 50℃左右,以维持炉内不结疤为条件,尽量在较高的温度下操作。

2. 吹风速率

吹风阶段应在尽可能短的时间内,提高炉温,并尽量减少热损失,降低燃料消耗。提高吹风速率,给氧化层提供更多的氧,加速碳的燃烧反应,使炉温迅速提高;同时缩短了二氧化碳在还原层的停留时间,降低了吹风气中一氧化碳的含量,减少热损失。但吹风量过大,容易将小颗粒燃料吹出炉外,热损失增大,燃料层易出现风洞,气化条件恶化。对于直径 2740mm 的煤气炉,吹风量为 18000～20000m^3/h,直径 1980mm 的煤气炉,吹风量为 7000～10000m^3/h(标准状况)。

3. 水蒸气用量

水蒸气用量是提高煤气产量、改善气体成分的重要手段。根据炉温来调节蒸汽用量。当炉温高时,增加蒸汽用量,可提高煤气产量和质量;炉温低时,适当减少蒸汽用量。当炉内结疤时,加大蒸汽用量,降低温度来吹松灰渣。直径 2740mm 的煤气发生炉,蒸汽用量一般为 5～7t/h。

4. 燃料层高度

燃料层高度对吹风和制气有着不同的影响。吹风阶段低些有利,可避免二氧化碳还原为一氧化碳,减少热损失;制气阶段,较高的燃料层可提高蒸汽分解率,但是燃料层阻力增大,使输送空气的动力消耗增加。要根据燃料粒度、性质来选择适宜的燃料层高度,直径 2.74m 的煤气炉一般控制在 1.6～1.8m。

5. 循环时间的分配

每一工作循环所需要的时间,称为循环时间。循环时间长,炉温、煤气的质量波动大。循环时间短,温度波动小,煤气的产量和成分也较稳定,但阀门开关频繁。一般循环时间为 2.5～3min。各阶段的时间分配随着燃料的性质和工艺操作的具体要求而异。吹风时间以能提供制气所需的热量为限,其长短主要取决于燃料的灰熔点及空气流速。上、下吹制气时间以维持气化区稳定、煤气质量好为原则。二次上吹和空气吹净时间以排净炉底和炉上部空间残留煤气为原则。不同燃料气化的循环时间分配百分比大致范围如表 3-2 所示。

表 3-2　不同燃料气化的循环时间分配百分比

燃料品种	工作循环中各阶段时间分配/%				
	吹风	上吹	下吹	二次上吹	空气吹净
无烟煤,粒度 25～75mm	24.5～25.5	25～26	36.5～37.5	7～9	3～4
无烟煤,粒度 15～25mm	25.5～26.5	26～27	5.5～36.7	7～9	3～4
无烟煤,15～50mm	22.5～23.5	24～26	40.5～42.5	7～9	3～4
石灰碳化煤球	27.5～29.5	25～26	36.5～37.5	7～9	3～4

6. 气体成分

要求 $(H_2+CO)/N_2=3.1～3.2$。通常采用调节加氮空气量或者空气吹净及回收时间的方法来控制。尽量降低半水煤气中甲烷、二氧化碳和氧气的含量,特别要求氧气含量小于 0.5%。氧含量高不仅有爆炸危险,而且还会给后工序变换催化剂带来严重的危害。

五、固定层间歇气化岗位安全操作及环保措施

1. 岗位特点

高温，高压，有毒，易燃易爆，粉尘。

2. 岗位物料的性质

本岗位物料有煤（煤粉尘）、一氧化碳、氢气、二氧化碳、硫化氢、甲烷、蒸汽。

煤气中的CO、H_2、CH_4都是易燃易爆气体，当煤气与空气混合达到爆炸极限时遇到火花就会发生爆炸。

物料的性质及危害性见表3-3和表3-4。

表3-3 CO、H_2、CH_4、煤粉的爆炸极限表

气体名称	CO	H_2	CH_4	煤粉
爆炸上限/%	74.2	74.2	14.9	煤粉尘在空气中爆炸极限 30mg/m³；最低着火温度 610℃
爆炸下限/%	12.5	4.1	5.35	

表3-4 危险介质的危害及中毒症状

物质名称	性质	危害及中毒症状
一氧化碳（CO）	无色、无嗅、无味、无刺激性的气体	与空气混合形成爆炸性混合物，遇明火、高温能引起爆炸。在血液中与血红蛋白结合而造成组织缺氧。中毒时头痛、头晕、呕吐、意识模糊等，重度中毒时死亡 接触限值为 30mg/m³
二氧化碳（CO_2）	常温下为无色、无味、无嗅的气体。高浓度时为酸性气味	二氧化碳对神经中枢有刺激和麻醉作用。急性中毒呼吸困难、头昏，大量吸入会因缺氧而窒息死亡
氢气（H_2）	无色、无味	与空气形成爆炸性混合物，遇明火、高热能引起燃烧爆炸。与氟、氯等发生剧烈反应。在浓度很高时，因氧分压降低而造成窒息
硫化氢（H_2S）	浓度低时带臭鸡蛋味；浓度高时反而没有气味	易燃剧毒。与空气混合能形成爆炸性混合物，遇明火、高热能引起燃烧爆炸。为强烈的神经毒物。高浓度时可抑制呼吸中枢，迅速窒息而死亡。接触限 10mg/m³，致死浓度 1mg/L
甲烷（CH_4）	无色、无味	与空气混合形成爆炸性混合物，遇明火、高热能引起燃烧爆炸。与氟、氯等能发生剧烈反应。当空气中含量超过 25% 时，可引起头痛、头晕和精神动作障碍，窒息昏迷，并由于缺氧而死亡

3. 安全操作要点

① 操作人员必须遵守安全技术规程，严格执行操作工的"六严格"和"十四不准"。正确操作消防器材和劳动防护用品。

② 正常开车前要检查所有的运转设备、静止设备、电器、仪表、阀门开关，一切都处于正常状态位置后方可联系开车。

③ 大、中修后开车，必须试漏、试压、吹扫系统。

④ 点火前必须置换合格，防止炉内爆炸，防爆片的位置要安全并安装有网罩。

⑤ 办动火证方可动火。在运行中的煤气设备或管道上动火，应保持煤气的正常压力，只准用电焊，不准用气焊，同时要有防护人员在场。

⑥ 各安全水封要保持正常液位，水封溢流要正常。

⑦ 废热锅炉液位计要定时冲洗，保证液位真实，稳定在 1/2～2/3 处。

⑧ 废热锅炉严重缺水时，严禁向炉内加水，应停炉处理。

⑨ 严格控制煤气中氧含量，必须≤0.5%，当超过 0.5% 时必须分析原因并及时处理，当达到 1% 时必须停车。

⑩ 炉温较低时，打开炉盖需立即点火防爆。从炉口处观察炉况，要用手臂遮住脸部，

停炉时间过长，应在炉口放安全网罩。

4. 本岗位主要安全事故及处理方法

表3-5列出了本岗位主要安全事故及处理方法。

表3-5　本岗位主要安全事故及处理方法

序号	事故	原因	处理方法
1	炉内结疤	(1)煤的性质与操作条件不相适应 (2)气流分布不均匀 (3)入炉蒸汽量小,炉温过高	(1)根据煤的性质,调节操作条件 (2)停炉捅实炭层 (3)适当加大蒸汽量,降低炉温
2	半水煤气氧含量增大	(1)炭层过薄,炉温过低 (2)吹风阀或下吹煤气阀内漏 (3)炉内结疤,有风洞	(1)停炉适当加高炭层,提高炉温 (2)停炉检修吹风阀或下吹煤气阀 (3)停炉大修,填实风洞,扒平炉面
3	夹套锅炉或废热锅炉汽包液位下降过快	(1)加水流量小或加水阀失灵 (2)锅炉排污阀漏 (3)夹套锅炉或废热锅炉漏	(1)增大加水量或检修加水阀 (2)检修排污阀 (3)停车检修
4	夹套锅炉或废热锅炉断水	(1)加水流量小或加水阀失灵 (2)锅炉排污阀漏 (3)夹套锅炉或废热锅炉漏	严禁加水,立即停炉,降温后处理
5	炉底爆炸	(1)二次上吹时间短或蒸汽量小 (2)停炉时灰斗蒸汽吹净时间短 (3)安全挡板或吹风阀内漏 (4)灰层有大块渣,二次上吹时渣块内残余气体吹不净	(1)适当延长二次上吹时间或增大蒸汽量 (2)延长吹净时间 (3)停车检修安全挡板或吹风阀 (4)酌情处理,情况严重时应停炉,清除大块渣
6	停炉时炉口爆炸	停炉时炉面温度低,未点着火	停炉时适当延长吹风或二次上吹时间,提高炉面温度
7	停炉时炉口大量喷火	(1)未开蒸汽吸引阀 (2)洗气箱缺水,半水煤气倒流 (3)吹风阀内漏 (4)上吹蒸汽阀内漏	(1)开启蒸汽吸引阀 (2)加大洗气箱进水,避免半水煤气倒流 (3)停车检修吹风阀 (4)停车检修上吹蒸汽阀
8	炉条机负荷加重,电动机电流波动大,齿轮打滑	(1)炉内有大块渣卡住 (2)破渣圈或夹套保护板脱落卡住 (3)灰盘产生位移 (4)蜗轮、蜗杆损坏 (5)棘轮或三角抓磨损 (6)炉算弹簧松	停炉处理
9	气柜钟罩猛升	(1)吹风时烟囱阀失灵未开,吹风气进入气柜 (2)脱硫工序负荷大或罗茨鼓风机跳闸	(1)停车检修烟囱阀,必要时气柜内气体放空 (2)联系脱硫工序,必要时本工序减负荷生产
10	气柜钟罩猛降	(1)洗气箱或洗气塔水封断水,煤气外泄 (2)洗气塔液位过高或煤气管道有堵塞 (3)气柜进口水封阻力大	(1)加大水量,严重时关闭洗气箱或洗气塔气体出口阀 (2)适当降低洗气塔液位或停车疏通煤气管道 (3)适当降低水封内水位

5. 环保措施

① 烟气中的一氧化碳、甲烷等可燃性气体经热量回收后集中送到烟气锅炉燃烧，回收热量，再经除尘脱硫后排放，从而减少烟尘和硫化物对环境的污染。

② 本工序废水等去污水处理系统，经处理达到排放标准后进行循环使用或者排放。

③ 下灰时灰斗上部淋水降温增湿，减少扬尘污染。炉渣废弃物外供砖厂、水泥厂作原料，实现了综合利用。

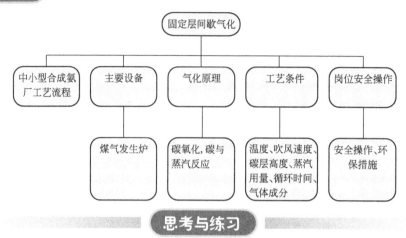

任务小结

固定层间歇气化
- 中小型合成氨厂工艺流程
- 主要设备
  - 煤气发生炉
- 气化原理
  - 碳氧化,碳与蒸汽反应
- 工艺条件
  - 温度、吹风速度、碳层高度、蒸汽用量、循环时间、气体成分
- 岗位安全操作
  - 安全操作、环保措施

思考与练习

1. 画出间歇法生产半水煤气的工艺流程并以文字说明流程。
2. 煤气炉的作用是什么？说出固定层煤气炉的结构。
3. 说出固体燃料固定层气化的原理。
4. 如何选择间歇法生产半水煤气的工艺条件？
5. 上网查阅本岗位有哪些安全事故，原因如何，怎样防范。

任务二　固定层连续气化

任务目标

能通过固定层连续气化制气工艺流程，从连续气化原理的角度分析知道固定层连续气化制取合成氨原料气的思路，会选择适合连续气化的工艺条件。

任务要求

➢ 能够讲述固定层连续气化制煤气的生产过程，并且能叙述和绘出工艺流程图，知道设备的结构和作用。

➢ 知道固定层连续气化原理，能写出主要反应方程式。能运用反应原理，并考虑生产实际、技术经济情况对工艺条件选择进行分析，知道工艺流程设置的一般原则。

➢ 知道本任务的安全操作规程，会正确使用本岗位的消防器材和劳动防护用品。

任务分析

固定层连续气化生产合成氨原料气是通过气化剂（氧气或者富氧空气）和蒸汽与煤在气化炉中连续进行气化反应而获得的，满足系统的热量平衡，连续制取半水煤气。

理论知识

一、固定层连续气化流程

固定层连续气化生产合成氨原料气有常压和加压两种。气化剂用氧气或者富氧空气（含 O_2 50%～60%）和蒸汽。气化过程基本达到自热平衡，生产能连续平稳地进行。我国部分厂家在原有固定层间歇气化基础上改造为富氧连续气化。与间歇法气化相比，提高碳转化率和蒸汽分解率，取消吹风气外排，达到节能降耗和减少三废排放的目的。现介绍固定层加压气化流程，本法常用的煤气炉为加压鲁奇炉。固定层加压连续气化是将粒度为 5～50mm 范围的碎煤由气化炉顶加入炉内，在 1.0～3.0MPa 压力、900～1200℃ 温度下与从炉底来的气化剂逆流气化反应的过程。

如图 3-3 所示，碎煤由煤斗进入煤锁，通过操作煤锁，使碎煤间歇加入气化炉内与气化剂反应。反应后的灰渣经炉算排入灰锁。

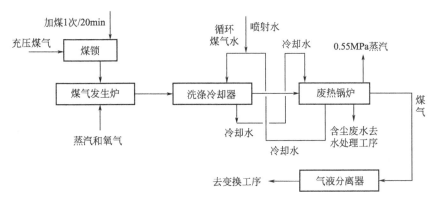

图 3-3　固定层加压连续气化法工艺流程方框图

压力为 3.7MPa 的过热蒸汽与氧气混合后，由气化炉底部进入燃料层反应，生成粗煤气。

温度为 650～700℃ 的粗煤气从炉顶部引出，进入文丘里洗涤冷却器被高压喷射煤气水除尘、除焦油，降温到 200℃ 的粗煤气与煤气水一同进入废热锅炉，被壳程的冷却水冷却至 180℃，煤气经气液分离后送入变换工序。

煤气冷凝液及洗涤煤气水汇集在废热锅炉底部积水槽中，大部分由煤气水循环泵打至洗涤冷却器循环洗涤粗煤气，多余的煤气水由液位调节阀控制排至煤气水处理工序。

碎煤加压气化适用于多煤种，尤其适用于灰熔点高、不黏结的煤，如褐煤、次烟煤、贫煤等。所得煤气组成大致为：H_2 40%，CO_2 2%，CO_2 26.5%，CH_4 7.5%，（N_2＋Ar）1.9%，$C_n H_m$ 0.4%，煤气中甲烷含量高，需加工才能成为合成氨原料气。

二、固定层连续气化设备

主要设备为煤气发生炉（也称为鲁奇炉），如图 3-4 所示，炉内设有搅拌装置。其结构主要由炉体、煤锁、灰锁和灰锁膨胀冷凝器组成。

（1）炉体

① 筒体。加压气化炉的炉体具有锅炉钢板焊成的立式双层圆管结构炉壁。为防止内壳超温，设有夹套锅炉，通入中压锅炉给水，内焊有纵向隔板，并设有水循环泵进行强制循环以增加传热。产生的中压蒸汽一部分通入炉内。

② 搅拌与布煤器。炉上部设有煤分布器及搅拌器，下部设有转动炉算及传动机构，均由炉外液压装置驱动，煤分布器与搅拌器在同一转轴上，由炉外的电动机带动。

③ 炉算。其作用是维持燃料层向下移动，均匀分布气化剂，排灰入灰锁，破碎灰渣，避免灰锁阀门堵塞。

炉算为塔形，共四层，顶部由风帽组成。气化剂由炉底进入空心轴，通过炉算板的缝隙流出，并均匀分布，在底层炉算下装有 2～4 个刮刀，将灰渣破碎并刮入灰锁。

（2）煤锁和灰锁　气化炉顶设有煤锁，容积 12m³，用于气化炉内间歇加煤。炉底设有灰锁，容积 6m³，将灰渣定期排入灰斗。煤锁和灰锁进出口阀由电子程序装置控制。

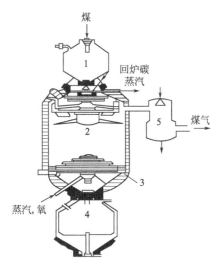

图 3-4　鲁奇炉

1—煤锁；2—分布器；3—水夹槽；
4—灰锁；5—洗涤器

（3）灰锁膨胀冷凝器　灰锁膨胀冷凝器的作用是灰锁泄压时将含有的灰尘和水蒸气冷凝、洗涤下来，使泄压气量大幅减少，同时保护泄压阀门不被含有灰尘的水蒸气冲刷磨损，延长阀门的使用寿命。上部用法兰与灰锁连接，下部设有进水口与排灰口。

三、固定层连续气化原理

从气化炉顶加入的煤，被上升的高温煤气加热，水分蒸发，并释放出挥发分。

从炉底送入的氧和蒸汽被高温灰渣预热到 1000℃以上，灰渣被冷却到 400℃排入灰锁。

燃料层发生的主要反应有：C 与 O_2、C 与 H_2O、C 与 CO_2 的反应，反应式见式（3-1）、式（3-5）、式（3-6）、式（3-4）。

副反应为 C 与 H_2 的反应，反应式为式（3-8），以及 CO 与 H_2 反应：

$$CO + 3H_2 \Longleftrightarrow CH_4 + H_2O + Q \qquad (3\text{-}10)$$

加压气化，有利于体积缩小的副反应式（3-8）、式（3-10）平衡向右移动，使得粗煤气中甲烷含量高达 8%～10%，需将甲烷用蒸汽转化为合成氨原料气一氧化碳和氢气。

四、固定层连续气化条件

1. 温度

炉温高，煤气中一氧化碳和氢气的含量增加，甲烷含量下降，煤气产量高，质量好。但炉温会受煤的灰熔点限制，为了保证顺利排渣，炉温应控制在灰熔点以下。

控制炉温的主要手段是调节蒸汽/氧比。蒸汽/氧比增大，炉温下降。通常根据经验观察炉灰的颜色和形状来判断。如果灰为不规则玻璃状的小球或熔结成小块的渣，说明炉内温度最佳。灰是黑色颗粒或无烧结的细灰，则炉温偏低。灰为大块渣，说明炉温太高，蒸汽/氧比太小。一般气化炉出口煤气的温度为 650～700℃，由炉底排入灰锁的灰渣温度为 400～500℃。

2. 压力

提高操作压力，气化反应速率加快，可节省动力，减少煤气的含尘量。但压力越高，粗煤气中甲烷含量越高，会加大后序甲烷转化的负荷；对设备材料及制造的要求提高，而蒸汽分解率有所下降。因此，压力的选择必须根据工艺和经济两方面综合考虑。目前气化压力一般为 2.4～3.1MPa。

3. 氧比

蒸汽与氧的比例，影响气化温度及煤气的组成。汽氧比增大，煤气中氢和一氧化碳增加。但炉温下降，使甲烷含量提高。汽氧比的控制应保证固态排渣下温度尽可能高。

五、固定层连续气化岗位安全操作及环保措施

（1）岗位特点　见本项目任务一。

（2）岗位物料的性质　主要物料性质见任务一中五步骤，还有氧气、氮气，氧气为助燃剂、氧化剂。

（3）岗位主要安全事故及处理方法　见表 3-6。

（4）气化炉安全操作注意事项

① 煤气中的 CO_2、O_2 必须在规定指标范围内。

② 气化炉开车时切换氧气操作须在空气运行 6h 后达到规定条件才能进行。

表 3-6 事故及处理方法

事 故	原 因	处理方法
炉内结渣	(1)灰中渣块大 (2)炉算电机电流超高或液压驱动的液压压力高	(1)提高汽氧比,与灰熔点相适应 (2)降低炉算转速,加大负荷
炉顶出口煤气与灰锁温度同时升高	(1)出现沟流;出口煤气温度高,波动;煤气中的 CO_2 高或者 O_2 超标;灰渣中有未燃烧的煤 (2)气化剂分布不均	(1)降低负荷,增大汽氧比,短时增大炉算转速来破坏风洞,检查气化炉夹套是否漏水,当煤气 O_2 含量超过 1% 时要停车 (2)与(1)相同,当处理无效时停炉处理
炉内火层倾斜	炉出口煤气温度高,渣中有未烧的煤	降炉负荷,短时增大炉算转速,若无效停车处理
气化炉夹套与炉内压差高	(1)出口煤气温度高;细灰,量小 (2)炉内结渣严重 (3)后工序用气量大 (4)开车过程中压差高,加煤过多	(1)降炉负荷,降汽氧比 (2)减小供气量,维持好煤气炉的压力 (3)减少气化剂,转动炉算 (4)气化炉停车处理
炉算、灰锁上、下阀传动漏气	润滑油供油不足	检查润滑油泵、注油点压力、管线是否通畅,调整油泵出口压力
煤锁膨胀	煤锁温度正常而炉内缺煤,温度高	多次振动下阀、煤锁进行充、泄压,无效时气化炉停车处理
灰锁膨胀,灰挂壁	灰锁下阀打不开,下灰少	提高过热蒸汽温度,向灰锁通入少量蒸汽,打开下阀吹扫灰锁,将挂壁灰吹出

③ 气化炉开停车升降温度、压力的速度不能超过规定值。

④ 煤锁上阀、灰锁下阀泄到规定压力才允许打开。

⑤ 防止油污、粉尘进入氧气管路。

⑥ 夹套锅炉缺水不能立即补水,熄火或自然冷却后才能补水。

⑦ 在一个加煤循环中,煤馏槽阀只能开一次。处理煤馏槽堵塞时,要戴防毒面具。

5．环保措施

(1) 废气 固定层连续制气取消了吹风气外排,系统排放气收集到火炬燃烧后排放,减少了气体污染。

(2) 污水 去水处理系统处理,达到排放标准。

(3) 煤尘、灰尘 煤锁加煤过程产生煤尘,抽负压吸除煤馏槽中的煤粉尘,并回收后定期排放。利用水力排灰系统减少灰尘污染,灰渣可用作建筑材料。

任务小结

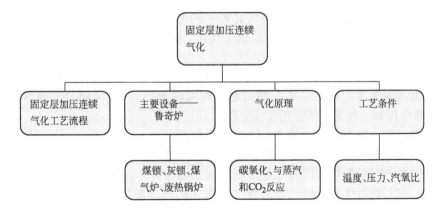

思考与练习

1. 画出固定层加压连续气化的工艺流程并用文字叙述。
2. 说明鲁奇炉的结构及作用。
3. 上网查阅本岗位有哪些安全事故，原因如何，怎样防范。

任务三　水煤浆加压气化

任务目标

能通过水煤浆加压气化流程，从加压气化原理的角度分析，得出适合水煤浆加压气化的条件，知道选择加压气化工艺条件的思路和方法。

任务要求

➤ 能够讲述水煤浆加压气化制煤气的生产过程，并且能叙述和绘出工艺流程图，知道设备结构和作用。

➤ 知道水煤浆加压气化原理，能写出主要反应方程式。能运用反应原理并考虑生产实际、技术经济情况对工艺条件选择进行分析，知道工艺流程设置的一般原则。

➤ 知道本任务安全操作规程。

➤ 知道本任务所涉及的物料安全特性，会正确操作本岗位消防器材和劳动防护设备，会急救处理。

任务分析

水煤浆加压气化制取合成氨原料气是将原料煤制成浓度为 $60\%\sim70\%$ 可流动的水煤浆，与气化剂氧气一起通过喷嘴，气化剂高速喷出与煤浆并流混合雾化，在气化炉内进行部分氧化反应，生成以 CO 和 H_2 为主的粗合成气。

理论知识

一、水煤浆加压气化流程

水煤浆加压气化工艺是由美国德士古发展公司在 1948 年受重油气化的启发而研发成功的。不断发展的德士古炉技术，是当代富有潜力的一种造气技术。

水煤浆加压气化将原料煤制成可流动的水煤浆，与气化剂氧气一起通过喷嘴，气化剂高速喷出与煤浆并流混合雾化，煤浆中的水分遇热急速气化成水蒸气。煤粉、氧气和水蒸气在约 1350℃高温下进行部分氧化反应，生成氢和一氧化碳含量达 75% 以上的水煤气。水煤浆加压气化的工艺流程主要由煤浆制备和输送、气化、废热回收、煤气洗涤冷却、渣和灰水处理等部分组成，如图 3-5 和图 3-6 所示。

① 煤经称量给料器进入磨煤机，加入软水湿磨得到浓度 65% 左右的水煤浆。

② 为降低煤浆黏度，制备时加入添加剂（表面活性剂），通常用木质磺酸钠、腐植酸钠、硅酸钠等，用量一般为干煤量的 1% 左右。

③ 加入助熔剂来降低煤的灰熔点，通常用石灰石。

④ 加入适量氢氧化钠来调节浆液的 pH 在 7～9 范围内。

浓度为 $60\%\sim70\%$ 的煤浆用高压泵送到喷嘴，与空分来的氧在烧嘴混合，喷入气化炉中，在 1350℃左右进行气化反应，高温煤气经气化炉底部激冷室激冷后，气渣分离。煤气

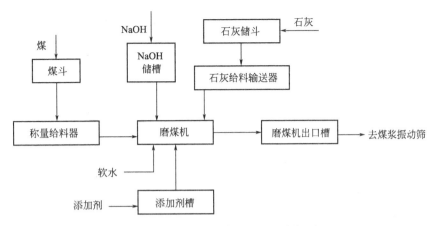

图 3-5　水煤浆的制备工艺流程方框图

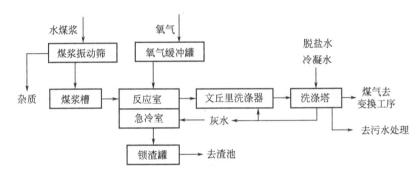

图 3-6　水煤浆加压气化急冷工艺流程图

经文丘里洗涤器和洗涤塔降温除尘后水汽比为 1.4、温度为 200～216℃，去变换工序。

熔渣激冷后进入破渣机破碎后进入锁斗，定期排入渣池，由捞渣机捞出外运。

洗涤塔排出的洗涤水由循环泵送到文丘里洗涤器和气化炉激冷室。激冷室排出的黑水，送入中压闪蒸器、真空闪蒸器回收热量，一部分去作锁斗冲洗水，另一部分作为洗涤塔补充水。

多喷嘴对喷式水煤浆气化是通过撞击强化传热传质过程以提高气化效果的一种技术。操作压力 4.0MPa，温度为 1300℃。与德士古气化装置相比，反应速率和碳转化率提高，一氧化碳和氢气的含量提高了 2%～3%，氧耗下降 2%，碳转化率高达 99%。气化炉内温度分布均匀，温差小（在 50～150℃ 之间），可延长耐火砖的寿命。图 3-7 为日处理 1000t 煤的水煤浆气化工艺流程图。

如图 3-7 所示，4 个喷嘴沿气化室周边均匀布置。每一喷嘴的煤浆与氧设置独立控制系统，从喷嘴射出，相互撞击。反应生成的煤气与熔渣并流，沿炉内自上而下进入激冷室，熔渣淬冷，经锁斗排至炉外。煤气经下降管折返进入上升管，与激冷水接触，除去大部分灰渣并被水蒸气饱和，经文丘里洗涤器进一步除去煤气中的灰渣，再进入洗涤塔进一步净化除尘，使煤气含尘量小于 $5mg/m^3$。

来自气化炉激冷室与洗涤塔的黑水经高压、中压、低压三级闪蒸，所得蒸汽用于加热循环洗涤水；闪蒸器残余黑水在沉降槽中经絮凝剂作用分为淤浆与灰水，前者去压滤机，后者经闪蒸蒸汽加热循环使用。

二、水煤浆加压气化设备

1. 气化炉

气化炉是水煤浆气化工艺的核心设备。其作用是使水煤浆与氧气在反应室进行气化，生

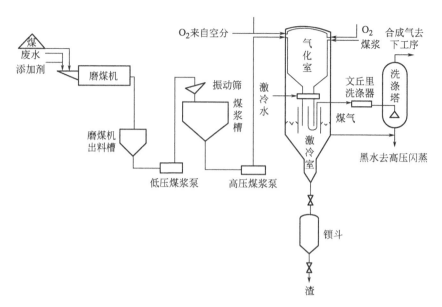

图 3-7　多喷嘴对喷式水煤浆气化工艺流程

成氢和一氧化碳为主体的高温煤气。

德士古炉根据热量回收方式不同有直接激冷式、间接冷却式（废热锅炉型）和混合式三种。

（1）直接激冷式气化炉　图 3-8 为德士古激冷式加压气化炉结构简图。如图所示，气化炉由上部燃烧炉和下部激冷室连成一体的两部分组成。

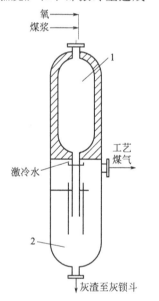

图 3-8　德士古激冷式加压气化炉
1—燃烧炉；2—激冷室

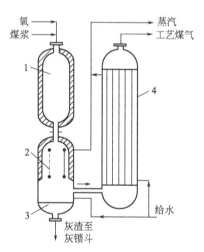

图 3-9　废热锅炉型德士古气化炉
1—燃烧炉；2—辐射式废热锅炉；
3—激冷室；4—对流式废热锅炉

上部燃烧室为一中空圆柱形筒体，带拱形顶部和锥形下部的反应空间，内衬耐火保温材料，顶部设有工艺烧嘴。出燃烧炉的高温煤气和熔渣同时进入下部的激冷室，与冷水直接接触，煤气得到冷却，并被水汽饱和，从激冷室上部经挡板除沫后送出炉外。

熔渣淬冷后被收集在激冷室下部，激冷室底部设有旋转式灰渣破碎机，将大块灰渣破碎，由锁斗定期排出。

炉体上部反应室内耐火材料影响炉子寿命。为了抵抗高温和高压气流、煤粒和渣粒的冲击，耐火炉衬由里向外设有四层耐火材料来保护炉体。

燃烧室设有 4 支热电偶来监测炉温，在炉壳外表面装有表面测温系统来掌握炉内衬里的损坏情况。

（2）间接冷却式气化炉　如图 3-9 所示，在德士古炉底部直接连接辐射式废热锅炉，使粗煤气的温度从 1370℃ 降到 700℃ 左右，产生高压水蒸气。煤气再通过对流废热锅炉，副产蒸汽回收热量，提高了热煤气的效率。

（3）混合式气化炉　兼用上述两种方式回收热量。高温煤气先去废热锅炉回收热量，然后去水喷淋激冷后进入变换工序。

2. 喷嘴

喷嘴（也叫烧嘴）是气化炉的核心，其作用是将水煤浆充分雾化，使水煤浆与氧气均匀混合。

烧嘴技术属于专利技术，一般用含钨、铬、钴等特种钢制成。

三、水煤浆加压气化原理

当水煤浆及氧气喷入气化炉内后，高温下水煤浆中的水分迅速汽化为水蒸气，粉煤发生干馏及热裂解，释放出挥发分，煤粉变为煤焦，煤焦发生部分氧化反应，生成以氢和一氧化碳为主的水煤气。

总体反应如下：煤、水蒸气＋氧气→主要产品（CO 45%～55%、H_2 30%～40%、CO_2 15%～20%）＋残余水蒸气＋次要成分（H_2S、CH_4，含量小于 2%）。

但气化炉内的反应很复杂，一般认为由煤的裂解和挥发分的燃烧及气化反应三部分组成。

主要反应为 C 与 O_2、C 与 CO_2、C 与 H_2O、CO 与 H_2O 之间的反应，见式（3-1）、式（3-4）、式（3-5）、式（3-9）。还有 C 与 H_2、CO 与 H_2 生成甲烷的副反应。

因为 C 与 H_2O、C 与 CO_2 反应是吸热、体积增大的反应，根据化学平衡移动原理，提高温度，有利于反应向生成一氧化碳和氢气的方向进行。而提高压力，煤气中甲烷的含量提高。

由于在高温下挥发分与氧迅速完全燃烧，因此，粗煤气中不含有焦油、酚、高级烃等有机物。

四、水煤浆加压气化条件

影响水煤浆气化的因素主要有水煤浆质量、煤浆浓度、氧煤比、温度、压力等。

1. 水煤浆质量

水煤浆质量包括煤的粒度、黏度、灰熔点、煤的含量等，其对制气质量、气化效率、原料消耗及煤浆在烧嘴出口的雾化性能影响很大。在保证煤浆流动性能好、黏度小的条件下尽量提高煤的含量；煤粉粒度要求 50% 以上通过 200 目筛，以利于气化反应。

2. 煤浆浓度

增大煤浆浓度，气化效率提高。一般煤粒度越细，煤浆浓度越高，碳转化率或气化效率越高，但是也会使煤浆黏度增大，给加料带来困难。不同的煤种都有一个最佳粒度和浓度。开始时增大煤浆浓度，一氧化碳和氢气含量增加，到达 66% 左右时，一氧化碳和二氧化碳含量变化受煤浆浓度影响很小。

综合以上各种因素，水煤浆浓度一般控制在 60%～70%。

3. 氧煤比

氧煤比是指气化1kg干煤所用氧气的体积（标准状态），单位为 m^3/kg 干煤。氧煤比是重要的操作指标，是调节炉温的主要手段。氧煤比增大，气化温度、碳转化率、产气量均会提高。当氧碳比为1.0左右时，碳的转化率达到96％以上，因此氧煤比一般维持在1.0左右。

4. 气化压力

水煤浆气化反应是体积增大的反应，提高压力对化学反应平衡不利。但是目前工业上普遍采用加压操作，优点有：

① 提高压力，可加快反应速率，提高气化效率。

② 雾化效果好，碳与气化剂接触良好，提高碳的转化率。

③ 设备体积小，气化炉生产强度提高。

④ 加压气化压缩氧气比压缩煤气动力消耗降低30％～50％。

压力的提高，对设备要求更严格，因此选择压力需从工艺和经济方面综合考虑。

目前，水煤浆加压气化一般中压2.7～4MPa，高压低于8.5MPa。

5. 气化温度

气化温度高，有利于碳与水蒸气、二氧化碳还原吸热反应的进行。但要提高氧煤比，使得氧耗增大，冷煤气效率下降。因而，气化反应温度不能过高。温度过低，则影响液态排渣。操作中要根据煤灰的熔点与灰渣黏温特性不同来调整，一般控制在1300～1500℃。

6. 气化时间

水煤浆在炉内的气化时间一般为3～10s，它受煤的粒度、活性以及气化温度和压力影响。

五、水煤浆加压气化岗位安全操作及环保措施

（1）岗位特点　见本项目任务一中步骤五。

（2）岗位物料的性质　见本项目任务一中步骤五。

（3）安全操作要点

① 进入容器：要分析，办进塔、罐许可证，需动火时办动火证；必要时佩戴空气呼吸器。

② 火炬水封槽闪蒸汽放空装有长明火炬。

③ 煤浆必须先进入气化炉，氧气后进入开始点燃。假如先加入氧气会造成爆炸危险。煤浆管道拆检时应戴防护眼镜。

④ 氧气管线的脱脂清洗符合所定标准，所有氧气管线在投用之前必须清洁。

⑤ 氧气切断阀之间应加氮气保护。

⑥ 烧嘴冷却水压力应低于气化炉压力，烧嘴冷却水气体分离器放空管线设CO监测报警装置，一旦CO超标，工艺烧嘴有损害现象，须及时停车处理。

⑦ 换烧嘴时应戴防火面罩、穿石棉衣；用四氯化碳洗擦密封面、管道内壁。

（4）岗位主要安全事故及处理　见表3-7。

表3-7　水煤浆加压气化岗位主要安全事故及处理

序号	事故	原因	处理方法
1	煤浆浓度大	(1)磨煤岗位加煤量增大或水量减少 (2)煤浆温度过低	(1)减小煤量或加水量 (2)向煤浆槽蒸汽夹套通蒸汽加热
2	煤浆黏度增大，输送及雾化造成困难	(1)煤浆添加剂减少 (2)煤粉粒度过细 (3)煤浆浓度过高	(1)增加添加剂量 (2)调整煤粉粒度 (3)降低煤浆浓度

续表

序号	事故	原因	处理方法
3	煤浆管道堵塞	(1)管道内物料静止时间过长 (2)管道内进入杂物	(1)用水冲洗 (2)拆开管件疏通
4	气化炉出渣口堵塞	(1)炉温低于煤灰熔点 (2)液态渣的黏温特性不好,流动性差	调整氧煤比,提高炉温,保证液态排渣
5	炉渣中夹带大量未燃烧的碳,气体成分有波动,碳转化率低	(1)喷嘴磨损,发生偏喷现象,雾化效果差 (2)中心管氧量调整不当,氧煤比不合适,炉温过低	调整氧煤比和中心管氧量,提高炉温,必要时更换喷嘴
6	气化炉壁温过高	(1)局部耐火衬里脱落,高温气沿砖缝串气 (2)炉温过高	(1)必要时停车检查耐火衬里 (2)降低炉温,检查表面热电偶的准确性
7	破渣机超载停车	(1)炉内有大块落砖 (2)破渣机出现机械故障	停车查找原因,及时排除
8	氧气管线着火燃烧	氧气管线有油脂或其他杂质	(1)迅速关闭阀门,切断氧气 (2)用高压氮气吹着火氧气管线,进行灭火 (3)火熄灭后,对氧气管线进行脱脂处理,并清除管内杂质
9	煤浆流量不稳定或无流量	(1)泵吸入口压力过低 (2)泵入口阀未开 (3)泵内有空气 (4)煤浆温度高 (5)泵出口管道堵塞	(1)提高煤浆槽液位 (2)打开泵入口阀 (3)向泵内补加液体排气 (4)降低煤浆温度 (5)用水洗管道
10	气化炉内过氧爆炸	(1)投料时氧气先入炉 (2)氮气吹除及置换不完全,使炉内可燃性气体与氧气混合而爆炸	(1)投料时要先加煤浆,后加氧气 (2)开、停车前用氮气充分吹除和置换系统;发生爆炸后,用高压氮气吹除查找原因及损坏程度,及时处理

（5）环保措施

① 废气。气化装置所排放的废气均经火炬管线送往开工火炬或长明总火炬燃烧后放空，对大气不构成污染。装置中采用了氮封技术，有效防止了气体外逸。

② 废水。水煤浆气化装置产生的废水经塔式生物滤池去污水处理系统，污水排放达到国家标准。

③ 粉尘及废渣。对危害较大的设备，采用通风除尘设备进行处理。水煤浆气化工艺减少了粉尘污染。生成的熔渣可作建筑材料制造水泥、煤渣砖等。

④ 噪声。气体放空时的噪声很大，对主要放空点安装消声器，氧气放空消声器、开工抽引器消声器等，减少了噪声对周围环境及人体的危害。

 任务小结

思考与练习

1. 画出水煤浆加压气化的典型工艺流程并用文字叙述。

2. 论述水煤浆加压气化的原理。

3. 如何选择水煤浆加压气化工艺条件？

4. 说明水煤浆气化工艺喷嘴的通道结构及作用。

5. 上网查阅本岗位有哪些安全事故，原因如何，怎样防范？

任务四　粉煤气流层气化

任务目标

能通过粉煤气流层气化流程，从粉煤气流层气化的原理分析，得出适合粉煤气流层气化的条件，知道选择粉煤气流层气化工艺条件的思路和方法。

任务要求

➤ 能讲述粉煤气流层气化制煤气的生产过程，并且能叙述和绘出工艺流程图，知道设备的结构和作用。

➤ 知道粉煤气流层气化的原理，能写出主要反应方程式。能运用反应原理，并考虑生产实际、技术经济情况对工艺条件选择进行分析，知道工艺流程设置的一般原则。

➤ 知道本任务安全操作规程，知道本任务所涉及的物料安全特性，会正确操作本岗位消防器材和劳动防护设备，会急救处理。

任务分析

粉煤气流层气化制取合成氨原料气是将粒度小于 0.1mm 的干粉煤、氧和蒸汽通过烧嘴喷射入炉进行部分氧化反应得到合成气。

理论知识

一、粉煤气流层气化流程

粉煤气化是以干粉煤（粒度小于 0.1mm）为原料，粉煤由加压氮气或二氧化碳气体送至气化炉喷嘴，粉煤和气化剂（氧气和水蒸气）并流进行部分氧化反应得到煤气。

第一代干法粉煤气化技术的核心是由德国克虏伯-柯柏斯（Krupp-Koppers）公司和工程师 F. 托策克 1952 年开发的常压煤粉气流床气化炉，简称 K-T 炉。

在此基础上，1974 年荷兰壳牌（Shell）与德国克虏伯-柯柏斯合作研发高压煤气化技术，到 1993 年底，完成日处理 2000t 煤试车。近年来壳牌技术得到推广应用，我国已引进 20 多套壳牌粉煤气化装置。我国粉煤气化装置大都引进国外，在生产技术、装置改造方面多依赖国外技术。

现介绍壳牌粉煤气化工艺。

壳牌煤气化流程如图 3-10 所示。主要包括磨煤干燥、煤粉加压输送、煤气化与冷却、脱渣、干灰脱除、洗涤及水处理系统。

原料煤经过磨煤和干燥系统后，干粉煤送入炉前粉煤储仓及煤锁斗，由高压氮气将煤粉由煤锁斗送入两个相对布置的烧嘴，与经过压缩预热的氧气、蒸汽混合。在压力 2～4MPa 和温度 1400～1600℃条件进行气化反应，得到煤气。

从炉顶出来约 1500℃的粗煤气夹带着的灰渣具有黏结性，与一部分循环冷激煤气（210℃）混合激冷，脱除灰渣，被激冷至 900℃的煤气送入废热锅炉回收热量，产生中压饱和蒸汽或高压过热蒸汽。粗煤气经干法除灰和洗涤过程后，一部分循环用作出炉煤气的冷激

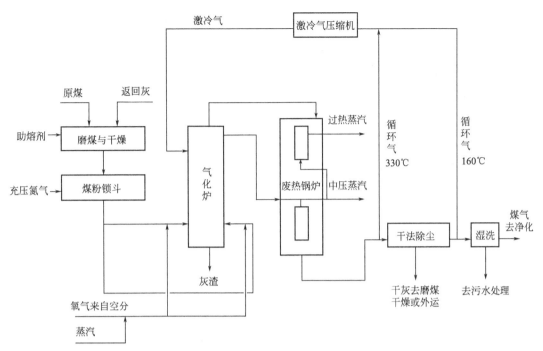

图 3-10　壳牌粉煤气化工艺方框图

气，另一部分粗煤气去净化工序。

煤中的灰分以液体熔渣态沿筒壁向下流动，熔渣从炉底离开气化炉，用水冷激，再经破渣机进入渣锁泄压排出系统。

壳牌煤气化的主要优点是原料煤适应性广，碳转化率在 98％以上，单炉生产能力大，炉子维修量小，运行周期长。氧耗量低，且煤气中一氧化碳和氢气含量达 90％以上，甲烷含量低，二氧化碳含量少，可以减少净化工序气体处理的费用。

粉煤气化，煤气含尘量大，壳牌煤气化工艺的除尘效果好，图 3-11 是其除尘净化工艺流程图。

如图 3-11 所示，从煤气冷却器（即废热锅炉）出来的粗煤气中的少量灰分，经陶瓷过滤器除去，干灰进入灰锁斗，并送往储仓。干法除尘后的粗煤气再去水洗涤后含尘为 1mg/m³（标准状态）。最后，煤气中的氰化氢及硫氧化碳去催化转化为氨及硫化氢，脱硫后送往后工序。

卤化物和氨也一同在水洗塔洗涤除去。

二、粉煤气流层气化设备

粉煤气化装置主要设备为气化炉。目前工业上使用的几种干法气化炉都采用冷壁式结构，其中 GSP 炉从气化炉顶部加煤，其结构形式与水煤浆气化炉类似。

壳牌煤气化的核心设备为气化炉和废热锅炉，如图 3-12 所示。

该炉主要由内筒和外筒两个部分组成。内筒上部为燃烧室，下部为熔渣激冷室。因炉温高达 1700℃，为避免高温熔渣腐蚀及开停车时温度和压力突变对耐火材料的应力破坏，故内筒采用水冷壁结构，在向火表面上涂一层薄的耐火材料涂层。正常操作时依靠挂在水冷壁上的熔渣层保护金属水冷壁。

气化炉内筒外壁和外筒之间有一层缓冲两筒压差的空隙，因而内筒仅承受微小压差。Shell 气化炉根据生产能力大小，用 4～8 个烧嘴并呈中心对称分布。

废热锅炉要耐高温高压和煤气中粉尘的冲刷。锅炉内件由立式圆筒形水冷壁和若干层盘

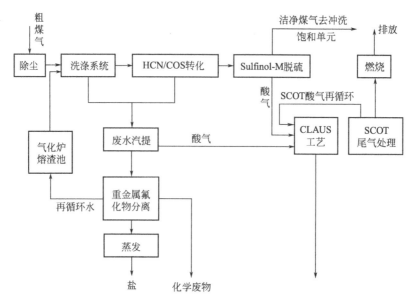

图 3-11 除尘净化工艺流程图

图 3-12 Shell 气化炉

形管水冷壁组成。盘形管水冷壁各层之间密封分隔，其纵向分为若干段，采用悬挂式支撑。水冷壁上的积灰，用专设的气动冲击装置，定期振荡清除。

三、粉煤气流层气化原理

气流床气化是煤炭在高温下发生的多相热化学反应过程。气化炉主要进行煤粉及释出的挥发分与氧气的燃烧反应、煤焦与蒸汽和二氧化碳的反应，以及生成的气体产物之间发生的变换反应、甲烷化反应等，即 C 与 O_2、C 与 CO_2、C 与 H_2O、C 与 H_2、CO 与 H_2O 之间的反应，主要反应式为式(3-1)、式(3-4)、式(3-5)、式(3-8)、式(3-9)。

在超过 1400℃ 高温下有利于 C 与 CO_2、C 与 H_2O 吸热反应向右进行，因而生成的煤气有效成分（一氧化碳＋氢气）达到 90% 以上、甲烷含量约 $150×10^{-6}$。

四、粉煤气流层气化条件

1. 原料煤

原料煤的性质，包括煤的活性、水分、碳含量、灰熔点（灰熔点过高的煤要加助熔剂）等因素对气化过程有影响。气化条件要根据煤种的不同进行调整。

2. 气化温度

在加煤量一定的条件下，气化炉内的温度是由氧气和水蒸气的加入量决定的。炉温高，气化速率加快，碳转化率高，得到更多的氢气和一氧化碳，气化强度和生产能力提高。

炉温一般比灰熔点高 100~150℃。

3. 气化压力

提高气化压力可提高反应物的浓度，加快反应速率。但会加剧氢气与一氧化碳生成甲烷的反应，使煤气中甲烷含量增加。制取合成氨原料气时，气化压力应考虑与合成压力相适应，以节省动力消耗。

4. 氧煤比

氧煤比影响炉温和气体成分，是重要的操作参数。氧煤比增大，气化温度升高，有利于二氧化碳还原和水蒸气分解反应，碳转化率提高。

不同煤种，氧煤比的范围不同。碳的转化率随着氧煤比的提高而提高。但氧煤比过高，氧与碳、CO 和 H_2 燃烧，生成二氧化碳和水，降低冷煤气效率。冷煤气效率随着氧煤比的变化存在着极值，保持在其最高范围选择有利。

冷煤气效率是指煤气中可燃烧的含碳气体中的碳与煤气中总碳量之比。

综合以上因素，氧煤比一般控制在 $0.5 \sim 1.3 m^3/kg$（标准状态）。

5. 汽煤比

增加水蒸气用量，可提高煤气产量，使炉温不致过高，并降低氧耗量。但汽煤比过高，炉温会下降，使碳的转化率、冷煤气效率、煤气中一氧化碳和氢气含量降低，二氧化碳含量提高，氧耗、煤耗提高。

五、粉煤气流层气化岗位安全操作及环保措施

（1）岗位特点　见本项目任务一中步骤五。

（2）岗位物料的性质　见本项目任务一中步骤五。

（3）安全操作要点

① 严格执行工艺指标、操作法和安全技术规程。

② 严格执行动火制度。

③ 运转设备应有完好的防护罩。

④ 设备检修时，要切断电源，清洗排放干净，达到无压、无味、无介质，必要时上盲板。进行正常的分析和办证手续，有人监护，方可工作。

⑤ 煤粉系统严禁氧含量超标，煤粉制备系统中氧量控制小于 8%，煤粉收集仓要控制 CO 的含量在 300×10^{-6} 以下，防止煤粉自燃爆炸。煤粉输送速度 $7 \sim 11 m/s$。

⑥ 正常工作时，火炬长明灯不能熄灭，排放废气较少时，要补充燃气来维持长明灯工作。

⑦ 对设备、管道、阀门、仪表等要经常定期或不定期检查和监测，避免发生大量泄漏事故。

（4）岗位主要安全事故及处理　见表 3-8。

表 3-8　粉煤气流层气化岗位主要安全事故及处理方法

事故	原因	处理方法
点火烧嘴、开工烧嘴故障	点火器、火焰检测器故障	(1)维修 (2)更换 (3)烧嘴开工前必须清洁火焰监测口
煤烧嘴点火故障	一个煤给料管阀门无法打开	伴热补救
煤烧嘴跳闸	(1)煤流量波动,阀堵 (2)仪表故障	(1)开关煤流量控制阀数次 (2)维修仪表
激冷气压缩机跳车	(1)仪表问题 (2)设备密封问题	按程序停车,处理后重新开车
激冷段、合成气冷却器堵塞,结垢	煤性质变化,运行条件变化	(1)检查敲击器的运行情况 (2)检测煤的性能 (3)适当降低气化温度和碳转化效率
气化炉过量蒸汽生成	(1)温度过高 (2)炉渣负荷低	(1)适当降低氧碳比 (2)增加煤中的灰量,达到最小灰量的80%~100%
出渣口堵塞	灰或渣黏性过高	(1)停车,冷却,用机械排渣 (2)缓慢提高温度 (3)调整助熔剂比例

（5）环保措施

① 废气。本系统产生的废气送入火炬焚烧处理，达到排放标准。而煤气中的硫进行回收利用，生产硫酸。

② 废水。由于采用了干法除灰污水量减少，而且气化炉的高温（超过1500℃）确保了在粗合成气中没有比甲烷更重的有机成分，因此排出的污水中含苯酚、氰化物少，污水容易处理。污水去汽提塔和澄清系统处理后，清水循环使用。

③ 废渣。气化炉高温排出的熔渣经激冷后变成玻璃状颗粒，系统排出的炉渣和飞灰含碳低，可用作水泥渗合剂或其他建筑材料及道路建造材料，最大限度地减少对环境的影响。

任务小结

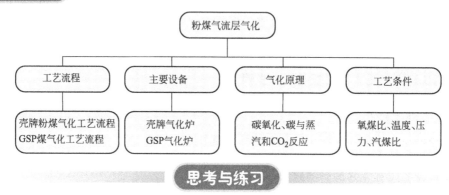

思考与练习

1. 画出一个粉煤气化工艺流程图并叙述。
2. 如何选择粉煤气化的工艺条件？
3. 选择一个粉煤气化炉，说出其结构特点。
4. 说出合成氨煤气中各组分物料的特性。
5. 结合下厂实习，讲述造气工艺流程，并画出造气工艺流程图。讲述气化炉正常开停车步骤、正常操作指标。
6. 利用网络，请你和家人一同观看人工呼吸、防毒面具、呼吸器的操作视频。
7. 利用网络查阅本岗位有哪些安全事故，原因如何，怎样防范。

任务五　天然气蒸汽转化

任务目标

能通过天然气蒸汽转化的工艺流程，从天然气蒸汽转化的基本原理角度分析，得出天然气蒸汽转化的适宜条件，从而使学生掌握工艺操作条件选择、事故现象的分析方法和思路。

任务要求

➤ 能绘出天然气蒸汽转化工艺流程。
➤ 能说出天然气蒸汽的转化设备。
➤ 知道天然气蒸汽转化的原理。
➤ 能说出天然气蒸汽转化的工艺条件。
➤ 能说出本任务安全操作规程。
➤ 会正确使用本岗位消防器材和劳动防护用品。

任务分析

制取合成氨原料气所用的天然气以甲烷为主。天然气蒸汽转化是将天然气与蒸汽的混合物流经管式炉管内催化剂床层，管外加燃料供热，使管内大部分甲烷转化为 H_2、CO 和 CO_2。然后将此高温（850～860℃）气体送入二段炉。此处送入合成氨原料气所需的加 N_2 空气，以便转化气氧化并升温至 1000℃ 左右，使 CH_4 的残余含量降至约 0.3%，从而制得合格的原料气。图 3-13 所示为天然气蒸汽转化流程实景图。

图 3-13　天然气蒸汽转化流程实景图

理论知识

一、天然气蒸汽转化流程

天然气为原料制取合成氨原料气的工厂，目前普遍采用二段蒸汽转化流程。各厂除一段转化炉及烧嘴结构与燃气透平是否匹配等各具特点外，工艺流程大同小异，如图 3-14 所示。

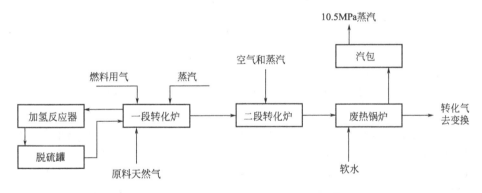

图 3-14　大型氨厂天然气蒸汽转化工艺流程方框图

原料天然气加压到 3.8～4.0MPa 后，进入一段转化炉加热至 400℃ 后，进入加氢反应器进行加氢反应。将有机硫转化为硫化氢，然后再入脱硫槽，脱除硫化氢。天然气总硫含量降至 0.5×10^{-6} 以下，脱硫后的天然气返回一段转化炉中加入 3.8MPa 左右中压蒸汽，水碳比达到（3.5～4）:1，进行吸热转化反应，由一段转化炉出来的转化气，温度达到 850～860℃，经输气管送往二段转化炉。

空气加压到 3.3～3.5MPa，配入少量水蒸气，预热到 450℃ 后，入二段炉催化剂床层继续进行甲烷蒸汽反应。离开二段炉的转化气体，温度约为 1000℃，压力为 3.14MPa，残余甲烷含量 0.3% 左右。从二段炉出来的转化气按顺序进入废热锅炉以回收热量，产生 10.5MPa 的蒸汽。从废热锅炉出来的气体温度约为 370℃，送往变换工序。

二、天然气蒸汽转化设备

1. 一段转化炉

一段转化炉是天然气蒸汽转化法制氨的关键设备，它是将天然气中的甲烷大部分转化为氢、一氧化碳和二氧化碳，使出口气体中残余甲烷含量降至 11% 以下。

（1）炉型　一段转化炉包括若干反应管与加热室的辐射段以及回收热量的对流段两个主要部分组成。外壁用钢板焊制而成，内衬耐火层。辐射段有若干个转化管，竖直排在炉膛内，管内装催化剂。对流段内设有六组加热器，炉顶及侧壁设有若干烧嘴。根据烧嘴位置的不同，一段炉分为顶部烧嘴炉、侧壁烧嘴炉、梯台炉和圆筒炉等。其中顶部烧嘴炉和侧壁烧嘴炉多被采用。

① 顶部烧嘴炉。外形为方箱形，烧嘴安装在炉顶，炉膛内有若干排转化管，转化管用猪尾管与进气总管及下集气管连接。每根转化管用弹簧悬挂于钢架上，受热可自由伸缩。每排转化管两侧均有一排烧嘴，烟道气自辐射段下部送至对流段。该炉的优点是炉管少，操作管理方便，炉管排数可按需要增减。缺点是轴向烟道气温度变化较大，温度调节较困难（图 3-15）。

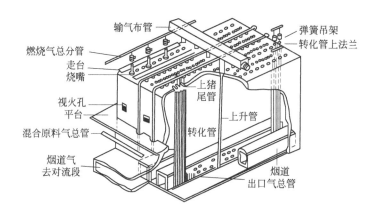

图 3-15　顶部烧嘴转化炉

② 侧壁烧嘴炉。炉外形呈长方形，炉膛内呈锯齿形排成两行或直线单行排列。烧嘴分成多排，水平布置在辐射段两侧的墙上。为了避免火焰对炉管的冲击，可采用无焰烧嘴或碗式烧嘴。其优点是烧嘴可沿辐射段两侧的墙上下任意布置，因此沿炉管轴向受热情况良好，周边受热均匀，可以得到比较均匀的炉管外壁温度分布，这种炉型的最大特点是可以根据需要调节温度。缺点是转化炉占地面积较大，烧嘴数量较多，管线复杂，操作和维修比较困难。

③ 梯台炉。梯台炉是改进的侧烧炉，具有热流分布合理、温度易于控制和调节、可充分利用炉管面积的优点，但结构比较复杂。炉体为狭长形，辐射段内设有单排或双排炉管，并有一个重叠于另一个之上的 2～3 个梯台，烧嘴布置在每一个台阶上，火焰从烧嘴砖的沟槽内喷射出来，先将倾斜壁面加热，然后壁面将热量以辐射的形式传给炉管，故受热均匀。对流段位于辐射段顶，烟气出对流段后，从顶部到底部，经引风机由烟囱排出。

（2）转化管　目前，工业上采用的转化管为 HK-40 的高合金管。管子内径 71～140mm，壁厚 11～18mm，总长 10～12m，一般由 3～4 段焊接而成。炉管在 800～900℃ 下工作，热膨胀量较大，正常生产时，每根管子伸长量达 150～250mm，分气管、集气管和总管也会有不同的伸长，故必须有自由伸缩的余地。通常采用弯成 S 形或半圆形的细管将炉管与进气总管及下集气管连接。这种细管又称"猪尾管"。

有的炉型既有上猪尾管，又有下猪尾管，由于有猪尾管的挠性连接，因此每根炉管可单独伸缩，这种炉型为单管炉。而有的炉型只有上猪尾管，炉管下端直接焊在下集气管上，若

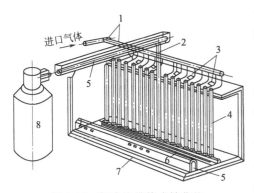

图 3-16 凯洛格排管式转化炉

1—进气总管；2—升气管；3—顶部烧嘴；
4—炉管；5—烟道气出口；6—下集气管；
7—耐火砖炉体；8—二段转化炉

干炉管排成一排，整个管排都放在炉膛内，这种炉型称为排管式，如图 3-16 所示。

单管式与排管式转化炉的优缺点如下。

① 单管式炉炉管出口温度最高，下猪尾管承受着很大的热应力，一遇产生波动最容易在焊口处断开，排管式可避免发生这类问题。

② 单管式炉在某炉管损坏时，可在炉外把上下猪尾管夹偏，将其与炉体隔开，而排管式有炉管损坏时，需停炉处理，否则管内高压气体喷出燃烧，将会把旁边的炉管烧坏。

③ 排管式的下集气管放在炉膛内，整排炉管内气体汇合后，由中间上升管引到炉顶，气体通过上升管时，温度可升高 30～35℃，因而带入二段转化炉的热量较多，而单管式的下集气管会使气体温度下降。

④ 排管式的上升管下部与下集气管连接，上部焊在输气总管上，为刚性连接，因此由于膨胀会使上升管倾斜。

炉管寿命通常按 1×10^6 h 设计，在生产中操作不当将大大降低炉管的使用寿命。

2. 二段转化炉

二段转化炉的作用是将一段转化气中剩余的甲烷（约 10%），在更高的温度下进一步转化完全。反应所需的热量是由空气和部分一段转化气在二段炉内燃烧直接提供的，同时配入合成氨所需的氮气，使二段转化气中甲烷使用催化剂含量降至 0.5% 以下，直接得到 H_2 和 CO 合计含量与 N_2 之比为 3.1～3.2。

图 3-17 所示为凯洛格型二段转化炉。壳体为碳钢制成的立式圆筒，内衬耐火材料，炉外有水夹套。壳体内径 3.81m，衬里内径 3.277m，总高约 13m。一段转化气从顶部的侧壁进入炉内，空气从炉顶进入空气分布器。空气分布器为夹层式，空气先通过夹层，从内层底部的中心孔进入里层，再由喷头上的三排 50 个小管喷出，空气流过夹层对喷头表面和小管有冷却作用。空气从小管喷出后，立即与一段转化气混合燃烧，温度可高达 1200℃，然后高温气体自上而下经过催化剂床层，在床层上铺一层六角形砖，中间的 37 块砖无孔，其余每块砖上开有 9.5mm 小孔 9 个。

凯洛格型二段转化炉，添加的空气量是按氨合成所需氢氮比加入的。对采用过量空气的 Bralln 型 ICIAMV 型流程，理论燃烧温度可达 1350℃，为防止局部温度过高，导致镍催化剂烧毁和损坏设备，其二段转化炉采用一段转化气从炉底部进入，经中心管上升，由气体分布器进入炉顶部空间，然后与从空气分布器出来的空气相混合以进行燃烧反应。

三、天然气的转化原理

甲烷蒸汽转化是一复杂反应系统，可能发生的反应如下。

主要反应

$$CH_4 + H_2O \Longrightarrow CO + 3H_2 - Q \tag{3-11}$$

$$CH_4 + 2H_2O \Longrightarrow CO_2 + 4H_2 - Q \tag{3-12}$$

$$CO + H_2O \Longrightarrow CO_2 + H_2 + Q \tag{3-13}$$

$$CO_2 + CH_4 \Longrightarrow 2CO + 2H_2 - Q \tag{3-14}$$

副反应

$$CH_4 \Longrightarrow C + 2H_2 - Q \tag{3-15}$$

$$2CO \rightleftharpoons CO_2 + C + Q \tag{3-16}$$

$$CO + H_2 \rightleftharpoons C + H_2O + Q \tag{3-17}$$

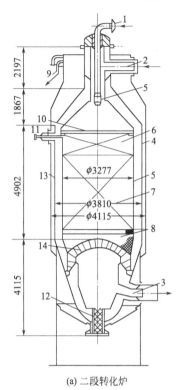

(a) 二段转化炉

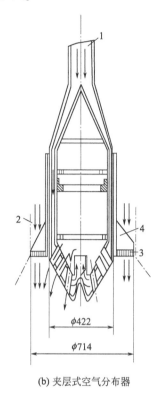

(b) 夹层式空气分布器

1—空气、蒸汽入口；2——段转化气入口；3—二段
转化气入口；4—壳体；5—耐火材料衬里；6—耐
高温铬基催化剂；7—转化催化剂；8—耐火球；
9—夹套溢流水出口；10—六角形砖；11—温度计
套管；12—人孔；13—水夹套；14—拱形砌体

1—空气、蒸汽入口；2——段转化气
入口；3—多孔型环板；4—筋板

图 3-17 凯洛格型二段转化炉

从以上反应可以看出，甲烷蒸汽转化反应是可逆、吸热、体积增大的反应，因此降低压力、提高温度有利于反应进行。由于甲烷转化速率极慢，为了加快其反应速率，必须使用催化剂。

$$K_{p1} = \frac{p_{CO} p_{H_2}^3}{p_{CH_4} p_{H_2O}}$$

$$K_{p3} = \frac{p_{CO_2} p_{H_2}}{p_{CO} p_{H_2O}}$$

1. 甲烷蒸汽转化平衡常数

因甲烷蒸汽转化反应为可逆的吸热反应，在一定的温度、压力条件下，当反应达到平衡时其平衡常数 K_{p1} 随温度的升高而急剧增大，即温度越高，平衡时一氧化碳和氢的含量越高，甲烷的残余量越少。故生产中必须先在转化炉内使甲烷在较高温度下完全转化生成一氧化碳和氢，从而降低甲烷的残余含量。

2. 影响甲烷蒸汽转化反应平衡的因素

影响甲烷蒸汽转化反应平衡的因素主要是温度、压力和水碳比。

（1）水碳比 一定的条件下，水碳比越高即蒸汽用量越大，甲烷平衡含量越低。在压力和温度一定的条件下，水碳比直接关系到蒸汽消耗，不宜过大。

(2) 温度　压力为 3.546MPa、水碳比为 4 时，温度从 750℃ 升高到 800℃，甲烷平衡含量从 13% 降到 8%。温度升高，甲烷平衡含量下降。

(3) 压力　水碳比为 4、温度为 800℃ 时，压力从 1.418MPa 升高到 3.546MPa，甲烷平衡含量从 3.5% 增加到 8%。压力升高，甲烷平衡含量随之增大。

总之，提高转化温度、降低转化压力和增大水碳比有利于化学平衡向着所需要的方向——降低残余甲烷含量转移。

3. 影响甲烷蒸汽转化反应速率的因素

影响甲烷蒸汽转化反应速率的因素主要是催化剂、温度、氢气和内扩散。

(1) 催化剂　在没有催化剂时，即使在相当高的温度下，反应速率仍很缓慢。当有催化剂存在时，反应速率大大加快。在 700~800℃ 时就可以获得很高的反应速率。

(2) 温度　甲烷蒸汽转化反应是吸热反应，反应温度越高，转化反应速率越快。

(3) 氢气　氢气对反应有阻碍作用（动力学分析所得结论），因而在反应初期速率快，随着反应的进行，氢含量增加，反应速率就会逐渐下降。

(4) 内扩散　甲烷催化转化反应受内扩散控制，也就是说反应物由催化剂表面通过毛细孔扩散到内表面的内扩散过程，对甲烷蒸汽转化反应速率有显著的影响。为了提高内表面利用率，工业催化剂应采用粒度较小的催化剂且应具有合适的孔结构。这样既可减少扩散的影响，又不增大床层阻力，且保持了催化剂较高的强度。

4. 影响析炭反应的因素

甲烷催化转化反应中生成的炭黑对转化过程是十分有害的。因为炭黑覆盖在催化剂表面，会堵塞微孔，降低催化剂活性，甚至还会使催化剂破碎而增大床层阻力，从而影响生产能力。

(1) 水碳比的影响　增大水碳比，有利于反应式(3-11) 和式(3-12) 向右移动，使系统中甲烷、一氧化碳含量降低，氢气、二氧化碳含量升高，其结果会抑制析炭反应。反之，则易于发生析炭反应。因而，水碳比的控制对抑制析炭至关重要。

(2) 转化反应设备中不同高度的气体组成的影响　转化反应设备中不同高度气体组成是不同的，在转化反应管进口处，由于甲烷浓度高，有析炭反应发生的可能，尤以低活性催化剂析炭范围为宽。在使用不同活性催化剂时，转化管的任何部位都处于消炭区，均不会有炭析出。

(3) 催化剂的影响　不同的转化工艺、不同的转化设备对转化催化剂均有不同的要求。应当从其具体的条件来选择相应性能的催化剂。

用高活性的催化剂时，从动力学上不存在析炭问题。用低活性的催化剂时，存在动力学析炭问题。

四、天然气的转化条件

在化工生产操作岗位上，必须本着优质、高产、低消耗的原则，严格控制各生产工艺指标。甲烷蒸汽转化的工艺条件包括压力、温度、水碳比和空间速度等。

1. 压力

甲烷蒸汽转化反应是气体体积增大的反应，提高操作压力对转化反应的平衡不利，甲烷的残余含量随压力的升高而增加。目前工业上均采用加压蒸汽转化法，其原因有以下几点。

(1) 节省压缩功耗　氨合成反应是在高压下进行的，制得的氢、氮气最终加压到 15~30MPa。甲烷蒸汽反应后的气体体积增加了 3~4 倍，若预先将原料气加压到一定压力后再进行转化，则降低了后工序的压缩功耗。

(2) 提高过剩蒸汽余热的利用价值　为了使甲烷转化完全，生产中需用过量的过热蒸汽。压力越高，蒸汽的冷凝温度（即露点温度）也越高，过量蒸汽在较高温度下冷凝，并放出冷凝热，余热的利用价值大。

（3）节省投资成本　气体加压后，体积缩小，原料气制备设备、净化设备与热回收设备尺寸可减小，因而可减少设备投资，同时加压转化可加快转化反应速率，节省催化剂用量。

加压操作虽有优点，但对转化反应不利。为达到规定的残余甲烷含量，须增大水碳比和提高转化温度。操作温度过高，会影响转化管的使用寿命，转化操作压力不宜太高。目前生产中转化操作压力一般为 1.4～4MPa。

2. 温度

甲烷蒸汽转化反应是可逆吸热反应。提高温度对转化反应化学平衡和反应速率角度均有利。但操作温度又受到转化设备管材耐温性能的限制。

（1）一段转化炉出口温度　温度是决定转化气组成的主要因素。提高出口温度，要降低残余甲烷含量。但温度对转化管的寿命影响很大。以 HK-40 的耐热合金钢制转化管为例，当管壁温度为 950℃时，管子寿命为 84000h，若温度提高 10℃，则寿命就会缩短为 6000h。所以，在可能的条件下，转化管出口温度不要太高，需视转化压力不同而有所区别。中型合成氨厂转化操作压力为 1.8MPa 时，出口温度为 760℃。

（2）二段转化炉出口温度　甲烷转化制取原料气的质量是由二段出口温度来控制的。在压力和水碳比确定后，要求预期的残余甲烷含量，即可确定二段出口温度。例如压力为 3.0MPa，水碳比为 3.5，二段出口转化气残余甲烷含量小于 0.5% 时，出口温度应在 1000℃左右。

工业生产表明，一、二段转化炉的实际出口温度都比出口气体组成相对应的平衡温度高，这两个温度之差为平衡温距。

平衡温距与催化剂的活性和操作条件有关，一般其值越低，说明催化剂的活性越好。工业设计中，一、二段转化炉的平衡温距通常分别在 10～15℃与 13～30℃之间。

3. 水碳比

加压转化时，要保证一段炉出口残余甲烷含量，转化温度主要由水碳比来控制。提高水碳比对转化有利，而且可以防止析碳反应发生。但水碳比过高，消耗的蒸汽多，过多蒸汽通过一段转化炉时，增加了系统阻力，能耗增加。所以，水碳比的选择应在不析炭的条件下尽量降低。目前，节能型的合成氨流程水碳比控制指标已从 3.5 降到 2.5～2.7。

4. 空间速度

空间速度简称"空速"，指每立方米催化剂每小时通过原料气的体积（标准状态），单位是 $m^3/(m^3 \cdot h)$，也可写成 h^{-1}。

提高空速，在单位时间内所处理的气量增加，因而提高了设备的生产能力，同时空速高，有利于传热，可延长转化管的使用寿命。但空速高，缩短了气体与催化剂的接触时间，使转化反应不完全，残余甲烷含量增加，故空速不宜过高。不同的炉型、不同的工艺条件，采用的空速也不同。目前生产中一般采用的空速为 800～1800h^{-1}。

五、天然气的转化装置

甲烷在氨合成过程中为惰性气体，惰性气体多不利于氨的合成反应。为了充分利用原料，降低消耗，甲烷尽可能转化完全，一般要求转化气中甲烷含量小于 0.5%。为兼顾设备材质和工艺条件，工业上目前普遍采用两段转化法。

两段转化就是将转化反应分为两段进行。首先在一段管式转化炉中进行，转化炉中有若干根转化管，内装催化剂，原料气与蒸汽在转化管中进行反应。由于转化管只能在 800～850℃下工作，因而反应温度控制在 720～820℃，残余甲烷含量在 10% 左右。然后在二段转化炉内加入适量的空气，空气与部分可燃性气体进行燃烧反应，反应放出的热量让气体温度上升至 1200～1300℃，气体再进入催化剂层，残余的甲烷继续与水蒸气转化，气体沿着催化剂床层温度逐渐下降，到二段转化炉出口温度为 1000℃，出口气体的甲烷含量降至 0.5%以下。

由于转化反应是吸热反应。在一段转化炉内，其反应所需的热量由天然气在管外燃烧提供，二段转化炉所需的反应热由空气和一段转化气中部分可燃性气体反应获得。

二段转化炉空气加入量的多少直接影响二段转化管出口气体组成和温度。因而空气的多少应满足氨合成反应对 $(H_2+CO)/N_2=3.1～3.2$ 的要求。

一般情况下，一、二段转化气中残余甲烷含量分别控制在 10% 和 0.5%。为降低能量的消耗，新工艺中对一、二段转化炉的负荷进行调整，降低一段转化炉的负荷，增加二段转化炉负荷。一段转化炉出口气体中甲烷含量由传统流程的 10% 提高到 30% 左右，降低一段转化的反应温度，减少燃料天然气的用量，使较多的甲烷转移到二段炉转化。在二段转化炉中加入过量空气或富氧空气，以保证甲烷转化的要求。

六、天然气蒸汽转化岗位安全操作及环保措施

1. 岗位特点

高温、高压，有毒，易燃易爆。

2. 岗位物料的性质

本岗位物料有天然气、一氧化碳、氢气、二氧化碳、硫化氢、蒸汽。

煤气中的 CO、H_2、CH_4 都是易燃易爆气体，当煤气与空气混合达到爆炸极限时遇到火花就会发生爆炸。物料的性质及危害性见表 3-3 和表 3-4。

3. 天然气蒸汽转化生产操作

(1) 开车

① 检查。对照图纸，仔细检查系统内所有设备、管道、阀门、分析取样点、仪表控制点、安全装置等。

② 单体试车。对系统内的泵和压缩机进行试运转，检查设备的机械性能。

③ 仪表的校验。对所有仪表进行全面检查和调试，使其符合工艺设计要求。

④ 系统吹净和清洗。除去安装时残留在设备管道中的铁屑、焊渣、沙石、铁锈等杂物，以便保证设备、仪表安全运行。工艺管道一般用空气吹扫，蒸汽管网用蒸汽吹扫，水系统用水清洗。

⑤ 气密性试验。向系统通入压缩空气，压力 0.5MPa，用肥皂水或纸片检查所有连接处和焊缝，压力升至操作压力后，保压 1h，压力不下降为合格。

⑥ 烘炉。烘炉的目的是排除新建或大修后的转化炉耐火衬里的水分，以免高温下水分急速蒸发，导致衬里破裂。烘炉温度及升温速率，因炉体结构、衬里材质及砌筑方式等不同，而有一定的差异。

烘炉时在炉底部加装烘炉烧嘴，顶部加临时放空烟囱和蝶阀，动火分析合格后，点燃烧嘴，严格按照烘炉控制指标进行升温。

⑦ 催化剂的填装。

a. 一段转化炉催化剂的装填。一段炉管由几百根管子并联组成，要求每根管催化剂数量和松紧程度相同，且无架桥现象，以免气流分布不均或转化管出现局部过热现象。

装填前将每根管子清洗干净，测定空管阻力。

缝制若干个长 1.5～2m、直径比转化管内径小 20mm 左右的布袋，一端系一根绳子，从另一端用漏斗装入催化剂。

把袋子口端折起约 80mm，装入转化管，到底后向上提 2～3 次绳子，催化剂落入管内。用振荡器定量振荡，消除架桥现象，力求填装均匀。

测量装填高度。质量相同的催化剂，装填高度应基本相同。

全部转化管装好后，测定每根管子的阻力，求得所有管子阻力的平均值。要求每根管子的阻力与平均值之差为±6%。

b. 二段转化炉催化剂的装填。将炉内打扫干净，按装填高度要求，在炉壁上作出标记。用丝网筛盖住炉底气体出口。

在炉顶部装一个与帆布管相连的大漏斗，帆布管一端伸到炉底。

从漏斗加入耐火球，并保持布袋经常是满的，下落高度一般不超过 0.5m，并将耐火球均匀铺在炉底。

耐火球上面加一层铁丝网。将催化剂加到铁丝网上，均匀加至要求高度，扒平后装上铁丝网。

铁丝网上装耐火球，放好固定栅板，经检查后，封住人孔，上好顶盖。装填时要保持清洁干净，保持好热电偶套管。

⑧ 催化剂的升温还原。新装填的催化剂在使用之前先要进行升温，再将催化剂中的氧化镍还原为具有活性的金属镍后，才能投入使用，这一过程称为催化剂的升温还原。一、二段转化炉的催化剂同时进行升温还原。

⑨ 升温还原步骤。

a. 空气（或氮气）升温。根据升温速率的要求，均匀地点燃一段炉辐射段的烧嘴，为升温过程提供热量。由压缩机来的空气经混合，通过预热器、一段炉、二段炉后放空。系统压力维持在 0.4～0.5MPa，空速 500～800h^{-1}。

b. 蒸汽升温。当一段炉出口温度达到 300℃时，切换为蒸汽升温，同时继续增加一段炉烧嘴数目，提高催化剂床层温度，将系统压力逐渐增大到 0.7～0.8MPa。

c. 催化剂的还原。一段炉出口温度升高到 750℃时，在蒸汽中配入氢气进行还原。起始氢浓度为 10%，以后逐渐增加到 40%，还原结束后通往天然气进行转化反应。

如果无氢气，可直接用脱硫后的天然气进行还原。

（2）停车

① 正常停车

a. 将负荷减小到 50%，原料气由压缩机进口放空。

b. 开工艺空气放空阀，关闭二段炉进口空气阀。

c. 当二段炉出口温度在 800℃以上时，要维持一段炉水碳比大于 4.5。不断减少燃料气量，将一段炉温度降温速率控制在 40～50℃/h。一段炉出口气体温度降到 550℃时，停加原料气，关闭有关阀门，并由开放空阀放空。

d. 一段炉出口气体温度降至 300℃，进口气体降至 250℃时，停蒸汽，关有关阀门。用氧含量小于 0.5%的氮气置换转化系统后，降至常温。

e. 如果需卸出催化剂，则应进行钝化。一般采用蒸汽钝化。

钝化方法：停止入炉原料气，一段炉蒸汽量减为正常量的 40%左右，反应气由二段炉后放空。将一段炉出口温度控制在 600～700℃，通蒸汽 8h，当二段炉出口气体基本无不凝性气体（氢气）时，钝化过程结束。此时一段按 40～50℃/h 的速率降温，当温度降至 240℃左右时熄火，用氮气置换，使系统温度降至常温。

f. 当对流段入口温度降至 50～60℃时，停鼓风机和引风机，同时打开一段炉烟道阀和下部放空阀，自然对流降温。

g. 锅炉系统停止循环，系统充满水，打开汽包顶部放空阀。

② 紧急停车。

a. 按紧急停车按钮，并立即切断原料和燃料气源。对流段自然通风 20～30min。

b. 用氮气吹除 1h，保压保温。

c. 停锅炉水循环泵，保持汽包有较高液位。

d. 关闭工艺空气切断阀和原料气比值调节阀，开中间导淋阀。开燃料气放空阀，关烧嘴燃料阀。

（3）正常操作

① 系统负荷调节。为了稳定炉温，避免产生波动，加减负荷时必须分步进行，直到达到预期的流量。

a. 一段炉的顺序。加量时先增加蒸汽量，再提高原料烃量；减量时先减少原料烃量，再减少蒸汽量。

b. 二段炉的顺序。加量时应该先蒸汽，其次原料烃，最后空气；减量时先空气，其次原料烃，最后蒸汽。

加减负荷时，必须严格控制水碳比、二段炉空气加入量和炉温。

② 一段炉的操作。在稳定炉温的前提下，重点维护转化管，防止损坏。

a. 密切观察和及时调整一段炉烧嘴燃烧情况，防止炉管受热不均匀，出现冷管或局部过热现象。

b. 严防炉膛温度过高，防止转化管超温，影响使用寿命。转化管进口温度应控制在 $460 \sim 520 ℃$ 之间，出口温度不超过 $820 ℃$。

c. 经常观察转化管颜色，出现发红、发亮的管子，及时查出原因，进行处理。

d. 保持足够的水碳比，并保持物料量稳定。防止催化剂中毒，使转化管超温。

e. 一段炉炉膛保持 $10 \sim 30 Pa$ 的负压，否则会发生火焰上窜。

f. 为了能充分燃烧，提高利用率，烟道气中氧含量小于 5%。

③ 二段炉的操作管理。二段炉的操作主要是加入适量的空气，将炉温控制在规定的范围内，使二段转化气中 $CH_4 < 0.5 \%$，$(CO + H_2)/N_2 = 3.1 \sim 3.2$。

a. 空气加入量。当一段炉出口转化气温度高于 $700 ℃$ 时，二段炉才能通入空气，否则温度过低，易发生爆炸。二段炉空气加入量是由氮气需要量调节的。

b. 二段炉温控制。二段炉温度与一段转化气温度和甲烷含量、空气预热温度、空气加入量有关。一段转化气温度高、甲烷含量低、空气预热温度高、空气加入量多，均能使二段炉温度升高。反之，二段炉温度降低。

④ 汽包液位的控制。汽包液位过低，容易造成锅炉烧干、烧坏或爆炸。液位过高，容易造成蒸汽带水，使一段炉温下降，催化剂结盐、粉碎，或水进炉后立即汽化，引起系统超压。液位不稳定，容易造成自产蒸汽压力不稳，使一段转化炉水碳比失调而发生析碳现象。因此，汽包液位必须严格控制。

（4）事故及处理方法　事故及处理方法见表 3-9。

表 3-9　事故及处理方法

序号	事故	原因	处理方法
1	转化管压力降变化不大，转化管超温，一段炉出口气甲烷升高	催化剂中毒	(1)严格控制原料烃中硫、氯、砷等的含量 (2)提高水碳比，使催化剂逐渐恢复其活性
2	转化管压力降增大，一段炉出口气甲烷升高，炉温迅速升高，转化管发红超温	析碳： (1)催化剂中毒 (2)水碳比低 (3)转化管受热不匀 (4)原料烃与蒸汽混合不匀	(1)析碳较轻，提高水碳比 (2)析碳较严重时，停止原料烃，采用蒸汽除碳

续表

序号	事故	原因	处理方法
3	炉管损坏	(1)烧嘴燃烧过量,使炉管超温或喷嘴不对中,火焰偏斜,使炉管局部过热 (2)催化剂中毒、析碳、粉碎、老化、活性降低,或有架桥 (3)开停车频繁,温度波动大,管内介质腐蚀	(1)经常观察和调整烧嘴燃烧情况,防止炉温过高或发生偏火现象 (2)控制好原料烃含硫量,控制好水碳比,防止催化剂中毒和析碳 (3)确保流量与温度平稳,严防波动
4	炉鸣	(1)气体燃烧的生成物体积迅速膨胀 (2)燃料气中带有液态燃料,遇热迅速汽化而燃烧,并伴随未燃气体的二次燃烧或爆炸燃烧,造成整个炉子发出嗡嗡的响声,并不断颤抖 (3)燃气压力突升造成振动	(1)若炉鸣是因开炉点火速率过快引起的,则应灭掉部分烧嘴,使共振现象消除 (2)若气体燃料中带液,则应设置气液分离器 (3)应迅速降压。待振动停止后,再慢慢加火提压,使燃烧正常
5	转化气中甲烷含量高	(1)炉温太低 (2)水碳比低 (3)原料烃中高碳烷烃含量增多或原料气带油 (4)催化剂中毒	(1)适当提高炉温 (2)适当提高水碳比 (3)用分子筛除去原料气中高碳烷烃,加强原料气除油操作 (4)加强原料气脱硫管理,防止催化剂中毒

4. 安全操作规程

① 生产操作人员必须遵守安全技术规程,严格执行操作工的"六严格"和"十四不准"。要听从指挥,服从领导。

② 严格控制转化制气过程中天然气、氧气、蒸汽压力,防止压力大幅度波动而发生事故。

③ 正常生产中,转化炉温度不得低于700℃,炉膛温度低于700℃不能着火。

④ 正常生产中,严格控制催化剂床层温度,不得低于600℃,以防硫中毒。

⑤ 严格控制入炉气中硫含量,不得大于5mg/m³,防止催化剂转化中毒。

⑥ 维护电磁阀时,要检查接线头是否紧固,打扫卫生严禁用湿毛巾,避免有水造成电磁阀短路。

⑦ 突然断电时,应将运行按钮释放,送电时再行启动。

⑧ 停车时应关闭气(汽)路总阀、根部阀、调节阀,打开各放空阀,防止气(汽)漏入系统。

⑨ 大、中修后开车,必须试漏、试压、吹扫系统。

⑩ 点火前必须置换、吹净、分析合格,防止炉内爆炸;预热炉应安装足以卸压的防爆片,防爆片的位置应符合安全要求,并安装安全网罩。

⑪ 催化剂升温还原时熄火,当温度降至600℃以下时,必须用蒸汽吹扫后,方能重新点火。

⑫ 废热锅炉必须设有可靠的安全阀、液位计、液位超高和低限声光报警装置,及压力表、放空阀等。

⑬ 废热锅炉液位计要定时冲洗,保持清洁明亮,直观液位真实,稳定在1/2~2/3处。

⑭ 废热锅炉严重缺水时,应停炉处理,严禁向炉内加水。

⑮ 严格控制转化后气中CH₄含量,使其在工艺指标范围内。

⑯ 注意循环水质,根据水质进行更换,使其达标。

⑰ 安全阀应定期校验,每年检验一次,确保安全阀可靠。

⑱ 严格控制炉内和出口蒸汽压力,禁止超压运行。

⑲ 气柜高度不得低于40%，不得超过90%，罗茨风机工段应装气柜高低限报警装置。

⑳ 进入塔、容器、地下油井、地下阀井前，应先进行排毒、含氧分析，合格后方可进入，进入后要有安全措施，并由专人监护。

㉑ 岗位要管理好所属消防器材，包括消防胶管和防毒器材，保证齐全好用，操作人员应熟练掌握其使用方法，车间每月对消防器材和防毒器材进行检查。

㉒ 车间管理人员对设备、仪表和生产过程中存在的问题及隐患应及时上报有关职能部门，联系整改。

5. 环保措施

① 在一般生产过程中，没有特殊情况，严禁容器中污水就地排放，人为造成对环境的污染。

② 保持装置各设备良好运行状态，努力降低设备的泄漏率，对泄漏的设备及时进行处理，并做好有关环保措施，减少漏点对环境造成的污染。

③ 在正常生产时，杜绝各塔、容器顶直接向大气放空，减少废气对大气的污染。

④ 由于气体放空时的噪声很大，装置中对主要放空点安装消声器，氧气放空消声器、开工抽引器消声器等，有效地减少了噪声对周围环境及人体的危害。

任务小结

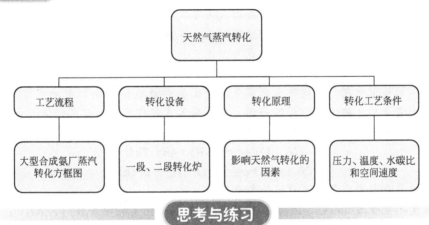

思考与练习

1. 天然气是如何通过蒸汽转化为合成氨原料气的？

2. 画出天然气蒸汽转化流程。

3. 在天然气蒸汽转化过程中，是如何确定操作压力、温度、水碳比和空间速度的？

4. 天然气转化过程为什么要分为两段？二段转化炉的主要反应有哪些？

5. 在正常生产中，如何管理一段、二段转化炉？

资源导读

烃类转化催化剂

只有在有烃类转化催化剂存在时，在500～1000℃烃类蒸汽转化才能获得满足工业要求的速率，才有可能实现工业化生产。所以转化催化剂的研制长期以来是备受关注的技术关键之一。

一、催化剂的组成

1. 活性组分

在元素周期表上第Ⅷ族的过渡元素对烃类蒸汽转化都有活性，但从性能和经济上考虑，以镍最佳。在镍催化剂中，镍以氧化镍形式存在，含量约在4%～30%，使用时必须将氧化态的镍还原为金属镍，因为金属镍是转化反应的活性组分。一般而言，镍含量高，催化剂的活性高。

2. 载体

载体是催化剂活性组分的骨架和黏合剂。对于蒸汽转化催化剂，由于操作温度很高，镍微晶易于熔解而长大。金属镍的熔点为1445℃，烃类蒸汽转化温度都在熔点温度的一半以上，分散的镍微晶在这样高的温度下很容易互相靠近而熔结。这就要求载体能耐高温，并且有较高的机械强度。所以转化催化剂的载体都是熔点在2000℃以上的难熔金属氧化物或耐火材料。常用的载体有铝酸钙黏结型。耐火氧化铝烧结型载体具有表面积小、孔结构稳定、耐热性能好、机械强度高的特点而被广泛应用。

3. 助催化剂

助催化剂本身无催化剂活性，但能提高催化剂的活性、稳定性和选择性。助催化剂为铝、铬、镁、钛、钙等金属的氧化物。一般载体都有助催化剂的作用，所以载体和助催化剂难以截然分开，通常含量少的叫助催化剂。

二、催化剂的还原与钝化

1. 催化剂的还原

转化催化剂大都以氧化镍形式存在，使用前必须还原为具有活性的金属镍，其反应为：

$$NiO + H_2 \rightleftharpoons Ni + H_2O(g) + 1.3kJ$$

当还原温度为900K时，若氢气含量高于0.4%，就能使氧化镍还原为金属镍。但工业生产中一般不采用纯氢气进行还原，而是通入水蒸气和天然气的混合物，只要催化剂局部有微弱活性并产生极少量的氢，就可进行还原反应，还原的镍立即具有催化能力而产生更多的氢。为了使顶部催化剂得到充分还原，也可以在天然气中配入一些氢气。

2. 催化剂的钝化

经过还原的镍催化剂，遇空气急剧氧化，放出的热量能使催化剂失去活性，甚至熔化。因此，在卸出催化剂之前，应先缓慢降温，然后通入蒸汽或蒸汽加空气，使催化剂表面缓慢氧化，形成一层氧化镍保护膜，这一过程称为纯化，其反应式为：

$$2Ni + O_2 \rightleftharpoons 2NiO + 485.7kJ$$
$$Ni + H_2O \rightleftharpoons NiO + H_2 - 1.3kJ$$

钝化后的催化剂遇空气时不再发生氧化反应。

钝化温度不能超过550℃，因为在600℃时镍催化剂能生成铝酸镍（$NiAl_2O_4$）。温度越高，铝酸镍生成量越多。由于铝酸镍在还原时不容易生成金属镍，故应当尽量避免催化剂钝化时生成铝酸镍。

三、催化剂的中毒与再生

当原料气中含有硫化物、砷化物、氯化物等杂质时，都会使催化剂中毒而失去活性。催化剂中毒分为可逆中毒和不可逆中毒。所谓可逆中毒，即催化剂中毒后经适当处理仍能恢复其活性，也称为暂时中毒。不可逆中毒是指中毒后的催化剂不能再恢复活性，也称为永久性中毒。

砷化物可使催化剂产生永久性中毒，硫化物、氯化物则使催化剂产生暂时中毒，原料气中的有机硫能与氢气或水蒸气作用生成硫化氢，而使镍催化剂中毒。中毒后的催化剂可以用过量蒸汽处理，并使硫化氢含量降到规定标准下，催化剂的活性就可以逐渐恢复，这种使中毒的催化剂又重新恢复其活性的过程叫催化剂的再生。

任务六　重油氧化制气

🗒 任务目标

通过重油氧化制气法制取合成氨原料气的工艺流程，知道重油氧化制气的基本原理，认识重油氧化制气的设备及工艺指标。

任务要求

➤ 认识重油氧化制气。
➤ 能画出重油氧化制气的工艺流程。
➤ 知道重油氧化制气的基本原理。
➤ 能说出重油氧化制气的主要设备及工艺指标。

任务分析

　　重油是石油炼制的一种产品，通过与氧气进行燃烧，在氧气充分时，进行完全燃烧反应，得到二氧化碳和水，氧气不充分时，可进行不完全燃烧反应，称为部分氧化反应。在高温下重油发生裂解，裂解产物与燃烧产物进行转化反应，从而获得一氧化碳和氢气为主体的氨合成的原料气。

理论知识

一、认识重油氧化制气

　　重油是石油加工到 350℃ 上所得的馏分，将重油继续减压蒸馏到 520℃ 以上所得馏分称为渣油。重油、渣油以及各种深度加工所得残渣油习惯上都称为"重油"，也称重质烃。重油是烷烃、环烷烃及芳香烃为主的混合物，其虚拟分子式写作 C_mH_n。由于石油产地和炼制方法的不同，所得重油的化学组分、物理性质也就各有差异。

　　重油部分氧化是指重质烃类和氧气进行部分燃烧，由于反应放出的热量，使部分烃类化合物发生裂解，最终获得以 H_2 和 CO 为主要组分，并含有少量 CO_2 和 CH_4（CH_4 通常在 0.5% 以下）的合成气。1946～1954 年间进行了重油部分氧化的研究工作。1956 年美国根据研究成果建成了世界上第一座以重油为原料的部分氧化法工业装置。

　　目前全世界已有数百套重油部分氧化装置。同烃类蒸汽转化一样，重油部分氧化装置也向大型化方向发展，现在已有气化压力为 8.61MPa、日产 1350t 氨的工业装置运行。

　　我国重油部分氧化制合成气技术于 20 世纪 60 年代初开始，有多套中、小型常压、加压装置相继投产。近年引进了多套以重油为原料的日产 1000t 氨的大型装置，使我国重油部分氧化制氨生产技术得到相应提高。

二、重油部分氧化制气

1. 重油部分氧化工艺流程

　　重油部分氧化法制取合成氨原料气的工艺流程包括五个部分：①原料的加压及预热；②重油气化；③废热回收；④水煤气的洗涤；⑤炭黑的处理。

　　重油部分氧化法按高温水煤气废热回收方式的不同，工艺流程可分为直接回收热量的激冷流程和间接回收热量的废热锅炉流程。下面介绍废热锅炉工艺流程。

　　（1）废热锅炉流程　图 3-18 所示为典型的谢尔废热锅炉工艺流程。

　　原料重油经泵加压至 7MPa，预热至 230℃ 与氧气和高压蒸汽混合，约 310℃ 的混合气进入气化炉，在压力为 6.0MPa、温度为 1300～1400℃ 的条件下，进行部分氧化反应。生成含有 $CO+H_2$ 高达 96% 的裂解气，进入废热锅炉，副产 10.3MPa 高压饱和蒸汽。350℃ 的裂解气到节能器冷至 200℃ 后，进入激冷室洗涤炭黑，经炭黑水分离器冷却至 120℃ 的裂解气，进入炭黑洗涤塔进一步洗涤冷却至 45℃，含炭黑约 1mg/m³（标准状态）的裂解气送往脱硫工序。

　　谢尔废热锅炉工艺流程的主要特点是：利用高温热能产生高压蒸汽，使用比较方便灵活。生产的水煤气已降至常温，可先经脱硫再进行变换，故可使用含硫高的原料油，可采用先脱硫、后变换的流程。废热锅炉结构比较复杂，对制造要求高，维修工作量大，生产控制较复杂。

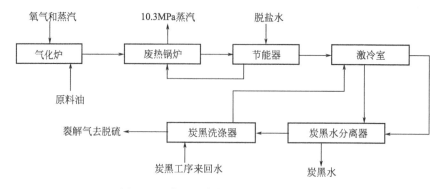

图 3-18　典型的谢尔废热锅炉工艺流程

（2）炭黑处理　重油气化过程中，炭黑的处理分为两部分。一是煤气中炭黑的清除，二是炭黑污水的处理。煤气中炭黑的清除方法有水洗法和重油萃取法。其中水洗法应用比较广泛。

如图 3-19 所示，从气化炉出来的炭黑水经换热器冷却后，与石脑油混合进入萃取分离器。萃取分离器底部出来的水去脱气器减压闪蒸，而得到纯净水，含水石油脑由脱气器顶部出来，经分离器分出石脑油，送混合器作循环萃取用。石脑油在萃取分离器中将炭黑从炭黑水中萃取出来。生成石脑油炭黑浆，加入适量的原料重油，经加热后，使轻质烃及夹带的水分汽化，然后送入石脑油蒸馏塔进行分离。炭黑随重质油返回气化炉，石脑油由塔顶出来，经冷却、冷凝后进行循环萃取。

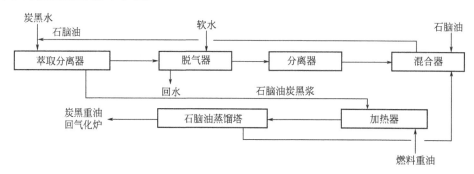

图 3-19　石脑油萃取炭黑流程方框图

2. 重油部分氧化主要设备

重油部分氧化主要设备有气化炉、废热锅炉、洗涤器，炭黑装置有石脑油蒸馏塔等。

（1）与废热锅炉连接的气化炉　如图 3-20 所示，谢尔气化炉与废热锅炉组成一体。气化炉内衬有两层耐火材料，为防止气化炉在耐火衬里一旦被烧穿时受到损坏，一般在壳中的上部设置水夹套，用水循环冷却炉壁，同时在炉壳外设置一定数量的表面温度计，一旦超温度即自动报警。废热锅炉一般有螺旋管式和列管式两种。螺旋管式废热锅炉结构简单，维修方便，气体分配均匀，能自由伸缩，而被广泛采用。

（2）烧嘴（喷嘴）　烧嘴一般由三部分组成：原料重油和气化剂（氧和蒸汽）流动通道、控制流体流速和方向的喷出口、防止喷嘴被高温辐射而熔化的水冷装置。

烧嘴是部分氧化法制气的关键设备，作用是将油充分雾化并使油雾、蒸汽、氧气均匀混合，使气化反应顺利进行。重油雾化得越细，接触面积越大，气化反应就进行得越迅速、越完全，生成气中的甲烷和炭黑就越低。

① 双套管喷嘴是一次机械雾化和二次气流雾化的双水冷、外温式双套管喷嘴，既适用于高压又适用于低压工艺的操作。

② 谢尔喷嘴的雾化原理是以油、氧、蒸汽在烧嘴出口湍流形成旋涡相互剪切交叉，再靠速率差使三种物流充分混合，并使渣油均匀雾化。

3. 重油部分氧化基本原理

重油（用 $C_m H_n$ 代表）通过烧嘴被蒸汽和氧气雾化，并与它们均匀混合喷入气化炉内，在炉内高温辐射下，几乎同时进行着以下升温蒸发、火焰燃烧、高温裂解及转化等反应。

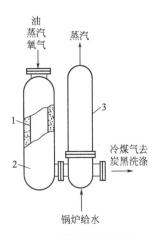

图 3-20　谢尔气化炉简图
1—耐火材料衬里；2—燃烧室；
3—废热锅炉

重油雾滴气化：
$$C_m H_n（液）== C_m H_n（气）\tag{3-18}$$

气态烃的氧化燃烧：
$$C_m H_n + \left(m + \frac{n}{4}\right) O_2 == m CO_2 + \frac{n}{2} H_2O \tag{3-19}$$

气态烃高温裂解：
$$C_m H_n == \left(m - \frac{n}{4}\right) C + \frac{n}{4} CH_4 \tag{3-20}$$

转化反应：
$$C_m H_n + m H_2O == m CO + \left(\frac{n}{2} + m\right) H_2 \tag{3-21}$$

其他反应：
$$CH_4 + H_2O == CO + 3H_2 \tag{3-22}$$
$$C + H_2O == CO + H_2 \tag{3-23}$$

上述反应同时发生时，可使重油部分氧化炉的出口温度维持在 $1300\sim1400$℃。因此，重油部分氧化实质是以纯氧进行不完全的氧化燃烧，并用蒸汽控制温度，以制得 CO 和 H_2 的高含量合格的原料气。

4. 工艺条件的选择

重油部分氧化工艺条件的选择，应满足在尽可能低的氧耗和蒸汽的前提下，将重油最大限度地转化为一氧化碳和氢气。

（1）温度　部分氧化法气化阶段的反应大部分为吸热反应，故提高操作温度对这些反应平衡、反应速率均有利，特别是提高操作温度可加快甲烷与蒸汽、炭与蒸汽、碳与二氧化碳三个吸热的控制反应，提高 CH_4 与 C 的平衡转化率，从而降低裂解气中 CH_4 和炭黑含量。

反应温度过高易烧坏气化炉的耐火衬里和喷嘴，温度的提高一般通过增加氧量实现，更多的消耗了有效气体成分。因此反应温度不宜太高，一般控制在 $1300\sim1400$℃之间。

（2）压力　重油气化是体积增大的反应，加压对反应平衡的不利影响，可以通过提高反应温度来补偿，因此目前工业上普遍采用加压操作。加压操作有利于提高喷嘴的雾化效果，有利于气体中炭黑的脱除，加压操作可以降低动力。但操作压力过高，对化学平衡所带来的不利影响将更显著，并且对设备材料及制造要求更严格，因此压力的选择应综合考虑系统的技术经济效果。目前中型厂为 $2\sim3.5$MPa，大型厂则达 $8.0\sim8.5$MPa。

（3）氧油比　氧油比提高，可提高反应温度，减少生成气中甲烷和炭黑的含量，但氧油比过高，会使一部分碳原子转变为二氧化碳，一部分氢原子转变为蒸汽，降低了有效气体产量。随着氧油比的提高，燃烧和转化两个反应互相消长，产气率和冷煤气率由上升变为下降。

（4）蒸汽油比　蒸汽油比是指气化1kg重油需加入的蒸汽量，单位为kg/kg。

重油气化过程中，在火焰反应条件下，加入适量蒸汽可以加快烃类转化，降低生成气甲烷和炭黑含量，降低氧耗，增加氢的产量，并且可以调节炉温，有利于重油雾化。

工业生产中蒸汽油比的限度取决于烧嘴雾化的需要，一般说来，常压气化的蒸汽油比在0.5以下，加压气化的蒸汽油比为0.3～0.4。

（5）原料的预热　对入炉物料（重油、蒸汽、氧气）进行预热，可减少入炉后将物料温度提高至反应温度所消耗的热量，降低油耗和氧耗，提高气体质量和产率。

重油预热有利于雾化。预热温度过高，会使重油分馏、结焦，并会使重油中轻馏分气化产生大量蒸气，出现泵抽空中断输送，还可能发生重馏分的裂解脱碳。因此重油的预热温度须慎重选定，一般根据油品的来源与闪点不同而定。一般重油预热控制在150～260℃。

蒸汽的预热视热源而定，一般可预热到400℃，也可不预热。

任务小结

思考与练习

1. 画出谢尔废热锅炉工艺流程图。
2. 说出重油部分氧化法制取合成氨原料气的过程。
3. 谢尔废热锅炉工艺流程有什么主要特点？
4. 喷嘴有什么作用？重油是如何雾化的？

项目四

合成氨生产原料气脱硫

任务一　栲胶法脱硫

任务目标

根据栲胶法脱硫的反应原理及特点，从化学平衡及反应速率的角度分析，能总结出适宜的工艺条件，并能够完成基本的生产过程，能够掌握工艺条件选择的方法和思路，学会正确的岗位操作，并能够正确处理解决生产中的小事故。

任务要求

➢ 能说出栲胶法脱硫的工艺流程。
➢ 知道栲胶法脱硫的原理及特点。
➢ 能够配制适宜的栲胶溶液，知道栲胶法脱硫的影响因素。
➢ 学会栲胶法脱硫的工艺条件及调节方法。
➢ 能完成栲胶法脱硫的岗位安全操作。

任务分析

以固体、液体或气体原料制成的合成氨原料气中均含有一定量的硫化物，主要分为无机硫（H_2S）和有机硫（CS_2、COS、硫醇、噻吩等）。硫化物不仅能腐蚀设备和管道，而且是各种催化剂的毒物，此外硫化物还可副产重要的化工原料硫黄，因此对原料气的硫化物进行清除是十分必要的。

脱除原料气中硫化物的过程称为脱硫。脱硫的方法根据脱硫剂物理形态的不同可以分为干法脱硫和湿法脱硫。其中湿法脱硫又可以根据吸收过程的不同分为化学吸收法、物理吸收法和物理化学吸收法。目前应用最为广泛的湿式氧化法就是一种化学吸收法，其典型代表主要有栲胶法、ADA法、氨水液相催化法等等。

理论知识

一、栲胶法工艺流程

栲胶是由许多结构相似的酚类衍生物组成的复杂混合物，分子式为 $C_{14}H_{10}O_9$，栲胶的主要成分为单宁，栲胶中含有较多较活泼的羟基，在脱硫过程中起着载氧体的作用，而且羟基对金属离子具有一定的络合作用，在脱硫过程中既是催化剂又是络合剂，可以有效防止钒沉淀损失。其工艺流程如图 4-1 所示。

1. 半水煤气流程

半水煤气进入脱硫塔底部，经塔内填料与从塔顶喷淋下来的碱性栲胶溶液逆流接触，其

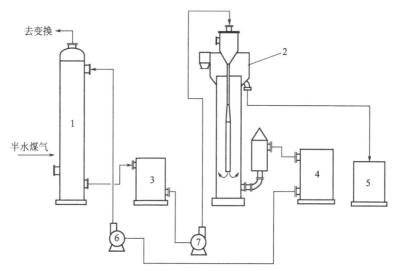

图 4-1 栲胶法脱硫工艺流程

1—脱硫塔；2—喷射再生槽；3—富液槽；4—贫液槽；5—硫沫储池；6—脱硫泵；7—再生泵

中大部分 H_2S 被溶液吸收。脱硫后的半水煤气从塔上部引出，经上部分离空间除掉夹带的液滴后送去变换工段。

2. 栲胶溶液流程

贫液槽内的贫液经贫液泵输送至脱硫塔顶部，与半水煤气在脱硫塔内逆向流动进行气液两相接触，完成吸收 H_2S 的过程，脱硫后的富液积存塔底，进入富液槽。富液由富液泵送往再生槽，在再生槽内完成脱硫富液的再生过程，脱硫贫液再由贫液泵打至脱硫塔，溶液循环使用。

喷射再生槽上层浮硫层的硫泡沫溢流至浮选槽，硫经浮选后送入硫沫储池进行硫膏回收连续加工。

3. 工艺过程

（1）吸收　一般栲胶脱硫溶液从脱硫塔上部进入，原料气从塔底进入，通过塔内填料气液两相逆流接触实现传质过程，使 H_2S 由气相转移到液相，电离生成 H^+ 和 HS^-。

（2）再生　传统意义上的再生是指 H_2S 转化为单质 S 的过程，判断再生过程好坏的指标是液相 H_2S 含量。

早期的再生装置是高径比很大的塔，富液与空气从再生塔底进入并流向上完成载氧催化剂的再生和硫的浮选。目前多采用自吸空气喷射器再生，节约动力消耗。该过程中富液由喷射器上口进入，再生空气由空气吸入口进入，在喷射器喉管处气液两相充分混合，实现富液的再生过程。喷射器的引入，加快了溶液的再生过程，减少了溶液在再生槽的停留时间。

（3）硫回收　从再生槽溢流分离的硫泡沫，首先进入硫浮选槽，经浮选后送到硫沫储池，经加热增大硫颗粒，使之与栲胶液分离。硫泡沫经分离后生成硫膏送至熔硫釜，制成熔融硫黄，自然冷却成型。分离过程可以使用机械，但会增加动力消耗。

（4）釜液回收　从熔硫釜分离出来的溶液含有一定量的有效成分，为降低原材料的消耗，企业都进行必要的回收，但回收时一定严格把关。

栲胶溶液在熔硫釜内经过高温后发生了化学反应，例如聚合反应，聚合成大分子化合物，在大量补入系统时，可能会形成泡沫夹带溢出，造成溶液损失，所以釜液回收时为达到满意效果，须经过重新熟化、澄清后补入系统。

二、栲胶法脱硫设备

1. 脱硫塔

（1）填料塔 填料脱硫塔结构如图 4-2 所示，是用钢板制成的圆柱形设备，上部装有填料，下部为空塔，填料一般采用波纹填料、鲍尔环填料等，如图 4-3 所示。空塔段及填料段均设有若干旋涡式喷头，使液体在整个塔截面喷淋均匀。栲胶溶液经喷头进入塔内，原料气从塔底进入塔内，气液两相逆向接触，在空塔段除去大部分 H_2S，填料段作为精脱硫用，可防止填料被硫黄堵塞。脱硫后的原料气由塔顶排出，脱硫液由塔底流出。

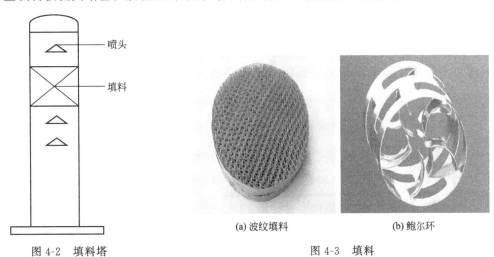

图 4-2 填料塔

(a) 波纹填料　　(b) 鲍尔环

图 4-3 填料

（2）旋流板塔 旋流板塔是一种新型塔设备，主要由吸收段、除雾板、塔板、分离段组成（图 4-4）。塔内有若干层旋流板式塔板，气体通过塔板间隙螺旋上升，液体从盲板流到板片上形成薄液层，被气流分散成细小液滴，利用气体旋转的离心力将液滴甩到塔壁上，在重力作用下沿塔壁下流，通过溢流装置流到下一块塔板的盲板上。

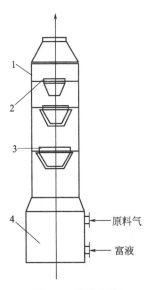

图 4-4 旋流板塔

1—吸收段；2—除雾板；3—塔板；4—分离段

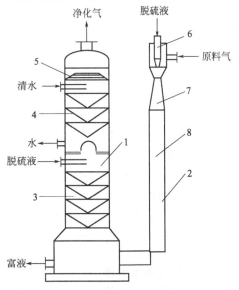

图 4-5 喷旋塔结构示意图

1—旋流板塔；2—喷射器；3—吸收段；
4—清洗段；5—除沫板；6—喷嘴；
7—喉管；8—尾管

该塔型气液接触时间短，接触面积大，处理气量大，脱硫效率高，适用于脱高硫原料气。

（3）喷旋塔　喷旋塔是一种高效脱硫塔，由喷射器和旋流板塔组成（结构如图 4-5 所示）。脱硫液高速通过喷射器喷嘴的同时吸入原料气，气液两相被高速分散，处于高湍动状态，强化吸收过程，可除去 50%～80% 的 H_2S。然后气液混合物进入喷旋塔下部，溶液在重力和离心力双重作用下与原料气分离，由塔底流出。原料气沿旋流板塔上升，与塔顶下来的脱硫液逆流接触，除去剩余的 H_2S。

2. 喷射再生槽

由喷射器和浮选槽组成。目前使用最广泛的是双套二级扩大式喷射再生槽（图 4-6）。脱硫液经喷嘴喷射氧化再生后进入浮选槽，在浮选槽进一步氧化再生，并起到硫的浮选作用。内筒的吹风速度较大，有利于氧化和硫的浮选。内筒上下各有一块筛板，板上开有小孔。

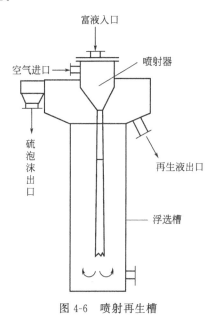

图 4-6　喷射再生槽

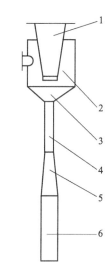

图 4-7　单级喷射器

1—喷嘴；2—吸气室；3—收缩管；
4—混合管；5—扩散管；6—尾管

双套筒自吸喷射再生槽采用两级喷射，富液射流的能量得到充分利用，自吸空气量增加一倍，富液再生效率得到进一步提高。

3. 单级喷射器

单级喷射器由喷嘴、吸气室、收缩管、混合管、扩散管和尾管组成（图 4-7）。脱硫后的富液高速通过喷嘴形成射流，并产生局部负压将空气吸入。此时气液两相被高速分散，处于高度湍动状态，强化了再生过程，缩短了再生时间。

除了单级喷射器以外，还有双级喷射器。双级喷射器有以下特点：富液与空气充分混合，气液接触面多次更新，提高了再生效率，而且投资省，效益显著。

三、栲胶法基本原理

目前栲胶法是国内使用较多的一种脱硫工艺，该法的优点是：

① 我国栲胶资源丰富、价廉易得。

② 栲胶既是氧化剂又是钒的络合剂，脱硫剂组成较简单。

③ 栲胶脱硫装置运行费用较低。

④ 当 pH＞9 时，栲胶溶液可在材料表面形成单宁酸盐薄膜，有防腐蚀的功能。

栲胶法的基本原理如下。

① 用碱溶液吸收 H_2S，H_2S 从气相转移到液相：

$$Na_2CO_3 + H_2S \Longrightarrow NaHCO_3 + NaHS$$

② 液相 H_2S 电离生成 H^+ 和 HS^-。经计算，pH＝8～9 时溶液中 $[H_2S]$、$[H^+]$、$[HS^-]$ 见表 4-1。

表 4-1 pH 与溶液中 $[H_2S]$、$[H^+]$、$[HS^-]$ 的数值

pH	$[H_2S]$	$[HS^-]$	$[H^+]$
8	9.09	90.91	0
9	0.99	99.00	0

由此可见，常规脱硫液（pH＝8.5～9.2）中硫的主要存在形式是 HS^-。

$$H_2S \Longrightarrow H^+ + HS^-$$

③ 用 V^{5+} 将 HS^- 氧化生成单质硫，V^{5+} 由氧化态变为还原态 V^{4+} 而失去氧化能力。

$$2NaHS + 4NaVO_3 + H_2O \Longrightarrow Na_2V_4O_9 + 4NaOH + 2S \tag{4-1}$$

④ 利用载氧催化剂 TQ 氧化 V^{4+} 使其获得再生，载氧催化剂由氧化态 TQ 变为还原态 THQ 而失去活性。

$$Na_2V_4O_9 + 4TQ + 2NaOH + H_2O \Longrightarrow 4NaVO_3 + 4THQ \tag{4-2}$$

⑤ 利用空气中的氧气使还原态的 THQ 由还原态变成氧化态 TQ 获得再生：

$$4THQ + O_2 \Longrightarrow 4TQ + 2H_2O \tag{4-3}$$

气体中含有 CO_2、O_2 时引起的副反应：

$$2NaHS + 2O_2 \Longrightarrow Na_2S_2O_3 + H_2O \tag{4-4}$$

$$Na_2CO_3 + CO_2 + H_2O \Longrightarrow 2NaHCO_3 \tag{4-5}$$

副反应消耗了碳酸钠，降低了溶液的脱硫能力，因此在生产过程中，应该尽量降低原料气中 CO_2、O_2 等的含量。为维持正常生产，必须废弃部分溶液，补充相应数量的新鲜脱硫液。

四、栲胶法脱硫工艺条件

1. 溶液组分

一般溶液组分根据入塔气量、气体中 H_2S 含量、气体净化度、溶液循环量等测定。通常用纯碱配制脱硫溶液时，总碱度为 0.2～0.3mol/L（以 Na_2CO_3 计），钒含量一般控制在 HS^- 含量的 2～2.5 倍；而栲胶含量则根据总钒含量确定，一般控制在：栲胶/钒＝1.1～4.3。栲胶浓度不能过高，一般不宜超过 4g/L，否则溶液胶性过大，影响硫的浮选和分离。

2. 温度

用纯碱吸收 H_2S 时，一定要严格控制溶液温度。正常情况下温度控制在 45℃左右。当温度高于 30℃时溶液吸收 H_2S 的速率很快，也相应加快了硫黄的析出，当温度高于 50℃时生成 $Na_2S_2O_3$ 的副反应也加剧，成倍增长，造成碱耗上升。

3. 溶液的 pH

H_2S 为原料气体，因此脱硫溶液必须保持一定的 pH，一般控制在 8.0～9.0 之间。pH 太低，不利于 H_2S 的吸收及栲胶溶液的氧化再生；pH 太高，会加快副反应，影响析硫速率，硫回收率下降，且碱耗增加。

溶液的 pH 可通过调整总碱度（即碳酸钠含量）来调节。

4. 再生空气量

正常情况下，要维持脱硫液与再生空气的比值为1∶(2～4)，气量太高，$Na_2S_2O_3$将被氧化成Na_2SO_4；气量太低，再生不完全，影响单质硫的析出，载氧催化剂不能完全再生，影响脱硫效率及化工原材料消耗。

再生空气的用量可通过调整喷射器再生器的个数或者喷射再生器的吸气口的开度来调节。

5. 压力

常压至3MPa范围内，提高吸收压力，气体净化度提高，加压操作可以提高设备的生产强度，减小设备容积，但同时增加了设备投资，加快了副反应反应速率，影响H_2S的吸收。因此实际生产中，吸收压力不宜过高，取决于原料气本身的压力。

6. 栲胶水溶液的预处理

在一定的操作条件下，按照一定组成配比形成的栲胶脱硫液，通过空气氧化，消除溶液的胶体性及发泡性，将其中的酚态栲胶氧化成醌态栲胶的操作过程称为溶液的预处理。处理方法如下。

（1）栲胶的溶解

① 溶液制备槽加脱盐水至适当的高度，一般液位在1/3～2/3之间。

② 打开蒸汽加热至100℃时关小蒸汽。

③ 打开搅拌机按1∶6的碱水比将碱投放至制备槽内溶解，待纯碱完全溶解后，停止搅拌和加热。

④ 用地下溶液泵将制好的碱液打入栲胶熟化槽。

⑤ 将栲胶按一定比例投入栲胶熟化槽的碱液中（栲胶∶纯碱∶水＝1∶50∶30或1∶4∶30），进行搅拌。

⑥ 开蒸汽加热，通入压缩空气氧化栲胶溶液充分皂化至消泡为止。此过程溶液温度要保持在75～90℃，时间控制在20～24h。一槽栲胶新液若分数天补入系统，在储存期间则应维持溶液温度在60～70℃之间，并通入少量空气，防止胶体聚合而使胶性下降。

⑦ 栲胶在热碱液中氧化降解较完全时，溶液颜色不再明显变浅，即可认为制备的预处理过程完毕。

（2）纯碱的溶解

① 溶液制备槽加软水至适当高度，一般液位在1/3～2/3之间。

② 开蒸汽加热至100℃，关小蒸汽。

③ 打开搅拌机按1∶5的纯碱∶水的比例投入纯碱在槽内溶解，待纯碱完全溶解后，停止搅拌和加热。

④ 根据系统需要，进行适量补充，打完碱液后，应用少许软水置换碱管，以防碱结晶堵塞管道。

⑤ 如果一次补充不完，槽内碱液应控制在60～70℃，防止碱沉淀结晶。

（3）钒的溶解

① 若原料为V_2O_5，则可在$1m^3$热水中先溶解100kg纯碱，然后加入25kg V_2O_5，搅拌加热至100℃煮沸30min，恒温至全部溶解、溶液清亮为止。

② 若原料为暗黄褐色，则其中含有较多的低价钒氧化物，不易溶解，碱水比例需调节为1∶6左右，以防未溶解部分进入系统后随硫泡沫滤出而损失。

③ 原料为偏钒酸钠或偏钒酸铵时，则易溶于水，将其投入热碱液中，搅拌至溶解即可。

7. 栲胶脱硫法的缺点

栲胶脱硫虽有它的优点，但尚有不足，具体表现在：

① 存在管道淤积硫问题。

② 不能脱除有机硫。

③ 溶液本身的胶体性能和发泡性对脱硫操作和硫回收不利。

④ 在脱高硫气体时脱硫效率低，特别是含有高挥发分燃料制得的高硫气体。

⑤ 当溶液中 Na_2SO_4 含量高于 40g/L 时，设备会发生腐蚀，高于 80g/L 时，腐蚀相当严重。

五、栲胶法脱硫岗位安全操作要点

1. 开车前的检查

① 查各设备、管线有无泄漏，阀门、电器、仪表是否好用齐全。

② 查系统溶液是否足够循环使用，各组分含量是否在指标之内。

③ 查水、电、汽保证供应，电机绝缘良好，泵轴承要注油。

④ 查各阀门开关情况：泵入口阀开，出口阀关，部分喷射器溶液阀开。

⑤ 由各有关负责人签署有关开车步骤、安全、技术等方面要求、意见。然后进行操作分工，在班组长及技术员指挥下协调一致，并有电工、钳工、仪表工等在现场，将工具备齐，随时检修。

⑥ 凡停泵时间超过一天者，都应检查电机绝缘，合格后联系送电。

⑦ 后启动脱硫泵和再生泵，检查出口压力是否正常，运转部位声音是否正常，静止部位是否振动，以及填料漏液量是否合适，待无问题后再打开出口阀门，至加满液量（根据电机电流判断）。

⑧ 分别调节脱硫泵和再生泵出口阀门使贫、富液量平衡，并保持各槽液位在指标之内。

2. 实际操作

① 根据溶液分析，按时或随时调整溶液组分含量，补碱、矾、栲胶脱硫剂（其中碱、矾可按分析差值补充，而栲胶要定量、定时补入系统）。

② 随时调整喷射再生槽液位，使硫泡沫及时溢流出来（清液较少）。

③ 每小时巡回检查一次，使温度、流量、压力等工艺条件都在指标之内，并认真填写记录报表，有问题随时处理或上报。

④ 当运转泵发生问题时，应及时倒泵，先通知有关人员，并做好开泵准备，再将备用泵开启，至无问题时打开出口阀门，同时关闭有问题泵出口阀，停泵，关入口阀，打开导淋阀，排液至地下槽，待修。

⑤ 交付检修，凡运转设备在交付检修前都应认真进行处理，将泵入、出口阀关严，设备内液排净，联系变电所断电，再交检修。

3. 停车

① 短时间减量或切气，则脱硫不必停车，可依时间长短适当减量，或保持原状，否则吸收再生液量减少后，一旦加量有时难以保证脱硫效果。

② 长时间停车，应先与有关人员联系好，分别关脱硫泵、再生泵出口阀门，停泵，关入口阀门，从泵导淋排液，切断上述泵电源，并定期盘车，将溶液分别存放在三个槽内，并检查有无泄漏处。冬天要保温，少排导淋，防冻堵。

4. 安全技术要点及安全措施

① 所有运转设备必须带安全罩。

② 脱硫溶液加减量时要注意各槽液位升降情况，加减量要均匀，防止跑液和抽空。

③ 高速运转设备禁止在其转动时擦拭。

④ 凡煤气系统动火，必须办理动火手续，$CO+H_2<0.5\%$ 为合格。

⑤ 电气设备着火，应迅速切断电源，积极采取抢修措施。

⑥ 上班前不得喝酒，上班后要衣帽整齐。

⑦ 溶液制备槽、池及所属设备应加密封盖，设置排气管。制备五氧化二钒溶液后，要及时洗澡，以防过敏中毒。

⑧ 脱硫塔、贫液槽及各水封、液封槽的液面必须保持正常，以防煤气窜入溶液系统而发生事故。

⑨ 必须经常检查各塔、器、槽的压差，定期清除塔板、液位计的沉积物。

六、生产中异常现象和处理方法

生产中异常现象和处理方法见表 4-2。

表 4-2　生产中异常现象和处理方法

现象	原　　因	处　理　方　法
脱硫效率低	(1)设备能力差 脱硫塔低，填料量少，传质面小，塔内喷头或溶液管堵，影响吸收，再生氧化能力低，或喷射少，或效率低，溶液得不到应有再生 (2)溶液组分含量低 总碱、栲胶、偏钒酸钠都低，或其中之一低 (3)操作不当 溶液循环量小，使气汽比低，脱硫塔内液喷淋密度小，溶液温度过低	(1)应彻底对设备进行改造，以适应高负荷生产。脱硫塔内增装大传质面的填料，安装高效喷射器，使溶液充分再生 (2)随时补充各原料组分使之在指标之内，防止溶液大量稀释，并保证各组分含量比例不失调，按要求定时定量定点加脱硫剂 (3)调整各泵打液量适宜，及时检修设备，保证适宜液汽比和均匀的喷淋密度。溶液温度控制在 35～45℃
再生氧化差	(1)喷射再生设备能力差 再生氧化槽小，喷射器少，喷射效率低，喷嘴、喉管堵 (2)再生泵压力低，流量小，再生液少，自吸空气少 (3)喷射器吸气口堵或阀开度小 (4)溶液组分含量低，或其中之一低 (5)栲胶制备差，脱硫剂使用不当	(1)更新改造设备，提高设备效率，及时清理喷射器 (2)换泵检修，保证泵出口压力为 0.6MPa，喷嘴内液压 0.4MPa 以上 (3)不应堵空气吸入口 (4)依生产负荷调整溶液循环量 (5)按要求补充各原料，栲胶组要以每天加入量为主，分析数据为参考
碱耗高	(1)溶液再生氧化差，富液中硫氢根高，进入再生槽后副反应加快 (2)溶液组分含量低，硫容低，或循环液量少，同样富液中硫氢根高 (3)原料气中氰化氢含量高，副反应快	(1)保证喷射器再生溶液效果，使析硫完全，减少反应析出液中 HS⁻ (2)调整溶液组分含量，保证溶液具一定硫容，提高吸收及再生液量 (3)暂无法解决此碱耗问题
栲胶耗高	(1)栲胶制备差，酚醌类少，为保证生产正常，致使栲胶加入量多 (2)栲胶脱硫剂加入方法不适 (3)总液量过大，要保证溶液具一定硫容，必须多补充栲胶	(1)保证栲胶制备条件充分 (2)按要求补充栲胶脱硫剂 (3)适当减少总液量，以能满足正常运行为准
总耗高	(1)泡沫池过滤效果差，硫膏中含液量过大，液损失大 (2)气量大，气速快，夹带液沫严重，同时分离回收差而损失 (3)总液量过大，管理不善，跑冒滴漏严重	(1)降低硫膏中含液量 (2)改造设备，在气体出口增加挡板或加分离装置 (3)降低总液量，加强管理及检修

任务小结

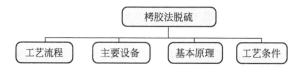

1. 合成氨原料气中的硫化物有哪些？为什么要进行脱硫？
2. 脱硫的方法有哪些？
3. 栲胶法脱硫的基本原理是什么？
4. 影响栲胶法脱硫的工艺条件有哪些？pH 如何影响脱硫？
5. 栲胶溶液为什么要进行预处理？怎么进行预处理？
6. 栲胶法脱硫的常用脱硫设备和再生设备有哪些？构造如何？
7. 栲胶法脱硫的开车步骤有哪些？
8. 栲胶法脱硫有哪些优缺点？

任务二 其他湿法脱硫

任务目标

根据湿式氧化法的基本原理，能够学会不同湿法脱硫工艺的工艺条件对该工艺的影响；根据脱硫工段的安全注意事项，做好相关防护工作；能够根据不同生产要求，选择正确的湿法脱硫方案，并能正确地处理生产中的小问题。

任务要求

➢ 知道湿式氧化法典型工艺的工艺条件的影响及正确的选择方法。
➢ 学会湿式氧化法典型工艺的工艺流程。
➢ 能够正确应用湿式氧化法典型工艺的主要设备。
➢ 能够正确描述湿式氧化法典型工艺的基本原理。
➢ 能说出脱硫工段的安全注意事项。

任务分析

对于无机硫含量比较高的原料气来讲，湿法脱硫有着显著的优点。首先脱硫剂为液体，易于输送；其次脱硫和再生在两个不同的设备进行并且副产硫黄；再次生产为循环流程，连续操作，对进口硫含量要求不高。

理论知识

一、ADA 法

1. 工艺流程

ADA 是蒽醌二磺酸的英文缩写，它是含有 2,6-蒽醌二磺酸钠或者 2,7-蒽醌二磺酸钠的一种混合体。早期的 ADA 法就是在碳酸钠的稀碱液中加入 ADA 氧化剂。后期在溶液中添加了适量的偏钒酸钠和酒石酸钾钠及三氯化铁进行改良，使吸收和再生速率大大加快，提高了溶液的硫容量，设备容积可大大缩小，取得了良好的效果，称为改良 ADA 法。

ADA 法脱硫工艺流程包括脱硫、溶液再生和硫黄回收三部分，根据溶液再生方法的不同，可以分为高塔鼓泡再生和喷射氧化再生。

（1）高塔鼓泡再生脱硫工艺流程　如图 4-8 所示，原料气体从脱硫塔底部进入，与塔顶上喷淋下来的栲胶溶液逆流接触，在很短的时间内与 H_2S 反应吸收，脱硫后的气体由塔顶分离器除去液滴后去下一个工序。脱硫后的富液由塔底出来进入富液槽，然后由循环泵加压送到再生塔底部，从塔底鼓入空气使溶液得到再生。再生后的溶液由再生塔底引出，经液位调节系统进入脱硫塔循环使用，尾气自塔顶放空。

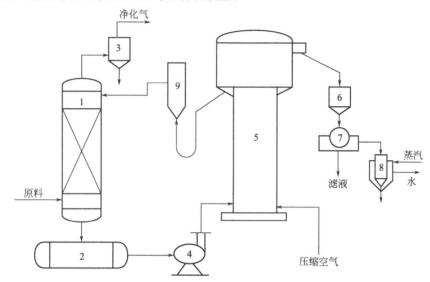

图 4-8　高塔鼓泡再生脱硫工艺流程

1—脱硫塔；2—富液槽；3—分离器；4—循环泵；5—再生塔；6—硫泡沫槽；

7—真空过滤机；8—熔硫釜；9—液位调节器

溶液中产生的单质硫呈泡沫状溢流至硫泡沫槽，经真空过滤机分离得到硫黄送至熔硫釜，加热熔融后注入模具，冷凝后得到固体硫黄。

（2）喷射再生法脱硫工艺流程　如图 4-9 所示，为防止硫黄堵塔，该脱硫塔上部为填料，下部采用空塔，以利于增大气液两相接触面积。具体工艺流程为：原料气自脱硫塔的底部进入，与塔顶喷淋下来的栲胶脱硫液进行逆流接触，吸收并脱除原料气中的硫化物，净化

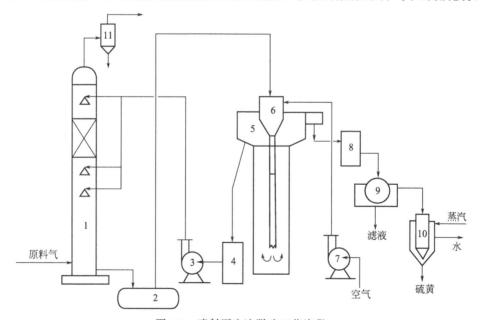

图 4-9　喷射再生法脱硫工艺流程

1—脱硫塔；2—反应槽；3—循环泵；4—溶液循环槽；5—浮选槽；6—喷射器；

7—空气压缩机；8—硫泡沫槽；9—真空过滤机；10—熔硫釜；11—分离器

后的气体经分离器脱硫，富液自塔底流出至反应槽，高速通过喷射器的喷嘴，与吸入的空气充分混合，使溶液得到再生，再生后的脱硫液由喷射器下部进入浮选槽，漂浮在浮选槽内的硫黄泡沫溢流至硫泡沫槽，经真空过滤，熔硫釜后，得到硫黄，脱硫液循环使用。

2. 基本原理

ADA 法脱硫的反应过程为在脱硫塔中，稀纯碱溶液吸收原料气中的 H_2S，生成 NaHS：

$$Na_2CO_3 + H_2S \Longrightarrow NaHS + NaHCO_3$$

该过程要求 pH 维持在 8.5～9.2 范围内。

在液相中，硫氢化钠与偏钒酸钠反应生成还原性焦钒酸钠，并析出单质硫：

$$2NaHS + 4NaVO_3 + H_2O \Longrightarrow Na_2V_4O_9 + 4NaOH + 2S\downarrow$$

氧化态 ADA 氧化焦钒酸钠，生成偏钒酸钠和还原态 ADA：

$$Na_2V_4O_9 + 2ADA(氧化态) + 2NaOH + H_2O \longrightarrow 4NaVO_3 + 2ADA(还原态)$$

再生塔内，还原态 ADA 被空气中的氧氧化为氧化态 ADA：

$$2ADA(还原态) + O_2 \longrightarrow 2ADA(氧化态) + 2H_2O$$

再生后的溶液循环使用。反应所消耗的碳酸钠由生成的氢氧化钠得到补偿：

$$NaOH + NaHCO_3 \Longrightarrow Na_2CO_3 + H_2O$$

在脱硫过程中，焦钒酸盐不能被空气直接氧化，但能被氧化态 ADA 氧化，还原态 ADA 能被空气直接氧化再生，因此 ADA 起了载氧体的作用，偏钒酸钠起了促进剂的作用。

当气体中含有 O_2、CO_2、HCN 时，会发生副反应。

副反应消耗了碳酸钠，降低了溶液的脱硫能力，因此生产中应尽量降低原料气中的氧、二氧化碳及氰化氢的含量。当副反应进行到一定程度后，必须废掉一部分脱硫液，补充新鲜的脱硫液。

3. 工艺条件

ADA 溶液的组成、pH、温度、压力等对脱硫和再生过程有很大的影响。

（1）溶液的组成

① 溶液的 pH。一般 ADA 法脱硫溶液的 pH 维持在 8.5～9.2 较为合适。

pH 升高，吸收 H_2S 速率加快，但 pH 过高，加快副反应速率。

溶液的总碱度和碳酸钠浓度是影响 pH 的主要因素。目前国内在净化低硫原料气时多采用总碱度为 0.4mol/L、碳酸钠为 0.1mol/L 的稀溶液。随原料气中硫化氢含量的增加，可相应提高溶液浓度，直到采用总碱度为 1.0mol/L、碳酸钠为 0.4mol/L 的浓溶液。

② $NaVO_3$ 的含量。$NaVO_3$ 作为该脱硫反应的促进剂，它的用量决定了析硫反应速率的快慢，实际生产中 $NaVO_3$ 的用量一般为 2～5g/L。

③ ADA 用量。作为载氧体的 ADA，在工业生产中的用量一般是 $NaVO_3$ 的 2 倍左右，浓度一般为 5～10g/L。

④ 溶液中其他组分的含量。偏钒酸盐与硫化氢反应相当快，但当出现硫化氢局部过浓时，会形成"钒-氧-硫"黑色沉淀。添加少量酒石酸钠钾可防止生成"钒-氧-硫"沉淀。酒石酸钠钾的用量应与钒浓度有一定比例，酒石酸钠钾的浓度一般是偏钒酸钠钾的一半左右。

（2）温度　吸收和再生过程对温度均无严格要求。一般情况下温度在 15～60℃ 范围内均可正常操作。但温度太低，一方面会引起碳酸钠、ADA、偏钒酸钠盐等沉淀；另一方面，温度低吸收速率慢，溶液再生不好。温度太高时，会使生成硫代硫酸钠的副反应加速。通常溶液温度需维持在 40～45℃，这时生成的硫黄粒度也较大。

（3）压力　脱硫过程对压力无特殊要求，由常压至 68MPa（表压）范围内，吸收过程均能正常进行。吸收压力取决于原料气的压力。加压操作对二氧化碳含量高的原料气有更好的适应性。

（4）再生停留时间　再生塔内通入空气氧化 ADA，并且使硫泡沫悬浮在溶液表面，以便捕集回收，其反应速率受再生停留时间的影响。高塔再生氧化停留时间一般为 25～30min，喷射再生一般为 5～10min。

二、氨水对苯二酚法

氨水对苯二酚法又称为氨水液相催化法，用含有少量对苯二酚（载氧体）的稀氨水溶液脱除原料气中的 H_2S。

1. 工艺流程

目前应用比较广泛的是喷射再生流程。

图 4-10 为喷-喷-湍三塔串联脱硫喷射再生流程。原料气由喷射塔 1 顶部进入，与脱硫液接触，脱除了部分硫化氢由塔底引出，进入喷射塔 2 继续脱硫。从喷射塔 2 出来后进入湍动塔脱硫，进一步脱除 H_2S 后进入下一个工段。

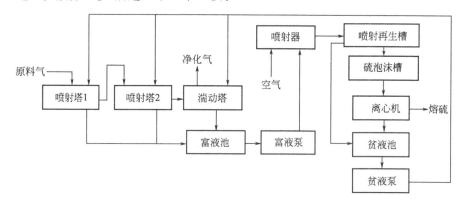

图 4-10　喷-喷-湍三塔串联脱硫喷射再生流程方框图

吸收了 H_2S 的富液汇集到富液池，用富液泵送至喷射器后进入喷射再生槽，与自吸入的空气氧化后再生。再生贫液流至贫液池循环使用。再生槽溢流出来的硫泡沫到硫泡沫槽，经离心机分离后送至熔硫岗位。

2. 基本原理

总反应式为：$NH_4HS + \dfrac{1}{2}O_2 \xrightarrow{\text{载氧体}} NH_4^+ + OH^- + S$

半水煤气中 CO_2 的含量比 H_2S 高，氨水为碱性，在吸收 H_2S 的同时会吸收部分 CO_2，如果吸收 CO_2 过多，则会影响脱硫效率及气体净化度。因此，如何使氨水选择性地吸收 H_2S 非常重要。生产中针对氨水吸收 H_2S 和 CO_2 吸收速率上的差异，使用新型高效传质设备，增大气液接触面积，快速更新气液界面，提高气流速度，减小气液接触面积。

3. 工艺条件

（1）氨水浓度　氨水吸收 H_2S，提高氨水浓度可以增大脱硫效率。但是原料气中 CO_2 的吸收率也会提高，容易生成碳酸氢铵结晶，引起管道及设备堵塞。因此，在保证脱硫效率的情况下，氨水浓度要尽可能低一些。生产中氨水的浓度一般为 0.5～1mol/L。

（2）氨水中残硫与悬浮硫　残硫是指再生贫液中的 H_2S 含量。残硫值越大，原料气的脱硫效率越低。通常要求再生贫液中 H_2S 含量要小于 0.1g/L。

悬浮硫指再生贫液中未能分离的单质硫。悬浮硫的高低取决于硫泡沫的分离效果，悬浮硫太高会增加输送难度，甚至造成管道等堵塞，影响脱硫效率。因此要控制悬浮硫含量小于5g/L。

（3）再生空气用量　再生空气一方面提供反应所需要的氧气，另一方面起到浮选硫黄的作用。再生空气用量大对再生反应有利，硫泡沫分离效果好。但用量过大，反而硫泡沫分离效果变差，动力消耗也变大，副反应增多，氨损失增加。理论上每氧化生成 1kg 硫需要空气 1.67m³，实际用量要大于理论用量。

（4）温度　吸收 H_2S 的反应为放热反应，降低温度对吸收有利，温度低，氨水液面上氨的平衡分压低，出塔气中氨含量降低，氨损失量小。

但是温度低于 15℃ 会影响氨水吸收硫化氢的选择性，所以一般吸收温度在 18～20℃。较高的温度有利于硫黄的分离，使析出的硫易于凝聚，但温度过高对生成硫代硫酸铵副反应有利。因此再生时温度以 30～35℃ 为宜。

三、PDS 法

该法采用高活性的 PDS 催化剂代替 ADA。PDS 是酞菁钴酸钠盐类化合物的混合物，这种催化剂也被称为 TS-8505 高效催化剂。

1. 工艺流程

来自粗苯的温度为 30～35℃ 的煤气依次进入 2 台串联的脱硫塔底部，与塔顶喷淋的脱硫液逆向接触，脱除煤气中的大部分 H_2S。从 2 台脱硫塔底排出的脱硫液经液封槽进入溶液循环槽，用循环泵将脱硫液分别送入 2 台再生塔底部，与再生塔底部鼓入的压缩空气接触使脱硫液再生。再生后的脱硫液从塔上部经液位调节器流回脱硫塔循环使用，浮于再生塔顶部扩大部分的硫泡沫靠液位差自流入硫泡沫槽，用泵将硫泡沫连续送往离心机，离心后的硫膏外运，离心液经过低位槽返回脱硫系统，工艺流程见图 4-11。

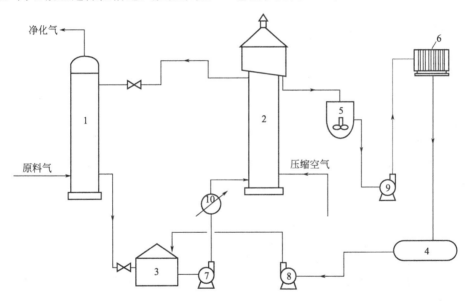

图 4-11　PDS 法脱硫的工艺流程

1—脱硫塔；2—再生塔；3—循环槽；4—低位槽；5—泡沫槽；6—离心机；7—溶液循环泵；
8—回收泵；9—泡沫泵；10—溶液换热器

PDS 法的优点是脱硫效率高，在高效脱除 H_2S 的同时，还能脱除 60% 左右的有机硫，生成的硫黄颗粒大，便于分离，硫回收率高，不堵塔，成本显著降低。

2. 工艺条件

PDS 碱法脱硫包括气体进入液体的扩散过程，也包括化学反应过程。影响扩散的因素有温度、液气比、传质面积、脱硫液浓度等；影响化学反应的因素包括脱硫液组成、温度、化学反应种类、反应进行程度等。为保证脱硫系统的正常生产，在脱硫过程中必须控制好以下工艺条件。

（1）温度　吸收反应是放热反应，当脱硫液温度较高时，会加速副盐的生成，脱硫效率会随吸收液温度的升高而下降。实践表明，脱硫液温度每升高 2～3℃，脱硫效率下降 4%～5%。但脱硫液的温度过低会影响再生效果。因此，生产中原料气的温度保持在 30～35℃，脱硫液温度控制在 35～40℃，使脱硫液温度高于煤气温度 3～5℃。

（2）碱含量　脱硫液中的碱含量直接影响脱硫效率。

PDS 法理论上是不消耗碱的，但实际生产中由于副反应的发生，会损失一部分碱，故需要定期向脱硫液中补充碱，一般脱硫吸收液碱含量应控制在 4～5g/L。

（3）液气比　增大液气比有利于提高吸收推动力和脱硫效率。但液气比不宜过大，否则脱硫效率增加不明显，还增加泵的动力消耗。

（4）二氧化碳　脱硫吸收硫化氢的同时还伴随吸收 CO_2 的反应，使脱硫效率降低。但 CO_2 与碱的反应速率比硫化氢慢得多。因此缩短气液接触时间，提高气速，有利于脱硫液选择性吸收硫化氢，一般将气液接触时间控制在 5s 内，延长接触时间则会增加二氧化碳的吸收量。

（5）再生空气量与再生时间　氧化 1kg 硫化氢的理论空气量为 $2m^3$。在生产过程中，由于浮选硫泡沫的需要，每台再生塔的鼓风强度控制在 3000～3500m^3/h。为了保证再生反应的充分进行，再生时间控制在 12min 左右。

（6）脱硫液的 pH　脱硫液的组分决定了脱硫效率的高低，一般 pH 控制在 8.0～8.2，PDS 浓度控制在 $(35～40)×10^{-6}$。

（7）原料气中杂质对脱硫效率的影响　原料气中的杂质容易堵塞塔，增大系统阻力，使脱硫液发泡变质，对脱硫液的吸收和再生造成很大影响。

四、KCA 法

KCA 是一种脱硫催化剂，将其溶解于碱性水溶液即为脱硫液。KCA 是一种活泼的载氧体，在 KCA 脱硫液中加入 $NaVO_3$，脱硫性能更强。其工艺特点：原料易得，价格低廉，脱硫效率高，脱硫液稳定，不存在堵塔的问题，腐蚀性小。

原料气由脱硫塔自下而上与塔顶喷淋的 45℃脱硫液逆流接触，使气体中的 H_2S 降到 $25×10^{-6}$ 以下，净化后的煤气从脱硫塔顶部出去，再经塔后分离器分离气体夹带溶液后，进入脱硫气总管。

自脱硫塔底部出来的脱硫溶液，经调节阀后，减压进入再生塔上部。塔底送入压缩空气与溶液逆流接触进行氧化，使溶液再生。悬浮出来的硫泡沫自再生塔顶溢流至硫泡沫槽，再生后溶液自塔底流入溶液储槽，再经溶液泵打入脱硫塔进行循环使用。

硫泡沫在硫泡沫槽中加热至 70℃，使硫颗粒度增大，经真空过滤机过滤，得到含硫 40%～50% 的硫膏，在熔硫釜中加热至 135～145℃熔融，最后获得纯度为 95% 以上的硫黄副产品。

真空过滤机出来的脱硫液经真空滤液收集器入地下槽，分离后的气体经真空泵后放空。真空过滤系统由真空泵抽真空，工艺流程见图 4-12。

五、本岗位安全技术要点及环保措施

1. 本工段存在的有害物质

有害物质有 H_2S、SO_2、CO、S、O_2。

（1）H_2S 的物理性质　H_2S 是一种无色、具有臭鸡蛋气味的可燃性剧毒气体。低浓度时对呼吸道及眼的局部刺激作用明显，高浓度可引起急性肺水肿及使呼吸与心脏骤停，严重中毒引起痉挛、昏迷、甚至死亡。慢性中毒可引起神经衰弱，伴发心动过速或过缓，食欲减退，恶心与呕吐等。空气中混有 1/100000 就能被察觉到，达到 1/2000 就会引起中毒，浓度

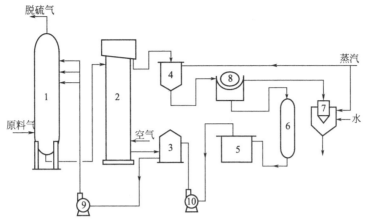

图 4-12　KCA 法脱硫工艺流程图

1—脱硫塔；2—再生塔；3—溶液储槽；4—硫泡沫槽；5—地下槽；6—滤液收集器；
7—熔硫釜；8—过滤机；9—脱硫泵；10—地下槽泵

大时气味不显著，甚至无味。H_2S 为强刺激性有毒气体。根据职业性接触毒物危害程度分级标准，硫化氢的危险程度为 Ⅱ 级，属于高度危害。在车间空气中的极限允许浓度为 $10mg/m^3$。

H_2S 的熔点为 $-85.6℃$，沸点为 $60.75℃$。在空气中自燃点为 $246℃$，在氧气中为 $220℃$。与空气混合爆炸极限范围：上限 45.50%，下限 4.30%。

（2）SO_2 的物理性质　SO_2 具有强烈刺鼻气味和强烈涩味，无色、有毒、易窒息、易液化。空气中允许的最高浓度为 $20mg/m^3$。

SO_2 的熔点为 $75.5℃$，沸点为 $10.02℃$。

（3）硫单质的物理性质　硫黄是一种淡黄色的晶体，有两种存在形态：菱形硫（熔点 $110.2℃$），它能稳定存在；单斜晶硫（熔点 $114.5℃$）。硫晶体的熔点 $112\sim120℃$，沸点 $444.6℃$，自燃点 $232℃$，密度为 $1.96\sim2.07g/mL$。

（4）O_2 的物理性质　在常温常压下 O_2 是无色、无味、无臭的气体。在 $0℃$ 和 $101.3kPa$ 下，氧气的密度是 $1.429g/L$，微溶于水，液态氧是淡蓝色的，沸点为 $-183℃$，熔点为 $-218.4℃$。氧是一种化学性质活泼的元素，几乎能和所有其他元素直接或间接化合形成氧化物。

2. 环保措施

① 防高压、高温、灼伤、中毒。

② 严禁泵抽空和出现溢流，严禁塔系统液位过高或过低，严防带液入原料气燃烧炉。

③ 严禁催化剂超温、燃烧炉超温。

④ 穿戴好劳保用品，会正确使用安全防毒器具和消防器材。

⑤ 严禁吸烟和酒后上岗。

⑥ 持安全作业证上岗，持动火证动火。

⑦ 杜绝生产中的跑冒滴漏，当有有毒气体泄漏时，必须检修。设备、阀门或管道泄漏时应有明显标示。工作时要站在上风口，或戴防毒面具并有专人监护。

⑧ 认真学习防火规程，会使用干粉灭火器，气体着火先切断气源。

⑨ 厂房通风良好，有毒物质限制在允许浓度之下。发现有人中毒，应立即使中毒者脱离中毒区，移至空气新鲜处，及时进行抢救。

⑩ 进入设备内检修要进行安全分析，合格后方可进入，并有专人监护。

⑪ 定期检查爆炸危险场所的电气设备，保证绝缘良好，并符合防爆要求。

⑫ 确保系统的安全联锁、报警、紧急停车开关等灵敏可靠，并定期进行校验。

⑬ 设备交出检修时应做好断电、断气、泄压、置换、清洗等工作。

⑭ 系统充压、泄压过程应控制一定速率，避免速率过快损坏设备或产生静电着火。

任务小结

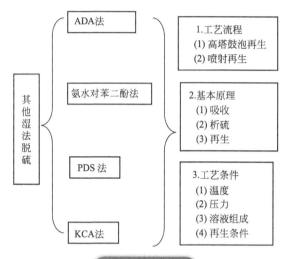

思考与练习

1. 什么是湿式氧化法？

2. ADA 法的脱硫原理是什么？为什么容易发生堵塞现象？

3. 湿式氧化法的再生过程为什么要用空气？

4. 怎样提高氨水吸收硫化氢的选择性？

5. 影响 ADA 脱硫的工艺条件有哪些？

6. 画出 ADA 脱硫的工艺流程，并指出各设备的名称和作用。

7. 指出 PDS 的相关影响工艺条件。

8. 对比不同脱硫工艺的工艺特点。

资源导读

湿式氧化法脱硫堵塔的问题

湿式氧化法脱硫应用以来，堵塔现象一直是一个比较突出的问题，特别是夏季温度的影响对于脱硫工段更是个考验，虽然许多新型脱硫催化剂，已具备清塔洗堵的能力，然而堵塔现象仍是脱硫行业目前普遍关注的焦点。

1. 工艺方面

① 湿式氧化法脱硫的理论基础是双膜理论，用碱液吸收硫化氢的反应属于气膜控制。因此，在常压半水煤气脱硫工艺中，采用了各种塔型及内件来破坏气膜，增强传质效果，但是在变换气湿式氧化法脱硫工艺中，变换气中 CO_2 的浓度高达 25% 左右，且都在加压条件下进行，导致 CO_2 与碱液的反应加剧，碱耗增高，降低了 H_2S 的吸收速率，因此变换气脱硫工艺应采用较高空速、较短的气液接触时间来抑制 CO_2 的吸收，选择性地吸收 H_2S。

② 温度低时各种盐类副产物会析出结晶，导致堵塔。当副产物增加时，要及时采取措

施，以防盐堵。特别是溶液中 Na_2SO_4 的含量一般不要超过 40g/L，它超标不仅会造成盐堵，更严重的是将引起设备严重腐蚀。

③ 熔硫操作不当或熔硫装置本身有问题，造成残液中夹带的硫颗粒及泡沫未经沉淀、过滤、分离处理又返回系统内，最终返回塔内。

④ 做好气体入塔前的净化，入塔前气体要洗涤除尘，静电除焦，清除掉可能带入脱硫装置中的杂物、煤屑，做好气水分离，防止洗涤水带入脱硫系统，补水及溶液制备要使用脱盐水。

⑤ 入脱硫塔气体最好不要超过 45℃，因为气体的溶解度与温度成反比。温度较高（特别是超过 50℃），脱硫液的黏度和表面张力明显下降，硫颗粒较难吸附在其表面，且气泡扩散到界面后也极易破碎。

⑥ 再生空气量不够 [一般要求在 $50\sim80m^3/(m^2 \cdot h)$]，或再生设备不配套，再生槽内硫泡沫浮选困难，再生和分离效率差，使贫液中悬浮硫高，若长时间运行很容易形成塔堵，悬浮硫含量应严格控制≤1g/L。

2. 设备方面

① 脱硫塔的直径和高度不能只根据气速和气量确定。

② 填料质量差，容易在变脱塔填料段发生硫堵现象，同时也易造成溶液分布器的堵塞。另外吸收塔填料下部网孔太密时，填料一旦出现破碎，最易在此出现硫膏层。

③ 脱硫塔除沫器由于长时间不清理或者气沫夹带等造成积流堵塞。

④ 脱硫塔的结构本身有问题，如填料选择不当或塔的液体分布器结构或安装不合理，很容易使溶液偏流或分布槽本身积流而造成堵塔。

⑤ 脱硫塔填料以三段装填为好，段间应设气液再分布部件，填料以散装鲍尔环填料为主，下段填料宜选大规格以防堵。

造成脱硫堵塔的原因很多，需要全面分析各个脱硫工段的细小操作来稳定脱硫工段，而不影响生产。

任务三　干法脱硫

任务目标

能理解干湿法脱硫的不同，根据不同的干法脱硫生产工艺，选择适宜的精脱硫生产工艺。通过干法脱硫的原理，根据反应原理及化学平衡，得出最适应的反应条件，并学会正确的操作方法。

任务要求

➤ 学会干法脱硫的原理。

➤ 知道硫容等的定义，学会应用干法脱硫的工艺条件。

➤ 初步学会干法脱硫的注意事项。

➤ 能够描述干法脱硫的基本工艺流程。

任务分析

干法脱硫的脱硫剂为固体，该法的优点是既能脱除 H_2S，又能除去有机硫，缺点是再生比较麻烦或难以再生，回收硫黄困难。一般干法脱硫在湿法脱硫之后，作为精细脱硫，主要脱除原料气中的有机硫。干法脱硫在有机硫脱除中显得十分重要。

理论知识

一、氧化锌法

ZnO 是一种内表面积大、硫容量高的固体脱硫剂，能以极快的速率脱除原料气中的 H_2S 和部分有机硫，净化后的原料气中硫含量可降至 $0.1 cm^3/m^3$ 以下。但由于再生困难，且价格昂贵，被广泛用作精细脱硫。

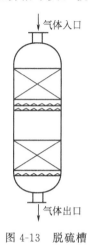
气体入口

气体出口

图 4-13　脱硫槽

氧化锌脱硫剂以 ZnO 为主体，加入少量 MnO_2、CuO 或者 MgO 等助剂。使用氧化锌脱硫剂时，为了提高活性，使用前要经过还原处理，还原介质为 H_2 或者 CO。停车生产时，氧化锌脱硫剂不需要进行钝化处理，只需要降至常温、常压后卸出即可。

1. 主要设备

脱硫槽为钢板制成的圆筒形设备，高径比约为 3∶1（图 4-13）。催化剂分两层装填，上层催化剂铺设在由支架支撑的箅子板上，下层催化剂装在耐火球和镀锌铜丝网上。为使气体分布均匀，脱硫槽上部设有气体分布器，下部有集气器。

原料气经换热后进入脱硫槽，靠近入口的氧化锌先饱和，当饱和层接近出口时，开始漏硫。通常将氧化锌装在两个双层的串联设备里，每年更换一次入口的氧化锌，将出口的氧化锌移装至入口，出口处换上新的氧化锌作为保护层。

2. 基本原理

（1）脱硫反应　氧化锌脱硫剂能直接吸收 H_2S 和 RSH，反应过程为：

$$H_2S + ZnO = ZnS + H_2O \tag{4-6}$$

$$C_2H_5SH + ZnO = ZnS + C_2H_4 + H_2O \tag{4-7}$$

$$H_2 + C_2H_5SH + ZnO = ZnS + C_2H_6 + H_2O \tag{4-8}$$

当气体中有 H_2 存在时，CS_2、COS 等有机硫化物先转化成 H_2S，然后再被氧化锌吸收，反应方程为：

$$COS + H_2 = H_2S + CO \tag{4-9}$$

$$CS_2 + 4H_2 = 2H_2S + CH_4 \tag{4-10}$$

氧化锌不能脱除噻吩，所以氧化锌能全部脱除 H_2S，脱除部分有机硫。

（2）脱硫反应的平衡与反应速率

① 化学平衡。温度降低，平衡常数增大对脱硫反应有利，水蒸气浓度和温度对 H_2S 浓度的影响如表 4-3 所示。

表 4-3　水蒸气含量和温度对 H_2S 浓度的影响　　　单位：cm^3/m^3

水蒸气/%	温度/℃			
	200	300	350	400
0.5	0.000025	0.0008	0.0029	0.009
5	0.00027	0.008	0.030	0.095
10	0.00055	0.018	0.065	0.22
30	0.0021	0.070	0.250	0.77
50	0.005	0.160	0.580	1.80

由表 4-3 可知，温度越低，水蒸气含量越少，H_2S 平衡浓度越低，对脱硫越有利，所以吸收 H_2S 的反应在常温下就可以进行。

② 反应速率。随着温度、压力的升高，反应速率显著加快。

3. 工艺条件

评价氧化锌脱硫剂的一个重要指标就是"硫容量"。硫容量分为质量硫容和体积硫容两种。质量硫容是指单位质量脱硫剂吸收硫的量，体积硫容是指单位体积脱硫剂所能吸收的硫，单位为 kg/m^3 或者 g/L。硫容量不仅与脱硫剂本身的性能有关，而且与操作温度、空速、汽气比和氧含量有关。根据实验获得，原料气中空速和汽气比增大，氧含量升高时，硫容会降低；而温度升高时，硫容会上升，但温度过高时，硫容会下降，因此实际生产中，氧化锌使用温度在 $200\sim400℃$ 之间。

4. 氧化锌脱硫剂的装填和使用

（1）氧化锌脱硫剂的装填　脱硫剂的装填直接影响使用效果，必须引起足够的重视。

① 装填之前，应将氧化锌脱硫剂过筛，以除去运输及装卸过程中产生的粉尘。

② 计算好每层装填量，氧化锌脱硫剂应分为两层或三层装填，每层高度≥1m，总高径比以 $2.0\sim3.0$ 为宜（最好在 2.5 左右）。

③ 在氧化锌脱硫槽的算子板上先铺上一层 $10\sim12$ 目的不锈钢丝，在丝网上面铺一层厚 50mm、$\phi20\sim30mm$ 耐火球后再铺一层 $10\sim12$ 目的不锈钢丝网，然后装填氧化锌脱硫剂。气体若是下进上出，则为防止气体吹翻床层，氧化锌脱硫剂上面先铺一层 $10\sim12$ 目的不锈钢丝网，再铺厚 100mm、$\phi20\sim30mm$ 耐火球或焦炭压紧，焦炭上面应用算子板固定。

④ 使用专门的装填工具，卸料管应能自由转动，使物料能均匀装填在反应器四周，严禁从某一固定部位倒入氧化锌脱硫剂，以防止装填不匀。

⑤ 装填过程中，禁止脚踏氧化锌脱硫剂，可用木板垫在料层上，再进入塔内扒料和检查装填情况。

⑥ 严禁气体带液进入脱硫槽与报警器或液位计，塔身装导淋，以利于床层进水后及时排水，塔前必须设有足够能力的汽水分离器。

（2）开车

① 开车前全面检查各设备、管道、阀门、仪表等安装得是否正确。

② 进行水压试验和气密性试验。

③ 用原料气置换系统，使 O_2 含量小于 0.5%。

④ 慢慢升压至与系统平衡，打开进、出口阀门，最后关闭副线即可。

二、钴钼加氢法

钴钼加氢法作为脱除有机物的预处理方法，主要是将所有的有机硫加氢转化成容易脱除的 H_2S，然后配合 ZnO 脱硫剂除去。该法的主要成分是 MoO_3 和 CoO，载体为 Al_2O_3。

1. 工艺流程

（1）钴钼加氢-氧化锌脱硫工艺流程　原料气中硫含量较高时，原料气与 H_2 混合后进入预热炉，预热至 $350\sim400℃$ 进入一、二段脱硫槽，一段脱硫槽装填氧化锌脱硫剂，二段脱硫槽上层装填钴钼催化剂，下层装填氧化锌脱硫剂（图 4-14）。

（2）加氢串氧化锌脱硫流程　原料气中硫含量较低时，将原料气预热到 $350\sim400℃$ 与 H_2 混合后，先通过一个钴钼加氢转化器，将原料气中的有机硫转化成 H_2S，然后再进入两个串联的氧化锌脱硫槽（图 4-15）。第一氧化锌脱硫槽进行脱硫反应，第二脱硫槽起保护作用，也就是双床串联倒换操作法。

2. 基本原理

（1）反应原理　在 $300\sim400℃$ 温度下，采用钴钼加氢脱硫催化剂，使有机硫与氢反应

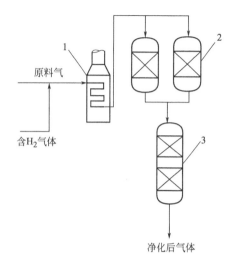

图 4-14　钴钼加氢-氧化锌脱硫工艺
1—预热炉；2—氧化锌脱硫槽；3—钴钼-氧化锌脱硫槽

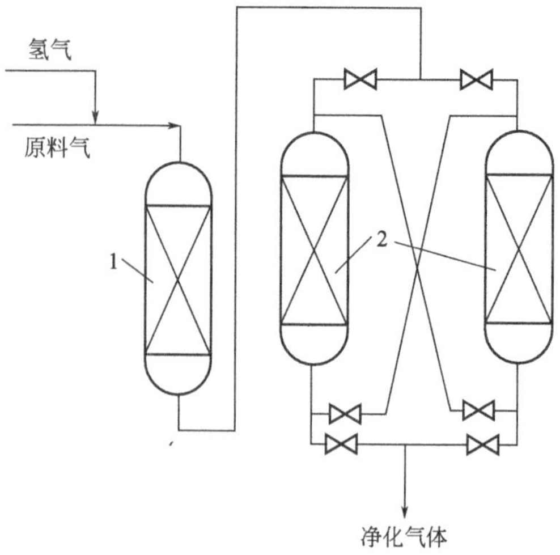

图 4-15　加氢串氧化锌脱硫流程
1—钴钼加氢脱硫槽；2—氧化锌脱硫槽

生产容易脱除的硫化氢和烃。再用氧化锌吸收硫化氢，即可达到较好的脱硫效果。

反应式为：

$$R\!-\!SH+H_2 =\!=\!= RH+H_2S \tag{4-11}$$

$$R\!-\!S\!-\!R'+2H_2 =\!=\!= RH+R'H+H_2S \tag{4-12}$$

$$COS+H_2 =\!=\!= CO+H_2S \tag{4-13}$$

$$CS_2+4H_2 =\!=\!= CH_4+2H_2S \tag{4-14}$$

$$C_4H_4S+4H_2 =\!=\!= C_4H_{10}+H_2S \tag{4-15}$$

其中噻吩加氢转化反应速率最慢，在有机硫的转化过程中起决定性作用。

（2）钴钼加氢脱硫剂的硫化预处理　钴钼加氢脱硫剂使用前需要进行硫化才能有活性。

$$MoO_3+2H_2S+H_2 =\!=\!= MoS_2+3H_2O \tag{4-16}$$

$$9CoO+8H_2S+H_2 =\!=\!= Co_9S_8+9H_2O \tag{4-17}$$

该催化剂的活性组分为 MoS_2 和 Co_9S_8。 (4-18)

有机硫加氢转化的反应是强放热反应，副反应也是强烈的放热反应，为避免反应超温，应尽量避免副反应发生。因此钴钼催化剂的使用要求原料气中一氧化碳的含量小于 3.5%，二氧化碳含量小于 1.5%。

3. 工艺条件

操作温度一般维持在 350～430℃ 之间，压力 0.7～7MPa，入口空间速度为 500～1500h^{-1}，加入的氢气量一般要维持反应后气体中含有 5%～10% 的氢。

三、活性炭法

活性炭法历史悠久，具有硫容大、脱硫效率高等优点，现在采用过热蒸汽再生，克服了硫化铵再生的缺点，广泛应用于：①脱除半水煤气中的硫化物；②脱除天然气、焦炉气中的硫化物；③脱除变换气或者碳化气中的硫化物。

1. 工艺流程

如图 4-16 所示，两个活性炭吸附器并联使用，一个脱硫，一个再生后备用。半水煤气自上而下进入活性炭吸附器，脱硫后从吸附器顶部离开。

由锅炉来的饱和蒸汽经电加热器加热至 400℃ 左右，通过活性炭吸附层，使硫黄熔融或者升华，伴随蒸汽由吸附器底部出来，进入硫回收槽冷却沉淀，与水分离后得到副产物硫黄。

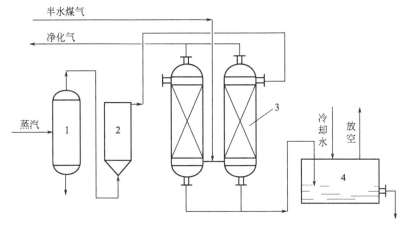

图 4-16　活性炭脱硫及再生工艺流程

1—汽水分离器；2—电加热器；3—活性炭吸附器；4—硫黄回收槽

2. 基本原理

(1) 脱硫原理　活性炭法能有效脱除原料气中的 H_2S 和有机硫化物。原料气加入少量氧气和氨气后通入活性炭层，在氨和活性炭的催化下，发生以下反应：

$$2H_2S+O_2 = 2H_2O+2S \tag{4-19}$$

$$2COS+O_2 = 2CO_2+2S \tag{4-20}$$

$$COS+2O_2+H_2O+2NH_3 = (NH_4)_2SO_4+CO_2 \tag{4-21}$$

$$COS+2NH_3 = (NH_2)_2CS+H_2O \tag{4-22}$$

$$4CH_3SH+O_2 = 2CH_3SSCH_3+2H_2O \tag{4-23}$$

在脱硫的同时，部分氨与气体中的 CO_2、H_2S、O_2 发生如下副反应：

$$NH_3+CO_2+H_2O = NH_4HCO_3 \tag{4-24}$$

$$2NH_3+H_2S+2O_2 = (NH_4)_2SO_4 \tag{4-25}$$

生成的 NH_4HCO_3 和 $(NH_4)_2SO_4$ 覆盖在活性炭的表面，使炭层阻力增大，活性降低。在脱硫过程中，活性炭兼有催化及吸附作用。

(2) 再生原理　饱和蒸汽加热至 $400\sim500℃$，进入活性炭层，高温下硫黄解吸，随蒸汽一起从吸附器底部出来，进入硫黄回收槽冷却，得到产品硫黄。

3. 工艺条件

(1) 氧的含量　氧气能将硫化物氧化从而除去，但是加入量不能超过理论需要量的 50%。

(2) 氨的含量　氨能加快活性炭的脱硫速率，提高硫容，并且直接参与脱除有机硫的化学反应。脱除 H_2S 时，氨的含量为 $0.1\sim0.25g/m^3$；脱除有机硫时，氨的含量不得少于有机硫量的 $2\sim3$ 倍。

(3) 温度　活性炭脱硫的最适宜温度为 $30\sim50℃$。

脱除硫化物的过程放出大量的热，生产实际表明，从 $1m^3$ 原料气中脱除 $1g$ 硫，温升高达 $5℃$ 左右。

(4) 相对湿度　当 H_2O 凝结在活性炭表面时，由于 H_2S 极易溶于水，会溶解在水中，加速脱硫过程。因此室温下脱硫时，要求气体的相对湿度维持在 80%~100%。

(5) 其他　研究发现，在活性炭中加入铁、锰、铜等元素化合物时，能显著提高活性炭的硫容和脱硫效率。例如：当活性炭中含有 0.3%~1.5% 的氧化铁时，硫容将提高 15% 左右。

4. 干法脱硫岗位安全操作及环保措施（氧化锌为例）

① 严格执行各项安全生产制度及安全技术规程，严禁违章操作。

② 界区内严禁烟火。动火前必须办理动火证，采取必要的安全措施后方可进行。

③ 界区内不能堆放易燃易爆物品。

④ 各仪表、消防、防护用具均须定期校正、检验保证好用。

⑤ 熟知消防、防护电话号码，发现中毒现象或着火爆炸时及时联系处理。

⑥ 生产操作中发生意外事故和泄漏时，操作人员要迅速果断地采取正确措施，将事故和损失降到最低，不得拖延或消极对待；事故过大时要如实向车间汇报。

⑦ 禁止用F扳手或其他钝器敲打设备、管道等，防止产生静电或火花。

⑧ 严禁超温超压操作，在对煤气管道、设备进行放空、泄压、置换时必须站在上风区，防止煤气中毒，且在泄压、充压过程中，必须控制好速率，防止事故发生。

⑨ 进入有毒有害气体场所作业时，作业人员必须配戴好相应的防护用品，方可进入。

⑩ 操作人员必须熟知产品物化性质和毒性，掌握消防用具和防护器材的使用方法。

任务小结

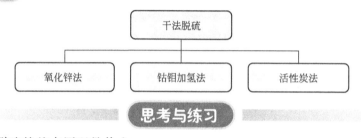

思考与练习

1. 氧化锌脱硫的基本原理是什么？

2. 简述活性炭法脱硫的原理。脱硫后活性炭如何再生？

3. 影响硫容的因素有哪些？如何影响？

4. 钴钼加氢法脱硫的基本原理是什么？

5. 钴钼加氢能独立脱硫吗？什么场合使用钴钼加氢法脱硫？

6. 简单画出活性炭脱硫的方框流程图。

任务四　硫黄回收

任务目标

能根据硫黄回收的反应原理及特点，从化学平衡及工艺条件角度分析，总结出适宜的回收方法，能根据基本的生产流程，进行正确的岗位操作，能解决生产中的小事故。

任务要求

➢ 了解硫黄回收工艺的重要性。

➢ 学会克劳斯、超级克劳斯硫黄回收法的工艺流程。

➢ 能够描述克劳斯、超级克劳斯的反应原理。

➢ 能够学会克劳斯、超级克劳斯的工艺条件。

➢ 能够在克劳斯、超级克劳斯脱硫的岗位进行安全操作。

任务分析

H₂S是生产硫黄的重要原料，如果能把H₂S的硫元素进行回收，既可使宝贵的硫资源得到综合利用，又可以防止环境污染。将H₂S转化为硫黄及氢气具有很高的技术经济价值，因此颇为国内外所关注，但迄今尚未有相应的工业应用报道。有人从原料气中同时含有H₂S及CO_2出发，考虑如何能既生产硫黄，又生产$CO+H_2$合成气。但迄今为止，原料气处理的主体工艺仍是以空气为氧化源、将H₂S转化为硫黄的克劳斯工艺，主要产品依然是硫黄。

理论知识

一、克劳斯硫黄回收法

克劳斯硫黄回收法简单说来就是氧化催化制硫的一种工艺方法（图4-17）。它通常由一个高温段和2～3个转化段构成。高温段包括燃烧炉和废热锅炉，通过H₂S的燃烧，部分生成SO_2，其余未反应的H₂S同生成的SO_2在温度较低的转化段完成克劳斯反应，生成硫黄。

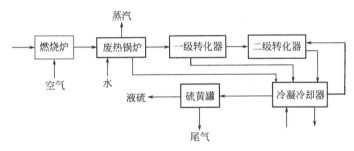

图4-17　克劳斯工艺流程

1. 工艺流程

根据热平衡方法的不同，将克劳斯硫黄回收法主要分为直流法（部分燃烧法）、分流法、硫循环法及直接氧化法（图4-18）等。

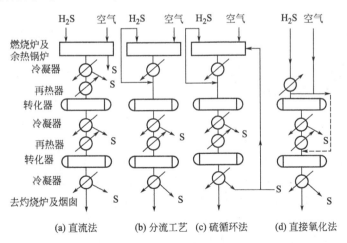

(a) 直流法　　(b) 分流工艺　　(c) 硫循环法　　(d) 直接氧化法

图4-18　克劳斯硫黄回收法

（1）直流法　通常情况下，当原料气中H₂S浓度高于50％时可采用直流法。

直流法也称直通法、单流法或部分燃烧法，其主要特点是全部原料气与按需要配入的空气一起进入燃烧炉反应，再经过废热锅炉、催化转化反应器与硫黄冷凝冷却器，经捕集硫黄后尾气或灼烧排空或进入尾气处理装置。

采用直流工艺，60%～70%的元素硫在燃烧炉内生成，大大减轻了催化段的转化负荷，提高了硫收率，因此对于 H_2S 浓度比较高的原料气来说，直流工艺是首选工艺。其缺点是原料气中 H_2S 浓度低于 50%的话，原料气与空气燃烧的反应热不足以维持炉膛温度高于 927℃。当然，如果能够预热原料气及空气，或者使用富氧空气代替空气，H_2S 浓度也可低于 50%。

（2）分流工艺　当原料气 H_2S 浓度低于 50%而又高于 15%时可采用分流工艺，该工艺硫黄完全是在催化段内生成的。

具体的工艺为：1/3 的原料气与计量的空气进入燃烧炉将其中的 H_2S 转化为 SO_2，生成的 SO_2 经余热锅炉加热后与另外 2/3 的原料气混合进入催化转化段反应生成硫黄。

分流工艺的缺点是由于部分原料气不经燃烧炉即进入催化转化段，当原料气中含有重烃，尤其是芳烃时，它们可能在催化剂上裂解结炭，对催化剂的活性有重要的不良影响。

（3）硫循环法　当原料气中 H_2S 含量在 5%～10%甚至更低时可考虑采用硫循环法。它是将一部分液硫产品返回燃烧炉内，在另一个专门的燃烧器中使其燃烧生成 SO_2，并使过程气中 H_2S 与 SO_2 摩尔比为 2。除此之外，流程中其他部分均与分流法相似。

（4）直接氧化法　原料气中 H_2S 含量在 5%～10%时推荐采用此法。它是先将原料气预热，与空气混合至适当温度，直接进入催化转化器内进行催化反应。进入催化转化器的空气量仍按原料气中 1/3 体积的 H_2S 完全燃烧生成 SO_2 来配给。

2. 主要设备

（1）反应炉　反应炉又称燃烧炉，是克劳斯装置中最重要的设备（见图 4-19、图 4-20）。

图 4-19　反应炉

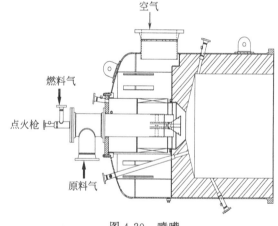

图 4-20　喷嘴

反应炉分为外置式（与余热锅炉分开设置）和内置式（内含余热锅炉）。在正常炉温时，外置式需用耐火材料衬里来保护金属表面，而内置式则因钢质火管外围有低温介质不需耐火材料。对于规模超过 30t/d 的硫黄回收装置，采用外置式反应炉更为经济。

反应炉内温度和原料气中 H_2S 含量密切有关。当 H_2S 含量小于 30%时就需采用分流法、硫循环法和直接氧化法等才能保持火焰稳定。然而这样原料气中的烃类不经燃烧就直接进入一级转化器，将导致重烃裂解生成炭沉积物，使催化剂失活和堵塞设备。因此在保持燃烧稳定的同时，可采用预热原料气和空气的方法来避免，原料气和空气通常加热到 230～260℃。燃烧时将有大量副反应发生，从而导致 H_2、CO、COS 和 CS_2 等产物的生成。由于燃烧产物中的 H_2 含量大致与原料气中的 H_2S 含量成一定比例，故 H_2 很可能是 H_2S 裂解生成的。CO、COS 和 CS₂ 等的生成量则与原料气中 CO₂ 和烃类含量有关。

反应器的耐火材料的选择和设计十分重要。如果金属表面过热（超过 343℃），将导致金属与 H₂S 直接反应；如果温度降至 SO₂、SO₃ 露点以下，又会导致硫酸冷凝，加速腐蚀。生产中为保护人身安全，经常安装外置式绝热层和覆盖层，以使金属表面温度高于硫酸露点 204℃。

（2）余热锅炉　余热锅炉又称废热锅炉（如图 4-21、图 4-22 所示），其作用是从反应炉

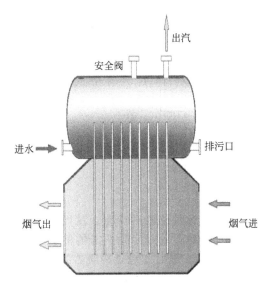

图 4-21　废热锅炉

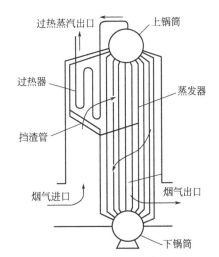

图 4-22　自然循环水管余热锅炉

出口的高温气流中回收热量并副产高压蒸汽，使原料气的温度降至所要求的温度。对于大多数内置式反应炉而言，余热锅炉又有釜式和自然循环式之分，余热锅炉产生的蒸汽压力通常是 1.0～3.5MPa，故余热锅炉出口温度一般高于过程气中硫的露点温度。然而，仍会有一部分硫蒸气冷凝下来形成液硫，应采取措施将这些液硫从原料气中排出。不能提供高质量锅炉给水或不需要产生蒸汽的地方，可使用乙二醇与水的混合溶液、胺溶液、循环冷却水（不能沸腾）和油浴作冷却液。

（3）转化器　转化器（又称反应器）的作用是使原料气中的 H₂S 与 SO₂ 在其催化剂床层上继续反应生成元素硫，同时使 COS 和 CS₂ 等有机化合物水解为 H₂S 与 CO₂（图 4-23）。

由于催化反应段反应放出的热量有限，故通常均使用绝热式转化器，内部无冷却水

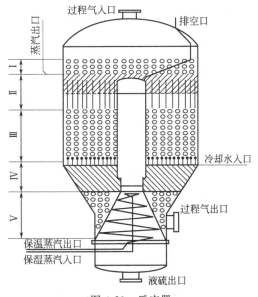

图 4-23　反应器

管。催化反应段的化学反应是放热的，虽然低温有利于提高催化反应段放热反应的平衡转化率，但 COS 和 CS₂ 需要较高的温度才能水解完全。因此，一级转化器温度较高，以使 COS、CS₂ 充分水解；二级、三级转化器温度只需高到满意的反应速率并避免硫蒸气冷凝即可。生产中一般一级转化器入口温度为 232～249℃，二级转化器入口温度为 199～221℃，

三级转化器入口温度为188～210℃。

（4）硫冷凝器　硫冷凝器的作用是将反应生成的硫冷凝为液硫而除去，同时回收原料气的热量（图4-24）。硫冷凝器安装时应放在系统最低处，且大多数有1°～2°的倾角坡向液硫出口处。

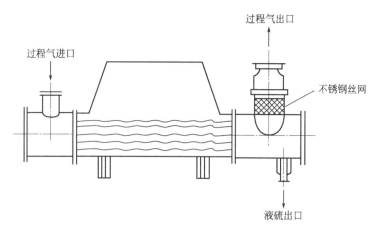

过程气出口

过程气进口

不锈钢丝网

液硫出口

图4-24　组合式硫黄冷凝冷却器

硫蒸气在进入一级转化器前冷凝（分流法除外），在每级转化器后冷凝，从而提高转化率。一般硫冷凝器的设计温度在166～182℃，因为在该温度范围内冷凝下来的液硫黏度较低，而且原料气一侧的金属壁温又高于亚硫酸和硫酸的露点。最后一级硫冷凝器的出口温度可低至127℃，但是有可能生成硫雾，所以硫冷凝器应有良好的捕雾设施，同时应尽量避免原料气与冷却介质之间温差太大。

硫冷凝器后部设有气液分离段，以将液硫从原料气中分离出来。

3. 基本原理

克劳斯硫回收工艺是1883年由Claus提出的，并在20世纪初实现工业化，其反应原理如下。

（1）热反应段　即燃烧炉内1/3的H_2S氧化成SO_2，有如下主反应：

$$H_2S+\frac{3}{2}O_2 \Longrightarrow SO_2+H_2O+Q \quad (4-26)$$

（2）催化反应段　剩余的H_2S与生成的SO_2在克劳斯反应器中进行，通过铝基和抗漏氧保护催化剂床层，进行克劳斯反应生成硫黄：

$$2H_2S+SO_2 \Longrightarrow 3S+2H_2O-Q \quad (4-27)$$

此外，反应器中还发生COS、CS_2的水解反应：

$$CS_2+2H_2O \Longrightarrow 2H_2S+CO_2 \quad (4-28)$$

$$COS+H_2O \Longrightarrow H_2S+CO_2 \quad (4-29)$$

还包括原料气中烃类的氧化反应、H_2S裂解反应等，这里不再一一赘述。

4. 克劳斯硫回收的化学反应平衡

（1）克劳斯燃烧段的化学反应平衡　克劳斯反应为可逆反应，在H_2S转化为硫的过程中（图4-25），在高温反应区，平衡转化率

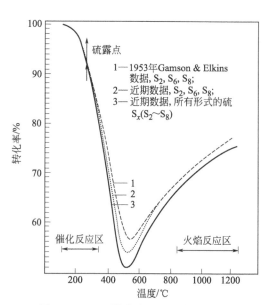

硫露点

1—1953年Gamson & Elkins
数据，S_2，S_6，S_8；
2—近期数据，S_2，S_6，S_8；
3—近期数据，所有形式的硫
$S_x(S_2～S_8)$

转化率/%

催化反应区　　　　火焰反应区

温度/℃

图4-25　H_2S转化为硫的平衡示意图

随温度同步升高，但通常不超过 70%；在低温反应区若要使平衡转化率上升，需有催化剂推动反应。燃烧炉内的温度一般维持在 950℃以上，一般属于高温反应，生成硫的反应实际上已处于平衡状态。

（2）克劳斯催化转化段的化学反应平衡　在催化剂段从化学平衡角度而言，生成硫的反应平衡常数随温度的下降而急剧上升，所以应选用低温下有高活性的催化剂以提高转化率。对于有机硫的水解反应，虽然在低温下有高的平衡常数，但由于催化剂的动力学性能，反应不得不在稍高的温度下进行以提高其水解率。

5. 工艺方法选择

通常，克劳斯装置包括热反应、余热回收、硫冷凝、再热及催化反应等部分。由这些部分可以组成各种不同的克劳斯硫黄回收工艺，从而处理不同 H_2S 含量的进料气，其适用范围见表 4-4。

表 4-4　各种克劳斯工艺流程安排

原料气 H_2S 浓度/%	工艺流程安排	原料气 H_2S 浓度/%	工艺流程安排
50～100	直流法	10～15	预热原料气及空气的分流法
30～50	预热原料气及空气的直流法，或非常规分流法	5～10	掺入燃料气的分流法，或硫循环法
15～30	分流法	<5	直接氧化法

表 4-4 所提供的工艺安排只是一种大体的划分。

二、超级克劳斯硫黄回收工艺

荷兰 Comprimo 公司通过改变单纯提高反应进程的方法，在传统克劳斯工序之后，在富 H_2S 条件下（即 H_2S/SO_2 大于 2）运行，称为超级克劳斯。该工艺通过改变单纯提高 H_2S 和 SO_2 反应进程的方法，在传统克劳斯转化段之后，添加一级转化段，使用新型的选择性氧化催化剂，实际上是一种尾气处理工艺。

1. 工艺流程

由于在高温段和第一、二转化段内 H_2S 过量运转，超级克劳斯在前两段总硫转化率要降低 1%～2%，但这种转化率的损失可在第三段 H_2S 选择氧化过程中得到补偿。使硫的总收率达到 99%，也就是 SuperClaus99 工艺。

如在选择氧化段前插入一个有机硫水解段，则总硫收率可达 99.5%，则形成了 Super-Claus99.5 工艺（图 4-26）。

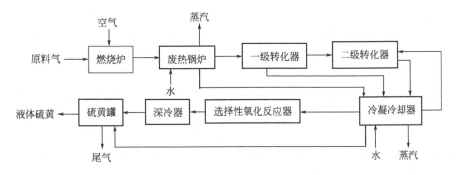

图 4-26　SuperClaus99.5 工艺流程

超级克劳斯工艺在 1986 年取得专利，并于 1988 年在德国建成第一套超级克劳斯装置。超级克劳斯工艺被认为是过去 50 年克劳斯工艺最重大的发展之一，适用于 3～1165t/d 的硫黄回收装置。截至 2001 年，世界上已建和在建超级克劳斯装置超过 100 套。

2. 工艺原理

（1）加热段原理　在传统的克劳斯工艺中，通过维持空气与原料气的比值使燃烧炉排出的气体中 H_2S/SO_2 为 2/1，而超级克劳斯硫黄回收工艺则遵循与之不同的原理。该工艺是通过调节空气与原料气比使进入超级克劳斯反应器中的 H_2S 浓度适当。为了满足这一要求，前端燃烧段则需以非克劳斯比率进行（H_2S/SO_2 大于 2）。

超级克劳斯工艺的关键是控制进入超级克劳斯反应器的 H_2S 浓度，而非传统克劳斯工艺中控制 H_2S 与 SO_2 的比率。

主燃烧炉的反应：

$$H_2S + \frac{3}{2}O_2 \longrightarrow SO_2 + H_2O + Q \tag{4-30}$$

$$2H_2S + SO_2 \longrightarrow 3S + 2H_2O - Q \tag{4-31}$$

（2）催化克劳斯段原理　在下游三个催化反应段进一步转化生成硫黄。在克劳斯反应器中，克劳斯反应平衡如下：

$$2H_2S + SO_2 \longrightarrow 3S + 2H_2O + Q \tag{4-32}$$

（3）超级克劳斯反应器段　来自最后一个克劳斯反应器的工艺气体与空气混合，在超级克劳斯反应器中使用 H_2S 选择氧化生成单质 S 的催化剂，发生的反应如下：

$$2H_2S + O_2 \longrightarrow 2S + 2H_2O + Q$$

该热力学反应完全，因此可以获得高转化率的单质硫。

超级克劳斯反应工艺的关键步骤是选择氧化段，所使用的选择催化剂只将 H_2S 氧化为元素硫，且过程气中的水汽实际上不影响反应而不需要除去。

由于直接氧化为元素硫是一个强放热反应，1% H_2S 转化为硫的反应导致的温升约 60℃，因此进入选择氧化反应器的过程气 H_2S 浓度必须严格控制，以防超温而使催化剂失活，通常绝不允许 H_2S 浓度超过 3% 而应低于 1.5%，所以前面的常规克劳斯段应选用性能优良的催化剂。

3. 工艺条件

（1）原料气的组成

① H_2S 的含量。H_2S 的含量可直接影响装置的硫回收率和投资建设费用。

上游脱硫装置使用高效选择性脱硫溶剂即可有效地降低原料气中的 CO_2 含量，同时又提高了 H_2S 含量。

② 烃类的含量。烃类含量多的话，会提高反应炉温度和废热锅炉热负荷，加大空气的需要量，设备和管道投资增加。而且会增加反应炉内 COS 和 CS_2 的生成量，影响硫的转化率。反应不完全的烃类会在催化剂上形成积炭，降低催化剂的活性，容易产生黑硫黄。

③ NH_3 的含量。NH_3 必须在高温反应炉内与 O_2 发生氧化反应而分解为 N_2 和 H_2O，否则会形成 $(NH_4)_2SO_4$ 结晶而堵塞下游的管线设备，使装置维修费用增加，严重时将导致停产。高温下 NH_3 还可能形成各种氮的氧化物，促使 SO_2 氧化成为 SO_3，腐蚀设备，使催化剂硫酸盐中毒。

为了使 NH_3 燃烧完全，反应炉配风需随着含 NH_3 气流的组成及流量而变化，因而使 H_2S/SO_2 的比例调节更加复杂，NH_3 氧化生成的附加水分，还可能会因质量作用定律而导致生成元素硫的反应转化率降低。

④ 水的含量。原料气带水进炉后，影响炉子温度，使 H_2S 的转化受影响，同时也降低了催化剂的活性，影响其寿命。过程气中水分含量高将影响 H_2S 与 SO_2 的转化，降低转化率。一般情况下原料气中的水含量约为 2%～5%。

在日常生产时还要注意避免在风机的吸入口处排放水蒸气。

（2）风气比 风气比是指进入反应炉的空气与原料气的体积比。

当原料气中 H_2S、烃类及其他可燃组分含量已知时，可按化学反应的理论需氧量计算出风气比。风气比的微小偏差即空气不足或过剩，都会导致 H_2S/SO_2 比值不当，使硫平衡转化率损失剧烈增加，从而降低转化率与硫回收率，尤其是空气不足对硫平衡转化率损失的影响更大。

（3）H_2S/SO_2 的比例 理想的克劳斯反应要求过程气 H_2S/SO_2 的比例满足 2：1 的化学计量要求，才能获得高的转化率，这是克劳斯装置最重要的操作参数。

反应前过程气中 H_2S/SO_2 与 2：1 有任何微小的偏差，均将使反应后装置的总硫转化率产生更大的偏差。

在超级克劳斯反应中，要在富 H_2S 条件下（即 $H_2S/SO_2 > 2$）运行。

（4）操作温度 末级转化器出口过程气的温度是影响硫回收率的关键因素。一级转化器过程气出口温度可控制较高，一般在 $310 \sim 340^{\circ}C$ 甚至 $370^{\circ}C$。以后各级转化器由于已将大量元素硫从过程气中分出，也不存在 COS、CS_2 水解问题，故可在较低温度下操作，以获得较高的转化率。

（5）空速 空速是指每小时进入转化器的过程气体流量与反应器内催化剂的装填量之比。空速的单位是 h^{-1}。

$$空速(h^{-1}) = \frac{每小时进入反应器的气体流量(m^3/h)}{催化剂装填量(m^3)}$$

空速是控制气体与催化剂接触时间的重要参数。空速过高时，过程气在催化剂床层上停留时间过短，使平衡转化率降低，此外，空速过高也会使床层温升增加，反应温度提高，这也不利于提高转化率。反之，空速过低会使催化剂床层体积过大。

（6）催化剂 虽然克劳斯反应对催化剂的要求并不苛刻，但为保证实现克劳斯反应过程的最佳效果，仍然需要催化剂有良好的活性和稳定性，此外，由于反应炉常常产生远高于平衡值的 COS 及 CS_2，还需要一级转化器的催化剂具有促使 COS、CS_2 水解的良好活性。目前常用的催化剂大体分为两类，一类是铝基催化剂，如高纯度活性氧化铝（Al_2O_3 含量约为 95%）及加有添加剂的活性氧化铝，后者主要成分是活性氧化铝，同时加入 $1\% \sim 8\%$ 的钛、铁和硅的氧化物作为活性剂；另一类是非铝基催化剂，例如，二氧化钛（TiO_2）含量高达 85% 的钛基催化剂（用以提高 COS、CS_2 水解活性）等。

4. 硫回收岗位安全操作

（1）系统开车 对照管道仪表流程图，检查系统内所有设备、管道、阀门、分析取样点及仪表、电气、支架、平台、安全装置等是否符合要求。特别是容器在最后装上人孔盖板前，必须检查设备内部是否清洁，内件是否齐全，安装是否正确，包括热电偶套管的位置与长度、气体分配器的位置与加工情况以及液位计的量程及安装情况等。

（2）原始开车

① 烘炉。大修后或新开工的炉子，需脱除耐火衬里的水分和结晶水，使耐火材料达到一定强度，并让炉体各部位在热状态下的设备情况能满足工艺生产要求。

这里需要指出的是，在硫回收装置中，制硫燃烧炉是一台非常关键的设备。生产中最怕发生炉体倒塌等事故，因为炉体损坏后的降温、维修、恢复生产需要相当长的时间，大量原料气将无法得到处理，势必影响上游装置的生产。为了保证制硫燃烧炉的长周期运转，应注意以下几方面：

a. 稳定制硫燃烧炉的工艺操作，避免炉温的大幅波动，严禁超温。

b. 保证原料气缓冲罐运转正常，严禁罐内液满，随原料气进入高温燃烧炉。

c. 停工期间保证炉体干燥，杜绝水、蒸汽进入炉体。

d. 开停工期间，严格按升温降温曲线进行操作。

e. 新砌的炉体要严格执行衬里脱水、烧结的步骤。

f. 烘炉在低温区会出现温度较难控制和热量分布不均的现象，新砌的炉体和被水汽浸泡过的炉体，在低温区烘炉时可采用炉膛耐火层均布电阻丝、用红外线烘炉的方案。

② 催化剂装填前的准备工作。在初始烘干和加热过程之后，该单元装置关停，以便允许打开设备，开始将催化剂装入反应器。同时，应当对主燃烧室和焚烧炉混合室的耐火材料进行检验。

③ 催化剂的装填。

④ 系统点火加热备用。

（3）硫回收装置引原料气

① 条件。确认在原料气接气之前以下各项已经完成。

a. 检查各项设备的温度和压力。

b. 系统各夹套已给汽保温并疏水正常，使用温度计确认蒸汽伴热管线和蒸汽夹套的蒸汽供应情况。

c. 火炬线畅通，处于备用状态。

d. 打开硫冷却器和凝聚过滤器的硫液出口。

e. 开启至原料气预热器的中压蒸汽以及冷凝系统。将加热器投入运行，缓慢地向加热器输送蒸汽。

f. 投用脱甲醇塔和酸水泵。以正常的流量（2000kg/h）将新鲜水加入脱甲醇塔。

g. 将原料气管线盲板导通，关闭入界区阀门。

h. 启动前的安全措施：准备足够的空气呼吸器过滤式防毒面具，检查风向，为操作工配备便携式 H_2S 探测器，在接气期间，除了操作人员以外，其他人员禁止进入硫回收区域。

i. 检查用于吹扫火焰探测器和观察孔的空气及氮气供应。

j. 开启硫槽喷射器。

② 引入原料气和空气。在前两级克劳斯反应器已经稳定运行并且超级克劳斯反应器的床层温度高于170℃之后，超级克劳斯反应器便可以投入运行。

（4）操作中的安全保障 若操作不当，硫黄回收及尾气处理装置面临的最严重的安全问题是：原料气泄漏；废锅干锅后上水；H_2S、燃料气爆炸。

要保障硫黄装置的安全运行，需做好以下几点：

① 保证装置有切断原料气进气装置的联锁阀和原料气放火炬的联锁阀。

② 风机出口增设联锁阀，其联锁启动条件是风机停运，出口联锁阀自动关闭。

③ 废热锅炉保证有双液位指示。

④ 关键部位的系统压力引至操作台，并设压力报警仪表。

⑤ 原料气的设备管线要定期进行测厚检验。

三、硫黄回收生产中异常问题与处理方法

1. 常见问题

（1）原料气带烃

① 现象。原料气带烃会造成制硫反应炉超温、系统堵塞或系统压力上升、催化剂活性下降、由于析炭而产出不合格的黑硫黄等问题。严重者会导致反应器上部或捕集器丝网被致密的炭封闭，使过程气无法穿过反应器或捕集器。在生产操作上的初步表现：制硫反应炉温升高，在炉配风与原料气的气风比明显调大的情况下，H_2S/SO_2 在线分析仪的需氧量仍然显示供风不足。

② 处理方案。将原料气部分放火炬，或要求原料气带烃装置自行将其放火炬，一直到燃烧炉能加上风为止，且保证制硫反应炉的温度不超标。这样，虽然有少部分的原料气暂时放火炬，但其利益要远大于不顾原料气带烃给制硫装置造成的影响而强行处理，最终导致硫黄回收长时间停工，从而影响到全局生产的后果。

（2）系统压降高

① 现象。硫黄回收及尾气处理装置整个系统的压力均很低，最高允许压力仅为 0.05MPa，从设备设计角度讲，压降主要产生在废锅和硫冷凝器的管束内；从实际生产角度讲，压降主要产生在捕集器丝网、泄漏的冷换设备、易结盐的部位、液硫系统等部位。制硫装置的压降越大，原料气的处理量越小。

② 处理方案。

a. 废锅和硫冷凝器在设计时要合理选取管内流速。

b. 制硫供风机应选高输出风压的离心鼓风机，如 0.08MPa。

c. 优化操作方案，严格控制工艺指标，防止系统因碳、盐、硫泄漏造成的压降增大。

（3）阀门问题

① 现象。硫黄回收装置某些部位的阀门，经常由于积硫、结盐等问题开关不动，若处理不当，会导致阀门传动机构损坏，严重时会造成非计划停工。

原料气调节阀结盐，蝶阀开关不动，阀板与管道间结硫，制硫装置的阀门开关不好用，则需要临时停工进行处理。

② 处理方案。制硫装置的关键阀门应采用夹套伴热，尽量安装在不易积聚杂质的位置。

（4）停工自燃

① 现象。停工前未吹硫的硫回收装置，停工期间往往会发生系统内 FeS 自燃事故。

② 处理方案。在停工前，要对硫回收装置进行彻底吹硫。临时停工处理问题时，要保证装置的开口不形成空气对流。对于检修动火的位置，要接好蒸汽胶带或新鲜水胶带，以备灭火。还要加强巡回检查，做好巡检记录。通过采取以上措施，可有效避免硫黄回收装置停工期间自燃而烧坏设备管线的事故。

（5）硫冷凝器、废锅设备泄漏的处理

① 现象。硫冷凝器、废锅等设备的泄漏会引起系统压力上升、温度的变化、堵塞、硫回收率降低、非计划停工等后果。

② 处理方案。引起设备泄漏的主要原因为：腐蚀，温度压力变化。

有很多企业硫回收装置的中压锅炉都或轻或重地发生过泄漏，泄漏部位都在管子与管板连接处。硫冷凝器和废锅的结构设计必须注意降低在操作条件下构件中的应力，特别是加重腐蚀的拉应力，比如采用薄挠性管板。操作中要及时观测原料气流量组分的变化，避免硫冷凝器和废锅的温度、压力出现大幅度的波动。

2. 避免设备腐蚀应采取的措施

由于制硫生产的工艺特点，装置设备主要存在高温腐蚀、露点腐蚀、酸性腐蚀、应力腐蚀的特点。

避免高温腐蚀的手段是尽量降低高温腐蚀部位的温度，如：废锅及硫冷凝器的入口要有保护管及耐热衬里。

避免露点腐蚀的措施是保证易发生露点腐蚀部位的温度在水和硫的露点温度以上，如停工装置给汽保温，系统充热 N_2 保护；尾气和脱气管线避免设计过长并且保证均匀充足的伴热。

避免酸性腐蚀的操作方法是严格配风，防止产生过多的 SO_2，完善 H_2S 与 SO_2 比值分析仪、SO_2 在线分析仪等配置。

采用先进的设备（如薄挠性管板），将冷却器的固定支架改为滚动支座，操作上避免冷换设备参数的大幅波动，降低过程气中的氧含量，可有效避免应力腐蚀的发生。

任务小结

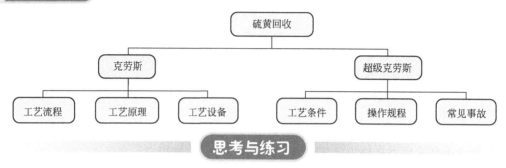

思考与练习

1. 什么是克劳斯反应？
2. 超级克劳斯99、超级克劳斯99.5、克劳斯之间有什么区别？
3. 克劳斯反应所需要的设备有哪些？有什么作用？
4. 克劳斯反应为什么要保持 H_2S 与 SO_2 的比值？
5. 简单画出克劳斯法的工艺流程。
6. 克劳斯原始开车过程中为什么要烘炉？

资源导读

硫黄回收工艺简介

含 H_2S 原料气体的处理，工业生产中多采用固定床催化氧化工艺（主要为克劳斯硫回收工艺及各种改进工艺）和液相直接氧化工艺，近年来生物脱硫及硫回收工艺也逐步进入工业化行列。

（1）液相直接氧化工艺　有代表性的液相直接氧化工艺有 ADA 法和改良 ADA 法脱硫、栲胶法脱硫、氨水液相催化法脱硫等。

液相直接氧化工艺适用于硫的"粗脱"，如果要求高的硫回收率和达到排放标准的尾气，则宜采用固定床催化氧化工艺或生物法硫回收工艺。

（2）固定床催化氧化工艺　硫回收率较高的 Claus 工艺是固定床催化氧化硫回收工艺的代表。Claus 硫回收装置一般都配有相应的尾气处理单元，这些先进的尾气处理单元或与硫回收装置组合为一个整体装置，或单独成为一个后续装置。Claus 硫回收工艺及尾气处理方式种类繁多，但基本是在 Claus 硫回收技术基础上发展起来的，主要有：Scot 工艺、Super-Claus 工艺、Clinsulf 工艺、Sulfreen 工艺、MCRC 工艺等。

① 常规 Claus 工艺。常规 Claus 工艺是目前炼厂气、天然气加工副产原料气体及其他含 H_2S 气体回收硫的主要方法。其特点是：流程简单、设备少、占地少、投资省、回收硫黄纯度高。但是由于受化学平衡的限制，两级催化转化的常规 Claus 工艺硫回收率为 90%～95%，三级转化也只能达到 95%～98%，随着人们环保意识的日益增强和环保标准的提高，常规 Claus 工艺的尾气中硫化物的排放量已不能满足现行环保标准的要求，降低硫化物排放量和提高硫回收率已迫在眉睫。

② Scot 工艺。Scot 工艺是 Shell 公司开发的尾气处理工艺，由于其净化尾气 $H_2S <$ 455.4mg/m³，总硫回收率可达 99.8% 以上。所以是目前世界上装置建设较多，发展速度较快，将规模、环境效益、投资效果结合得较好的一种硫回收工艺。Scot 工艺的基本过程是

将常规 Claus 工艺尾气中的 SO_2、有机硫、单质硫等所有硫化物经加氢还原转化为 H_2S 后，再采用溶剂吸收的方法将 H_2S 提浓，循环到 Claus 装置进行处理。

③ Clinsulf 工艺。Linde 公司在 Clinsulf 工艺的基础上于 20 世纪 90 年代又开发了 Clinsulf-SDP 工艺。Clinsulf-SDP 于 1995 年在瑞典 Nynas 炼厂成功工业化运行后，又建成 2 套工业装置，据报道总硫回收率达到 99.9%。但 Clinsulf 工艺在我国只有淮化集团的一套装置在运行，而且在使用上存在问题，因原料气波动，装置不太稳定，总回收率只能达到 94%～95%。

④ SuperClaus 工艺。SuperClaus 工艺由荷兰 JACOBS 公司开发并拥有改变以往单纯提高 H_2S 与 SO_2 反应进程的方法，在常规 Claus 转化之后，最后一级反应器改用选择性氧化催化剂处理常规 Claus 硫回收尾气，将 H_2S 直接氧化成元素硫，总硫回收率达 99% 以上，达到了硫回收与尾气处理的双重功效。十多年来，在国内外已建有 120 多套工业装置。根据重庆忠县天然气净化厂及重庆渠县天然气净化厂的实际情况，两装置的总硫回收率稳定在 99.5%。

⑤ Sulfreen 工艺。在低于硫露点的条件下进行 Claus 反应，最早工业化且应用较多的尾气处理工艺为由 Lurgi 公司开发的 Sulfreen 工艺，总硫回收率达到 99.5%。Sulfreen 工艺对原料气中 H_2S 浓度有要求（≥25%）。如果原料气中硫含量偏低，整个装置将在低负荷下运转，当负荷低于 25% 时，Sulfreen 装置便不能正常运转，因而总硫回收率受到影响。

⑥ MCRC 工艺。加拿大 Delta 公司的 MCRC 硫回收工艺是亚露点 Claus 转化工艺，也属于低温 Claus 工艺。它改变了常规 Claus 反应的平衡条件，在低于硫的露点下操作，三级 MCRC 转化，硫回收率可达 99%。MCRC 工艺不仅是一种硫回收方法，也是较好的尾气净化方法。

(3) 生物脱硫及硫回收工艺　生物脱硫及硫回收工艺有代表性的工艺是 Shell-Paques 工艺。最初由荷兰的 Paques 公司设计研发，与 Shell 一起进行技术转让。目前三套用于天然气处理的工艺正在设计中（两套用于美国，一套用于澳大利亚）。

项目五

合成氨生产原料气变换

任务一 认识合成氨变换流程

任务目标

通过变换反应工艺流程的学习，使学生掌握不同变换工艺流程设计的思路，了解变换反应的生产过程及工艺要求，从而更好地控制变换反应。

任务要求

➤ 说出全低温变换工艺流程的主要设备及生产过程走向。
➤ 说出中低低变换工艺流程的主要设备及生产过程走向。
➤ 知道中温变换工艺流程的主要设备及生产过程走向。

任务分析

无论采用固体、液体或气体原料，所制成的合成氨原料气中均含有一氧化碳，其体积分数为12％～40％。一氧化碳不是合成氨的直接原料，还会使合成催化剂中毒，因此，在送往合成工序之前，必须将一氧化碳脱除，变换反应的进行要通过一定的流程来完成，因此，合理的流程设计对企业至关重要。

理论知识

变换工艺流程，主要根据合成氨生产中的原料种类、总生产工艺指标的要求、使用催化剂的特性和热能的利用及残余一氧化碳脱除方法等综合考虑。首先应依据原料气中 CO 含量高低来确定，CO 含量高，应采用中温变换，这是因为中温变换催化剂操作温度范围较宽，活性温度较高，变化反应速率快，而且价廉易得，使用寿命长。其次，是根据进入系统的原料气温度和湿含量，考虑气体的预热和增湿，合理利用余热。再次，是将 CO 变换和脱除残余 CO 的方法结合考虑。如果 CO 脱除方法中允许 CO 残余量较高，则仅用中变即可，否则，采用中变与低变串联，以降低变换气中 CO 含量。变换工艺流程实景如图 5-1 所示。

一、加压中温变换流程

中温变换流程工艺早期采用常压，经节能改造，现在大都采用加压变换。加压中温变换工艺的主要特点是：采用低温高活性的中变催化剂，降低了工艺上对过量蒸汽的要求；采用段间喷水冷激降温，减少了系统的热负荷和阻

图 5-1 变换生产工艺流程实景

力，减小外供蒸汽流量；合成与变换，铜洗构成第二换热网络，合理利用热能。其中有两种模式，一是"水流程"模式，二是"汽流程"模式。前者指在合成塔后设置水加热器以热水形式向变换系统补充热能，并通过变换工段设置的两个饱和热水塔使自产蒸汽达到变换反应所需的汽气比。后者在合成塔设后置式锅炉或中置式锅炉产生蒸汽供变换用，变换工段则设置第二热水塔回收系统余热供精炼铜液再生用；采用电炉升温，革新了变换工段燃烧炉升温方法，使之达到操作简单、平稳、省时、节能的效果。加压中温变换工艺流程如图 5-2 所示。

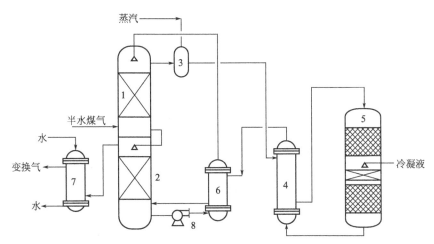

图 5-2　一氧化碳加压中温变换流程

1—饱和塔；2—热水塔；3—混合器；4—热交换器；

5—变换炉；6—水加热器；7—冷凝塔；8—热水泵

半水煤气经脱硫（压力 0.7MPa）后送入饱和塔 1 下部，与自上而下的热水逆流接触，气体被加热到 133℃，并被水蒸气饱和，从塔顶出来，在蒸汽混合器 3 补加部分蒸汽，提高汽气比，进入热交换器 4，与反应后的变换气换热，温度达 380℃左右，进入变换炉 5 一段催化剂层进行 CO 变换反应，温度升至 470℃，在两段催化剂床层之间，装有冷凝液喷头，降低反应后气体的温度至 400℃。然后进入第二段催化剂层继续进行变换反应，使出变换炉 5 的变换气中的 CO 含量降至 3％以下，由第二段催化剂层出来的变换气（温度 430℃左右，压力 0.67MPa）进入热交换器 4 的壳程，被管内半水煤气冷却到 233℃，再经水加热器 6 冷却到 150℃，进入热水塔 2。在热水塔 2 内，变换气与塔顶喷下的热水逆流接触被冷却到 100℃，进入冷凝塔 7，被冷却水冷却到 45℃，压力降至 0.65MPa 左右，送到脱碳工段。

系统中热水在饱和塔、热水塔及加热器中循环，定期排污及加水，保持循环水的质量和水平衡。

目前一般采用 1.2～1.8MPa 和 3MPa 的加压变换，以渣油为原料的大型氨厂变换压力约高达 8.6MPa。

如果合成气最终精制采用铜洗和液氮洗流程，只需采用中温变换即可，若最后精制采用甲烷化流程，则经中温变换的气体脱除 CO_2 后，还需精脱硫，使气体中总硫含量降至 1mL/m³ 以下，再进行低温变换，使低变气中 CO 含量降至 0.3％～0.5％，然后经过第二脱碳进入甲烷化炉，将残余的 CO 和 CO_2 除去。若中温变换串耐硫低温变换，就不需脱硫，可省去二次脱碳，并且高变气经过耐硫低温变换最终使 CO 含量降至 0.3％～1.0％。

二、中温变换串低温变换流程

中温变换串低温流程即是中变炉串一个低变炉（段），也称中串低，就是采用铁铬系中温变换催化剂后串铜锌系低温变换催化剂。在原中变炉的后面串上一个低变炉，中变炉为冷激可直接串在主热交换器后，中变炉为中间换热则在主热交后配置一个调温水加热器，再串上低变炉，该法处理简单，可随时进行，将低变炉、调温水加热器配置好，并入系统即可。热量回收采用饱和热水塔，该流程也称为炉外串低变。

另一种中串低是将中变炉的第三段作低变段用，将主热交位置从三段移至二段出口，一、二段为水冷激则热交出口直接进三段（低变段），否则要增设一个调温水加热器。该法省去一个低变炉，投资省，但改造费时，需要在大修时进行。由于中变催化剂的空速较大，要注意中变催化剂的维护，该流程也称为炉内串低变。中温变换串低温变换工艺流程如图 5-3 所示。

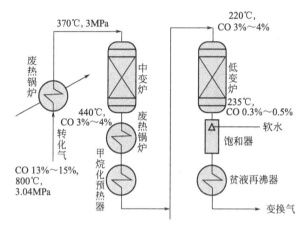

图 5-3　中温变换串低温变换流程

含 CO 13％～15％的原料气经废热锅炉降温，在压力 3MPa、温度 370℃下进入中变炉，因原料气中水蒸气含量较高，一般不需补加蒸汽，经反应后气体中 CO 降到 3％左右，温度为 420～440℃，进入中变废热锅炉，被冷却到 330℃，使锅炉产生 10MPa 的饱和蒸汽，再经甲烷化炉进气预热器，冷却到 230℃后进入低变炉，低变气残余 CO 含量降到 0.3％～0.5％。该反应余热还可经脱碳贫液再沸器进一步回收利用。为了提高传热效果，可向气体中喷入少量水，使其达到饱和状态，这样，当气体进入脱碳贫液再沸器时，水蒸气很快冷凝，使传热系数增大。气体出变换系统后送往脱碳工段脱除 CO_2。

目前，这种流程主要差别在于中变废热锅炉的不同。大型合成氨厂可产生高压蒸汽，而中、小型合成氨厂产生中压蒸汽或预热锅炉给水。由于铜锌系催化剂对气体纯度要求高，总硫体积分数小于 0.1×10^{-6}，氯体积分数小于 0.01×10^{-6}，因而限制了使用范围。

三、全低温变换流程

为了从根本上解决中串低或中低低流程中铁铬系中变催化剂在低汽气比下的过度还原及硫中毒，开发了全部使用耐硫变换催化剂的全低变工艺，各段进口温度均为 200℃左右。在相同操作条件和工况下其设备能力和节能效果都比原各种形式的中串低、中低低要好，其改善程度与工艺流程有关。全低变流程是指不用中变催化剂而全部采用宽温区的钴钼系耐硫中变催化剂，进行 CO 变换的工艺流程。

全低变流程的优点是：变换系统在较低的温度范围内操作，有利于提高 CO 平衡变换率，因为变换炉入口温度及床层内的热点温度均比中变炉入口温度及床层内的热点温度低100～200℃；降低了蒸汽消耗，在满足出口变换气中 CO 含量的前提下，可降低入炉蒸汽量，使全低变流程比上述两个流程蒸汽消耗降低；催化剂用量减少一半，使床层阻力下降；由于钴钼系催化剂耐高硫，对半水煤气脱硫指标放宽。

但因氧化、反硫化及硫酸根、氯根、油等污染，催化剂活性下降快，使用寿命相对缩短，一般需在一段入口前装填脱氧、脱水保护层，以保护低变催化剂。另外饱和塔腐蚀严重。

全低变工艺流程如图 5-4 所示。

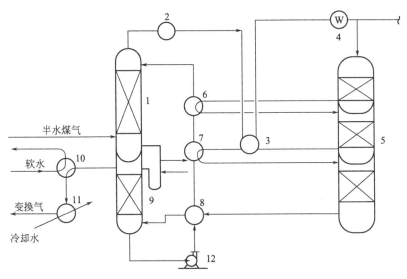

图 5-4　全低变工艺流程

1—饱和热水塔；2—分离器；3—主热交换器；4—电加热器；
5—变换炉；6—段间换热器；7—第二水加热器；8—第一水加热器；
9—热水塔；10—软水预热器；11—冷凝器；12—热水器

半水煤气首先进入系统的饱和热水塔 1，在饱和热水塔 1 内与塔顶流下的热水逆流接触，两相间进行传热、传质，使半水煤气提温增湿。出饱和塔气体进入气体分离器 2 分离夹带的液滴，并补充从主热交换器 3 来的蒸汽，使其气汽比达到要求，温度升至 180℃进入变换炉 5 一段，经一段催化剂层反应，温度升至 350℃左右引出，在段间换热器 6 与热水换热，降温后进入二段催化剂层反应，反应后的气体在主热交换器 3 与半水煤气换热，并经第二水加热器 7 降温后进入三段催化剂层，反应后气体中 CO 含量降至 1%～1.5%离开变换炉 5，变换气依次经第一水加热器 8、热水塔 9、软水预热器 10 回收热量后进入冷凝器 11 冷却至常温。

四、中低低变换流程

中低低流程是在一段铁铬系中温变换催化剂后直接串二段钴钼系耐硫变换催化剂，利用中温变换的高温来提高反应速率，脱除有毒杂质，利用两段低温变换提高变换率，实现节能降耗。这样充分发挥了中变和低变催化剂的特点，达到了能耗低、阻力小、操作方便的理想效果。该流程与中串低流程相比，主要是增加了第一低变，填补了 250～280℃这一中串低变所没有的反应温度区，充分利用了低变催化剂在这一温区的高活性。比全低变工艺操作稳定在于中低低工艺以铁铬系催化剂为净化剂，过滤了半水煤气中的氧和油污，起到了保护钴钼系催化剂的作用。与中串低相比，中低低流程由于中变催化剂减少，一旦中变漏氧或热交换器泄漏，第一低变极易中毒，因此要求催化剂有较强的抗毒性能，否则严重影响使用效果。同时由于反应的汽气比降低，第二低变反应温度也较低，因此对催化剂特别是对第二低变催化剂的活性要求更高。中低低工艺流程如图 5-5 所示。

由压缩机来的半水煤气进入饱和热水塔 1，在塔内与塔顶流下的热水逆流接触，使半水煤气提温增湿后进入蒸汽混合器 3，使汽气比达到要求，经热交换器 5 升温至 300℃左右，进入变换炉 7 一段中变催化剂床层反应，气体温度升至 460～480℃，再依次进入热交换器 5、调

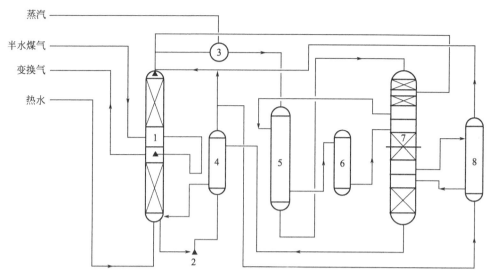

蒸汽

半水煤气

变换气

热水

图 5-5   中低低工艺流程

1—饱和热水塔；2—泵；3—蒸汽混合器；4—水加热器；
5—热交换器；6,8—调温水加热器；7—变换炉

温水加热器 6，温度降至 180～240℃，进入变换炉 7 二段耐硫低变催化剂床层反应，温度升至 260～300℃，再经调温水加热器 8 降温至 180～220℃，进入变换炉 7 三段耐硫低变催化剂床层反应，温度为 210～220℃，CO 含量降至 0.5%，再经水加热器 4、饱和热水塔 1 回收热量后，进入下一工段。从饱和热水塔 1 底来的热水由热水泵 2 送入水加热器 4 换热后，一部分直接进入饱和热水塔 1，另一部分经调温水加热器 6、调温水加热器 8 换热后，再进入饱和热水塔 1。

任务小结

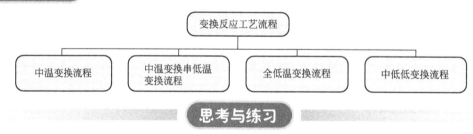

思考与练习

1. 画出全低温变换工艺流程简图。
2. 画出中低低变换工艺流程简图。

任务二   认识合成氨变换设备

任务目标

通过对合成氨变换设备的学习，使学生掌握变换设备的结构、作用，从而为更好地控制和操作变换设备奠定基础。

任务要求

➤ 说出变换炉的主要结构及作用。

➢ 说出饱和热水塔的结构及作用。

任务分析

变换设备是一氧化碳变换操作非常重要的组成部分，对变换设备的了解和掌握是控制变换操作正常进行重要环节。

理论知识

一、变换炉

变换炉因工艺不同而有所差别，但都应满足以下要求：处理的气量尽可能大；气流阻力小；气流在炉内分布均匀；热损失小，温度易控制；结构简单，便于维修，并能实现最适宜温度的分布。

变换炉（图5-6）主要有绝热型和冷管型，使用较多的是绝热型。下面介绍生产中常用的两种不同结构的绝热型变换炉。

（1）中间间接冷却式变换炉　中间间接冷却式变换炉结构如图5-7所示，外壳是由钢板制成的圆筒体，内壁砌有混凝土衬里，再砌一层硅薄土砖和一层轻质黏土砖，以降低炉壁温度和防止热损失。内用钢板隔成上下两段，每层催化剂靠支架支撑，支

图 5-6　变换炉

架上铺算子板、钢丝球及耐火球。炉壁多处装有热电偶，用于测量炉内各处温度，炉体上还配置了人孔及催化剂装卸口。

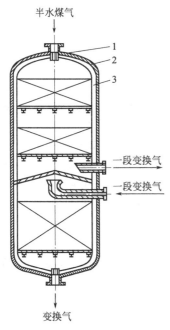

图 5-7　中间间接冷却式变换炉
1—外壳；2—耐热混凝土；3—催化剂层

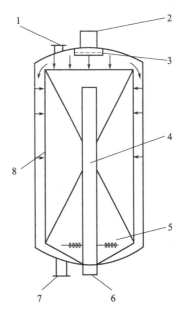

图 5-8　轴径向变换炉结构
1—人孔；2—进气口；3—分布器；4—内集气器；
5,8—外集气器；6—出气口；7—卸料口

（2）轴径向变换炉　轴径向变换炉结构如图5-8所示。轴径向变换炉设有进口分布器和出口分布器，分布器为壳侧布满小孔的钢制圆筒体，催化剂填充在进口分布器和出口分布器

筒体之间。轴径向变换炉的主要特点如下。

① 气体轴径向通过催化床层,催化剂利用率高,床层压降小。在轴径向催化床中,气体通过催化剂的径向面积大大增加,这样床层中的催化剂得到充分利用;10%的气体沿轴向向下通过床层,与传统的轴向床层相比,压降小得多。

② 中变催化剂免受转化气随二段炉热回收时夹带来的水滴浸蚀。

③ 可采用粒度更小、活性更高的催化剂。

④ 适合于装填不同体积的催化剂。

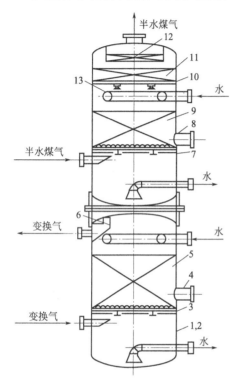

图 5-9 加压变换饱和热水塔结构

1—塔体；2—不锈钢衬里；3,7,10—填料支撑装置；4,8—人孔；5,9,11—填料；6—分料槽；12—除沫器；13—热水喷管

轴径向变换炉最先由 Casale 公司设计,我国山东齐鲁石化研究院已成功将轴径向变换炉实现国产化。轴径向变换炉也适合于改造现有的中变炉和低变炉,并适合采用中变串低变工艺,应用于以天然气或石脑油为原料的合成氨装置中。

二、饱和热水塔

饱和热水塔是一种气液直接接触的增、减湿设备,它由热水塔和饱和塔两部分所组成。在热水塔中,变换气与热水相接触,过量蒸汽冷凝和气体降温使热水温度升高;在饱和塔中,把升高了温度的水与水煤气直接接触,水蒸气蒸发使气体增湿,将热量转变为变换反应所需要的水蒸气。

饱和热水塔(图 5-9)的塔体由钢板卷焊成圆筒体,中间由隔板分开,上部为饱和塔,下部为热水塔,两塔结构基本相同,塔内装有填料,主要使用瓷环或规整填料,有较好的传质传热效果。塔顶设有气水分离段和不锈钢除沫器,以防止塔出口气体夹带水滴。饱和塔底部的热水经过水封流入热水塔,塔体上设有人孔和卸料口,塔底设有液位计。

生产中常用的饱和塔和热水塔,除填料塔外,还有波纹板塔和旋流板塔。波纹板塔将带有筛孔的薄金属压成波纹状而制成,用它代替填料,分层装在塔内即构成波纹板塔。在波纹板塔内,上塔波谷液体流至下一塔板的泡沫层,气体则通过波峰孔及波纹侧面斜孔喷射入液体中。因而气液接触好,传热效率高。旋流板塔与 ADA 法脱硫所用相同。

目前饱和塔用新型垂直筛板塔,可提高传热效率 20%左右,气体处理量可提高 50%以上,具有低压降、抗结垢、抗堵塞能力强的特点。

任务小结

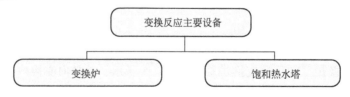

1. 说出变换炉的主要结构及作用。
2. 说出饱和热水塔的主要结构及作用。

任务三　认知合成氨原料气变换原理

任务目标

能通过一氧化碳变换反应原理及特点，从化学平衡及反应速率的角度分析，得出变换反应向正方向进行的适宜条件，从而使学生掌握工艺条件选择的方法和思路。

任务要求

➢ 了解原料气变换的目的。
➢ 掌握一氧化碳变换反应的原理及特点。
➢ 说出变换率及平衡变换率的定义。
➢ 知道反应速率及其作用及影响因素。
➢ 能说出催化剂的组成及作用。
➢ 知道催化剂还原、硫化、钝化、再生的原理和操作步骤。

任务分析

无论采用固体、液体或气体原料，所制成的合成氨原料气中均含有一氧化碳，其体积分数为 12%～40%。一氧化碳不是合成氨的直接原料，而且当温度达 300℃ 左右在铁催化剂存在的条件下，能和氢气反应生成甲烷和水，造成情性气体增加，对合成反应不利，其中水还会使合成催化剂中毒，虽然是暂时的，但这样反复下去，合成催化剂的机械强度必然会受到损害。因此，在送往合成工序之前，必须将一氧化碳脱除。

理论知识

一、变换反应的原理及特点

变换反应如下：

$$CO + H_2O \rightleftharpoons CO_2 + H_2 + 41.2kJ \qquad (5-1)$$

一氧化碳变换反应具有可逆、放热和反应前后体积不变等特点，并且反应速率慢，只有在催化剂的作用下才具有较快的反应速率。

二、变换反应的化学平衡

1. 平衡常数

在一定条件下，当变换反应达到平衡状态时，其平衡常数为：

$$K_p = \frac{p_{CO_2} p_{H_2}}{p_{CO} p_{H_2O}}$$

式中，p_{CO_2}、p_{H_2}、p_{CO} 和 p_{H_2O} 分别为二氧化碳、氢、一氧化碳和水蒸气的平衡分压。不同温度下，一氧化碳变换反应的平衡常数见表 5-1。

从表 5-1 可以看出变换反应的平衡常数随温度的升高而降低，因而降低温度有利于变换反应向右进行，使变换气中残余一氧化碳的含量降低。

表 5-1　一氧化碳变换反应的平衡常数

温度/℃	200	250	300	350	400	450	500
$K_p = \dfrac{p_{CO_2} p_{H_2}}{p_{CO} p_{H_2O}}$	2.279×10^2	8.651×10	3.922×10	2.034×10	1.170×10	7.311	4.878

2. 变换率及影响平衡变换率的因素

变换反应进行的程度常用变换率表示，其定义是变换反应已转化的一氧化碳量与变换前一氧化碳量之比，表达式是：

$$X = \frac{n_{CO} - n'_{CO}}{n_{CO}}$$

式中，X 为 CO 变换率；n_{CO}，n'_{CO} 分别为变换前后 CO 物质的量，mol。

在工业生产条件下，由于反应不可能达到平衡，实际变换率总是小于平衡变换率，因此需控制适宜的生产条件，使实际变换率尽可能接近平衡变换率。影响平衡变换率的因素主要有以下几方面。

（1）温度　温度降低，K_p 增大，有利于变换反应向右进行。平衡变换率随温度的升高而降低，所以要得到较高的变换率，应选择较低的温度。

（2）压力　变换反应是等体积反应，目前工业条件下，压力对变换反应化学平衡无明显影响。

（3）汽气比　汽气比指水蒸气与原料中 CO 物质的量之比，实际生产中汽气比指入变换炉水蒸气与干原料气的体积之比。提高汽气比可以使反应向生成氢和二氧化碳的方向进行，使平衡变换率提高。汽气比越大，平衡变换率越高，变换气中 CO 含量越低。但汽气比过高，变换率增大并不明显，却增加了水蒸气消耗量，同时使催化剂层温度难以维持。因此，汽气比不宜过高。

（4）CO_2　从反应看出，如果将生成的 CO_2 除去，则有利于反应向右进行，提高 CO 变换率。实际生产中，除去 CO_2 可在两次变换之间，原料气经中温变换后进脱碳装置，然后进行低温变换。

生产中从节能考虑，在确保 CO 变换率的前提下，选择低的汽气比，并在低温下变换，以减少蒸汽消耗量。

三、变换反应速率

1. 催化变换机理

一氧化碳变换反应属于气-固相催化反应，关于一氧化碳在催化剂表面上进行的变换反应机理，比较普遍的说法是：水分子首先被催化剂的活性表面吸附，分解成氢和吸附态的氧，氢进入气相，而在催化剂的表面则形成氧原子的吸附层，当一氧化碳撞击到氧原子的吸附层时，即被氧化成二氧化碳，并离开催化剂表面进入气相。

若用 [K] 表示催化剂，则化学反应过程可以表示如下：

$$[K] + H_2O \Longrightarrow [K]O + H_2$$
$$[K]O + CO \Longrightarrow [K] + CO_2$$

实验证明，在这两个步骤中，第二步比第一步慢，因此，第二步是一氧化碳变换反应过程的控制步骤。

2. 影响反应速率的因素

（1）温度　一般来说，温度升高，反应速率加快。一方面，由于温度升高反应物分子的运动速度加快了，从而增加了单位时间内分子的碰撞次数，加快了反应速率；另一方面，由于外界的工艺热量增加，分子之间有效碰撞机会增多，故单位时间内的有效碰撞次数增多，加快了反应速率。变换反应是放热反应，随着反应温度的升高，反应速率从上升到下降出现一最大值，在气体组成和催化剂一定的情况下，对应最大反应速率时的温度称为最适宜温度

T_m。最适宜温度的存在是由变换反应是放热反应决定的：速率常数随温度的升高而升高，而平衡常数随温度的升高而降低。

（2）压力　提高压力，反应物体积缩小，单位体积中反应物分子数增多，反应分子被催化剂吸附速率增大，反应物分子与被催化剂吸附原子的碰撞机会增多，因而可以加快反应速率。所以，加压变换比常压变换提高了生产能力，采用加压生产是合理的。

（3）汽气比　增大汽气比就是增加了有效分子的碰撞机会，因而反应速率加快；在反应初期，增大水蒸气比例，反应速率明显加快，随后逐渐减慢，这与水蒸气比例对平衡变换率的影响是一致的。

（4）催化剂　单纯用温度来加快反应速率是不行的，因为温度提高了，平衡变换率也下降了，不能达到工业生产的要求。使用催化剂，就可降低活化能，可以在不太高的温度下获得较快的反应速率。

四、变换催化剂

1. 中温变换催化剂

（1）组成和性能　中温变换催化剂主要是铁铬系列，使用温度为 $350\sim550℃$，气体变换后仍含有 3%（体积分数）左右的一氧化碳。

中温变换催化剂是以氧化铁为主体、氧化铬为主要促进剂的多组分催化剂。具有选择性高、抗毒能力强等优点，但存在操作温度高、蒸汽消耗量大的缺点。

中温变换催化剂的一般化学组成为：Fe_2O_3 $80\%\sim90\%$，Cr_2O_3 $7\%\sim11\%$，并有少量的 K_2O、MgO 和 Al_2O_3 等成分，活性组分是 Fe_2O_3，使用前需将 Fe_2O_3 还原为 Fe_3O_4。Cr_2O_3 是促进剂，可与 Fe_3O_4 形成固溶体，高度分散于活性组分 Fe_3O_4 晶粒之间，使催化剂具有更细的微孔结构和更大的比表面积，从而提高催化剂的活性和耐热性，延长使用寿命。添加剂 K_2O 可提高催化剂的活性，MgO 和 Al_2O_3 能增大催化剂的耐热性，而 MgO 还具有良好的耐硫性能。

（2）还原与氧化　中温变换催化剂中 Fe_2O_3 需经还原成 Fe_3O_4 才具有活性，通常用 H_2 或 CO 在一定温度下进行还原，其主要反应为：

$$3Fe_2O_3+H_2 \Longrightarrow 2Fe_3O_4+H_2O+9.6kJ \tag{5-2}$$

$$3Fe_2O_3+CO \Longrightarrow 2Fe_3O_4+CO_2+50.8kJ \tag{5-3}$$

由于还原反应为放热反应，还原时要严格控制 H_2 和 CO 的加入量，避免温度急剧升高，而影响催化剂的活性。同时要加入适量水蒸气，以防 Fe_3O_4 被进一步还原成 Fe，发生过度还原现象。中温变换催化剂由于制造原料的原因通常都含有硫酸盐，在还原时以硫化氢的形式放出，称为"放硫"。对于中串低流程，必须使中变催化剂放硫完毕，才能窜入低变炉，以免低变催化剂中毒。

活性组分 Fe_3O_4 在 $50\sim60℃$ 以上十分不稳定，遇氧即被剧烈氧化，放出大量的热量，会使催化剂超温，甚至被烧结：

$$4Fe_3O_4+O_2 \Longrightarrow 6Fe_2O_3+466kJ \tag{5-4}$$

因此，在生产中要严格控制原料气中的氧含量。在系统停车检修时，先用水蒸气或氮气降低催化剂温度，同时，配入少量空气使催化剂缓慢氧化，在表面形成一层 Fe_2O_3 保护膜后，才能与空气接触，这一过程称为催化剂的钝化。

（3）催化剂的中毒与衰老　在一氧化碳变换反应中，催化剂失活的主要原因是催化剂中毒和衰老。

① 催化剂的中毒。在变换生产中，催化剂的中毒主要由原料气中的硫化物引起，使其活性下降，其反应如下：

$$Fe_3O_4+3H_2S+H_2 \Longrightarrow 3FeS+4H_2O+Q \tag{5-5}$$

由于 CO 变换时将大部分的有机硫转化为硫化氢，从而使催化剂受大量硫化氢毒害，然而，反应是一个可逆放热反应，属于暂时性中毒，当增大水蒸气用量、降低原料气中硫化氢含量时，催化剂的活性即能逐渐恢复。但是，这种暂时中毒如果反复进行，也会引起催化剂微晶结构发生变化，而导致活性下降。

原料气中的灰尘及水蒸气中的无机盐等物质，均会使催化剂的活性显著下降造成永久性中毒。

② 催化剂的衰老。催化剂的衰老是促使催化剂活性下降的一个重要因素。所谓衰老，是指催化剂经过长期使用后活性逐渐下降的现象。催化剂衰老的原因有：长期处于高温下，逐渐变质；温度波动大，使催化剂过热或熔融；气流不断冲刷，破坏了催化剂表面状态。

2. 低温变换催化剂

（1）组成和性能　目前工业上应用的低温变换催化剂主要以氧化铜为主体，具有活性的组分是经过还原后的细小铜微晶。但单纯的铜微晶在操作温度下极易烧结，导致微晶粒增大，比表面积减小，活性下降和寿命缩短。为此，在催化剂中加入氧化锌、氧化铝、氧化铬等添加物，作用是将铜微晶有效地分隔开来，防止铜微晶长大，提高其活性和热稳定性。根据添加物的不同，低温变换催化剂可分为铜锌、铜锌铝和铜锌铬三种。其中，铜锌铝性能好，生产成本低，且无毒。低温变换催化剂的组成范围为 CuO 15％～32％（高铜催化剂可达 42％）、ZnO 32％～62.2％、Al_2O_3 30％～40.5％。

（2）还原与氧化　氧化铜对变换反应无催化活性，使用前需用 H_2 或 CO 将其还原成具有活性的单质铜，其反应式如下：

$$CuO + H_2 \rightleftharpoons Cu + H_2O + 86.7kJ \tag{5-6}$$
$$CuO + CO \rightleftharpoons Cu + CO_2 + 127.7kJ \tag{5-7}$$

氧化铜的还原反应是强放热反应，而低温变换催化剂对热比较敏感，因此，必须严格控制还原条件，将催化剂层的温度控制在 230℃以下。

还原后的催化剂与空气接触，会产生如下反应：

$$2Cu + O_2 \rightleftharpoons 2CuO + 322.2kJ \tag{5-8}$$

如果与大量空气接触，放出的反应热将使催化剂超温烧结，因此，停车取出催化剂前，应先通入少量氧气逐渐将其钝化，在催化剂表面形成一层氧化铜保护膜，才能与空气接触。这一过程称为催化剂的钝化。钝化的方法是用氮气或蒸汽将催化剂层的温度降至 150℃，然后在氮气或蒸汽中配入 0.2％的氧，在温升不高于 50℃的情况下逐渐提高氧的浓度，直到全部切换为空气时，钝化结束。

（3）催化剂的中毒　低温变换催化剂对毒物十分敏感。引起催化剂中毒或活性降低的物质有冷凝水、硫化物和氯化物。

变换系统气体中，含有大量水蒸气，为避免冷凝水的出现，低变温度一定要高于该条件下气体的露点温度。因为冷凝水将直接损害催化剂强度，引起催化剂破碎或粉化，导致催化剂床层阻力增大，同时，冷凝水极易变成稀氨水与铜微晶形成铜氨配合物。冷凝水造成的催化剂失活是永久的，无法再生。

硫化物主要来自原料气和中变催化剂的"放硫"，它能与低变催化剂中的铜微晶、氧化锌反应，使低温变换催化剂永久中毒。当催化剂硫含量达 1.1％时，催化剂就基本失去了活性。所以必须对原料气进行精细脱硫，使硫化氢含量小于 $1cm^3/m^3$，并保证"放硫"安全。一般低变炉上部装有氧化锌，用来进一步脱硫。

氯化物是对低变催化剂危害最大的毒物，当催化剂中氯含量达到 0.01％时，就明显中毒；当氯含量为 0.1％时，催化剂的活性基本丧失。大多数氯化物主要来源于工艺蒸汽或冷激用的冷凝水，为了保护催化剂，要求水蒸气中氯含量小于 $0.01cm^3/m^3$。

3. 耐硫变换催化剂

(1) 组成和性能　由于铁铬系中变催化剂活性温度高、抗硫性差，而铜锌系低变催化剂低温性能虽然好，但活性温区窄，对硫、氯十分敏感。20世纪70年代初期针对重油和煤气化制得的原料气含硫较高、铁铬催化剂不能适应耐高硫的要求，开发了钴钼系耐硫变换催化剂，其主要成分为 CoO 和 MoO_3，载体为 Al_2O_3 等，加入少量碱金属，以降低催化剂的活性温度。耐硫变换催化剂具有突出的耐硫与抗毒害性，低温活性好，活性温区宽。在以重油、煤为原料的合成氨厂，使用耐硫变换催化剂可以将含硫的原料气直接进行变换，再脱硫、脱碳，简化了流程，降低了能耗。常用几种耐硫变换催化剂的性能见表 5-2。

表 5-2　耐硫变换催化剂的性能

国　别	中　国			德国	丹麦	美国
型　号	B301	QCS-04	B303Q	K8-11	SSK	C25-4-02
化学成分 /% CoO	2～5	1.8±0.3	>1	约1.5	约3.0	约3.0
MoO	6～11	8.0±1.0	8～13	约10.0	约10.0	约12.0
K_2O_3	适量	适量		适量	适量	适量
Al_2O_3	余量	余量		余量	余量	余量
其他	—	—		—	—	加有稀土元素
物理性能 颜色	蓝灰色	浅绿色	浅蓝色	绿色	墨绿色	黑色
尺寸/mm	$\phi 5 \times 5$ 条	长 8～12 $\phi(3.5～4.5)$	$\phi(3～5)$球	$\phi 4 \times 10$ 条	$\phi(3～5)$球	$\phi 3 \times 10$ 条
堆密度/(kg/L)	1.2～1.3	0.75～0.88	0.9～1.1	0.75	1.0	0.70
比表面积/(m²/g)	148	≥60		150	79	122
比孔容/(mL/g)	0.18	0.25		0.5	0.27	0.5
使用温度/℃	210～500		160～470	280～500	200～475	270～500

(2) 硫化　钴钼系耐硫催化剂的氧化钴和氧化钼活性很低，在使用前必须将其转化为硫化钴和硫化钼才具有催化活性，这一过程称为硫化。对催化剂进行硫化，可用含氢的二硫化碳，也可直接用硫化氢或用未脱硫的原料气。为了缩短硫化时间，保证活化效果，工业上一般都在干半水煤气（干变换气）中加入二硫化碳为硫化剂。其硫化反应如下：

$$CS_2 + 4H_2 \rightleftharpoons 2H_2S + CH_4 + 240.6kJ \tag{5-9}$$

$$MoO_3 + 2H_2S + H_2 \rightleftharpoons MoS_2 + 3H_2O + 48.1kJ \tag{5-10}$$

$$CoO + H_2S \rightleftharpoons CoS + H_2O + 13.4kJ \tag{5-11}$$

催化剂硫化前需升温，可用氮气或天然气及干半水煤气（干变换气）作为热载体，通过电加热器加热后，进入床层，但不能使用水蒸气，否则会降低催化剂的活性。当催化剂的温度升到200℃时，向系统中加入二硫化碳使其发生氢解产生硫化氢，进行硫化，直到入口和出口气体中的硫化氢含量基本相同时即为硫化终点。硫化反应为放热反应，因此气体中硫化物的浓度不宜过高，以免催化剂超温。硫化时 CS_2 用量一般按 $150kg/m^3$（催化剂）准备。如果用无硫或含硫很低的气体进行变换反应时，可连续或间断地加入少量硫化氢或其他含硫化物的气体以保持催化剂的活性。

硫化反应是可逆反应，在一定的反应温度、蒸汽量和 H_2S 浓度下，活性组分 CoS 和 MoS_2 将会发生水解，放出硫化氢，即反硫化反应，使催化剂活性下降。因此，正常操作时原料气中应有一最低的硫化氢含量。最低硫化氢含量受反应温度及汽气比的影响，温度及汽气比越低，最低硫化氢含量越低，催化剂越不易反硫化。

(3) 催化剂的中毒　耐硫变换催化剂的毒物主要有氧、油污和水等物质。在变换过程中半水煤气中的氧会使耐硫变换催化剂缓慢发生硫酸盐化，使 CoS 和 MoS_2 中的硫离子氧化成硫酸根，继而硫酸根与催化剂中的钾离子反应生成 K_2SO_4，从而导致催化剂低温活性的丧失。所以用于低变的耐硫催化剂前一定要设置一层保护剂及除氧剂（抗毒剂），以避免氧等杂质进入低变催化剂，使催化剂活性下降。

半水煤气中的油污，在高温下易炭化，沉积在催化剂颗粒中，会降低催化剂活性。而水可以溶解催化剂中活性组分钾盐，使催化剂永久性失活。其次当催化剂层温度过高，汽气比高，硫化氢浓度低时，催化剂出现反硫化也会使催化剂失活。

当催化剂由于硫酸盐化和反硫化失活时，可在一定温度和硫化氢浓度下，重新硫化后复活。当耐硫变换催化剂上沉积高分子物时，可用空气与惰性气体或水蒸气的混合物将催化剂氧化，然后再重新硫化使用。

（4）耐硫变换催化剂的特点　　耐硫变换催化剂与其他变换催化剂相比较，具有如下特点。

① 有很好的低温活性。在 180℃ 时即显示优异的活性。

② 有很宽的活性温区。活性温区为 160～400℃，但需要存在一定的硫含量，操作温度越高汽气比越大，要求最低的 H_2S 含量也相应越高。

③ 耐硫、抗毒性能好。因 Co-Mo 系催化剂的活性组分是硫化物（必须将其氧化物变成硫化物后方具活性），这是铁铬系和铜锌系变换催化剂所无法比拟的。

④ 强度好。这类催化剂一般用活性氧化铝浸渍制备，内部无死孔，无压差，不易粉化，经硫化后强度提高 50%。

⑤ 寿命长。在正常条件下，一般可使用五年左右。

⑥ 可再硫化。催化剂主要因反硫化部分失活后（使用后），有时可以通过再硫化使其活性大部分恢复，以延长寿命。

目前耐硫变换催化剂主要用于大、中、小型合成氨厂的中串低流程，也可代替铁铬系中变催化剂用于全低变流程，或替代铜锌催化剂用于"三催化"流程中。

任务小结

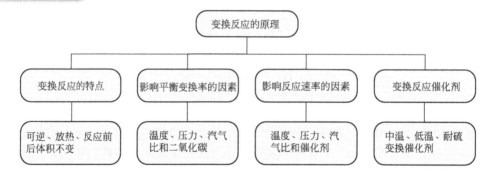

思考与练习

1. 一氧化碳变换反应的原理及特点是怎样的？
2. 写出变换率及平衡变换率。
3. 影响反应速率的因素有哪些？
4. 变换反应的机理是怎样的？
5. 中温变换催化剂的主要组成是怎样的？各组分有何作用？如何使用？
6. 低温变换催化剂的主要组成是怎样的？各组分有何作用？如何使用？
7. 耐硫变换催化剂的主要组成是怎样的？各组分有何作用？如何使用？

资源导读

钴钼系催化剂硫化的方法和步骤

1. 硫化步骤

催化剂升温硫化曲线表见表5-3。

表 5-3　催化剂升温硫化曲线表

阶段	执行时间/h	空速/h^{-1}	床层各点温度/℃	入炉 H_2S 含量/(g/m^3)	备注
(1)升温	12~14	200~300	常温至210		用煤气将系统置换合格后推电炉升温
(2)硫化期	20~24	100~200	210~300	10~15	待出口气的 H_2S 含量≥3g/m^3，床层穿透
(3)强化期	9~10	100~200	300~350 350~450	15~20	变换炉出口 H_2S 含量≥10g/m^3
(4)降温置换	8	200~300	180~200	0.05	出口 H_2S 含量≤0.5g/m^3，并入系统生产

2. 煤气升温阶段

① 常温~120℃（6~8h），120℃恒温2h，120~200℃（4h）。

② 按升温硫化流程调节好有关阀门，压缩机1台，三次出口送气压力＜0.2MPa，最大循环气15000m^3/h（标准状况）。

③ 待电加热器、变换炉各处煤气置换 O_2＜0.5%，电加热器通气正常后，启动3组电炉丝开始煤气升温。

④ 打开循环气体出口阀，关低变炉出口放空阀，将循环气体导入压缩机煤气总管，开始循环升温。

⑤ 电加热器升温时，采取必要措施严格按升温曲线进行。

⑥ 升温期间，严格控制煤气中 O_2＜0.5%，防止电加热器起火，严格控制煤气系统压力不得超过0.3MPa。

⑦ 恒温前应先降低热煤气温度。

⑧ 在煤气升温结束前3h，两硫化罐应按要求灌装好 CS_2，并连接好 N_2 瓶，升压至0.45~0.5MPa，并排水后备用。

⑨ 升温期间，要注意及时排放油分离器和活性炭滤油器导淋，严防油水带入系统。

⑩ 循环升温时，不必开放空，待硫化开始后，可在系统出口处打开放空置换一部分气体，以补充氢气含量。

3. 催化剂硫化阶段

① 12~16h，210~300℃，入炉煤气中 H_2S 浓度为10~15g/m^3（标准状况），300℃恒温8h。

② 升温至床层进口温度达210℃，硫化罐排水后，即可用 N_2 将 CS_2 压入系统，用硫化罐出口阀控制 CS_2 加入量，保证入炉 H_2S 浓度为10~15g/m^3，开始硫化并稍开系统出口放空阀。

③ 硫化时，密切注意硫化罐液位，当快加完时，应立即切断，倒换另一台继续加入 CS_2，退出的一台要立即灌装 CS_2 并加压、排水后备用，两 CS_2 罐交替使用，专人负责。

④ 密切注意床层温度，用电加热器组数、煤气量、煤气换热器进出口煤气副线阀、CS_2加入量或进两炉的升温煤气阀等调节，维持床层温度在 210～300℃。

⑤ 硫化时炉进口 H_2 含量应保证≥25%，便于 CS_2 氢解。

⑥ 待分析炉出口 H_2S 浓度≥3g/m³（标准状况），即 H_2S 穿透床层，维持稳定，应减少或关闭 CS_2 加入量，床层≤300℃恒温 8h。

4. 强化硫化阶段

① 300～350℃、4h，入炉 H_2S 浓度 15～20g/m³（标准状况），350℃恒温 6h。

② 350～450℃、5h，入炉 H_2S 浓度 15～20g/m³（标准状况），450℃恒温 4h。

③ 待 H_2S 穿透底层，300℃恒温结束，增加 CS_2 系统加入量，逐步提高床层温度至 350℃，入炉 H_2S 浓度维持在 15～20g/m³，强化硫化 4h 左右，变换炉出口 H_2S 浓度增至 10g/m³，减少 CS_2 加入量，床层 350℃恒温 6h。

④ 床层 350℃恒温结束后，增加 CS_2 系统加入量，炉温提至 450℃，入炉 H_2S 浓度控制在 15～20g/m³，强化硫化 5h，低变炉进出口 H_2S 基本一致后，再恒温 4h，强化硫化结束。

⑤ 强化硫化过程中，在恒温期间，安排 1～2 次系统螺栓热把紧。

5. 降温置换

① 强化硫化结束，开大变换炉出口放空阀和变换系统出口放空阀放空，逐步退出电加热器，用煤气降温置换，将床层温度降至 300℃，停止加 CS_2，继续用煤气降温置换至 180～200℃，且第二变换炉出口 H_2S 浓度＜0.5g/m³（标准状况）。

② 硫化结束，联系调度停压缩机、关闭送气阀，同时关循环硫化气体去压缩机一入阀门、进出变换系统阀门、硫化煤气管道各阀门。用第二变换炉出口或系统出口放空阀，将系统压力泄到 0.05MPa 后关闭放空，系统保压。

③ 硫化升温管线、设备置换和加盲板：拆开电加热器进口煤气管线阀后法兰和出口管线去两变换炉的阀前法兰，从电加热器导淋导入低压蒸汽，控制压力＜0.3MPa，置换电加热器及其进出口管道、硫化煤气管线，由各盲板处敞口和硫化罐处放空。置换合格后，插上述盲板。

④ 出变换系统回压机一次入口的管线置换：关闭管线两端的阀门，打开一次入口端阀前放空，管内泄压，从变换端阀后倒淋通低压蒸汽置换，控制压力＜0.3MPa，置换合格后，关闭导淋、放空阀，两端阀内法兰加盲板。

⑤ 检查确认其他阀门开关位置符合开车要求后即可联系调度，导气开车。

⑥ 全面检查系统内各阀门的开关情况、仪表情况和盲板抽加情况，并调节正常。

⑦ 联系调度将中压蒸汽送至总阀前，开蒸汽导淋阀进行外管暖管，把脱盐水加入冷凝液储槽。将变换气冷却系统用脱盐水、循环水导入系统并调节正常。

⑧ 联系压缩机一台送气，送气后，开煤气进口阀及导淋阀，打开中压蒸汽自调阀加蒸汽。用变换气出口总阀前放空阀控制系统压力并适当放空。

⑨ 系统升压到 1.0MPa 以上（视后工序需求），变换气合格后，开变换气出口总阀，关放空阀向变脱工序送气。

⑩ 床层温度正常后，半水煤气气量增大，应逐步增加蒸汽用量和提高变换压力，并视催化剂床层温度采用淬冷过滤器及调节煤气入炉温度，将床层温度控制在指标范围内。视合成甲醇生产需要，适时调节变换气中 CO 含量以满足后工序生产要求。至此开车结束转入正常生产。

⑪ 每小时巡回检查一次，各处导淋排放一次。

任务四 控制合成氨变换条件

任务目标

能通过变换反应温度、压力、空间速度及进塔气体成分等控制条件的变化对原料气变换的影响，从变换反应的基本原理的角度分析，得出合成氨变换反应所需最佳条件，从而使学生掌握合成氨变换反应工艺条件的控制方法。

任务要求

➢ 说出合成氨变换控制条件。
➢ 说出中温变换、低温变换、耐硫变换催化剂的组成及使用条件。
➢ 知道催化剂还原、硫化、钝化、再生的原理和操作步骤。

任务分析

要想使变换反应顺利进行，必须在适宜的温度范围内，变换催化剂才能有较好的反应活性；根据合成氨变换反应的化学方程式及化学平衡原理可知，提高反应压力对变换反应平衡无影响，但考虑到对设备材质、工艺操作、安全生产及经济性的要求，合成氨变换反应在一定的压力条件下最为安全经济；空间速度的高低对变换反应生产的影响有利有弊，合理的空间速度有利于变换反应的进行；温度在提高平衡变换率和反应速率方面是相互矛盾的，为了获得较高的变换率，需要使反应在较低的温度下进行，而要使反应有较快的速率，就需要反应在较高的温度下进行。

因此，要想在生产能力一定的条件下获得较高的转化率，必须合理选择合成氨变换工艺条件。

理论知识

一、中温变换工艺条件

1. 温度

温度是 CO 变换的重要工艺条件，由于 CO 变换为放热反应，温度对平衡变换率和反应速率的影响是相互矛盾的：为了获得较高的变换率，需要使反应在较低的温度下进行，而要使反应有较快的速率，就需要反应在较高的温度下进行。对每种催化剂和一定的气体组成必将出现最大的反应速率值与其对应的温度，称为最佳反应温度。对于同一变换率，最佳反应温度一般比相应的平衡温度低几十度。不同变换率下最佳反应温度连接成的曲线称为最佳反应温度线。工业反应器中如果按最佳反应温度线进行，则反应速率最大，即在相同的生产能力下催化剂用量最少。

在变换过程中，反应开始的一段时间内，反应物的浓度较大，CO 含量在较高的范围内，物质组成远离平衡状态，化学平衡对反应的影响不是主要的矛盾，此时主要的问题是如何提高反应速率，所以提高操作温度是有好处的。

随着反应的进行，CO 和蒸汽的浓度逐渐降低，CO_2 和 H_2 浓度逐渐增加，正逆反应速率之差减小，即反应接近平衡状态，化学平衡对反应的影响成了主要矛盾，因此为了提高平衡变换率，在反应后阶段，应渐渐降低温度。

因此，变换过程的温度是综合各方面的因素而定的。

① 应在催化剂活性范围内操作。

② 随着催化剂使用年限的增长，由于中毒、老化等原因，催化剂活性会降低，操作温

度应适当提高。

③ 为了尽可能接近最佳反应温度线进行，可采用分段冷却。段数越多，越接近最佳反应温度线，但流程越复杂。根据原料气中的 CO 含量，一般多将催化剂床层分为一段、二段或多段，段间冷却以降低温度。冷却的方式：一是间接换热式，用原料气、蒸汽或其他介质进行间接换热；二是直接冷激式，用原料气、水蒸气或冷凝水直接加入反应系统进行降温。

但是变换反应是放热反应，操作温度随着反应的进行，总是逐渐升高的，这与后阶段的降低操作温度是矛盾的，为了解决这一矛盾，工业生产上常采用变换反应分段进行，使 CO 与 H_2O 反应在一段进行后，通过移走一部分热量，降低温度后进入下一段催化剂层进行反应，以解决反应速率和平衡转化率的矛盾。各段催化剂层的温度因催化剂型号不同略有差异。

2. 压力

压力对变换反应的平衡几乎没有影响，但加压变换与常压变换相比，具有以下优点：

① 可提高变换反应速率和催化剂的生产能力，可采用较大的空间速度，提高生产强度。

② 加压以后，气体体积缩小，中变炉、低变炉等设备的体积都可以相应减小，使设备紧凑。

③ 湿变换气中水蒸气的冷凝温度高，有利于过热蒸汽回收。

④ 一氧化碳变换后的体积要比转化气体积增大，压缩转化气低于压缩变换气所耗用的功率，比正常变换后再压缩变换气的能耗降低 15%～30%，因而动力消耗降低。但压力升高，CO_2 分压增大，加剧了对设备的腐蚀，对设备和管道材质要求也跟着提高，同时催化剂的耐压强度和蒸汽压力都相应提高。所以一般小型合成氨厂操作压力为 0.6～1.2MPa，大、中型合成氨厂为 1.2～3MPa。

3. 汽气比

汽气比指蒸汽与原料气中一氧化碳的摩尔比，或蒸汽与干原料气的摩尔比。增加水蒸气量，有利于降低 CO 的平衡含量，提高一氧化碳的变化率，加快反应速率，为此生产上均采用过量水蒸气。过量水蒸气的存在，抑制了析炭及甲烷化副反应的发生，保证了催化剂活性组分 Fe_3O_4 的稳定而不被过度还原，同时起到载热体的作用，使催化剂床层温升减小。所以，改变水蒸气用量是调节床层温度的有效手段。

但是水蒸气用量过大，不但催化剂层温度难维持，而且 H_2O/CO 达到 8 以后，变换率的增大就不显著了。为了达到节能降耗的目的，工业生产中应在满足变换工艺要求的前提下，尽量降低水蒸气消耗。降低水蒸气用量，一方面要求选用新型低温活性催化剂，使反应在低温下进行，降低反应的汽气比。另一方面要合理地确定 CO 最终变换率或残余 CO 量，催化剂层段数要合适，段间要冷却良好，加强余热的回收利用均可降低蒸汽消耗。中温变换操作适宜的汽气比为 $H_2O/CO=1.5～3$，经中温变换后气体中 H_2O/CO 可达 15 以上，不必再加蒸汽即可直接进行低温变换。

4. 空速

空速的大小，既决定催化剂生产能力，又关系到变换率的高低。在保证一定变换率的前提条件下，催化剂的活性好，反应速率快，提高空速，可以大大提高催化剂和设备的生产能力。如果催化剂活性差，反应速率慢，空速增大，气体与催化剂的接触时间缩短，反应的完全程度降低，而变换率有所下降。而空速过低，使催化剂和设备的生产能力不能充分发挥。甚至由于生产的反应热少而不能维持床层的活性温度。因此一方面要根据不同的催化剂来选择适当的空速。另一方面，在既定的催化剂条件下，要以变换率和生产能力两者兼顾来选择适当的空速。一般空速在 600～1500h^{-1}。

二、低温变换工艺条件

1. 温度

一氧化碳变换反应从化学平衡观点来看，温度越低，变换率越高。CO 的低温变换与中温变换相比，主要利用温度对化学平衡的影响，而达到将气体进一步净化的目的。变换反应在低温下进行是为了提高变换率，使变换气体中 CO 含量降到 0.3% 以下。但在低温变换过程中，湿原料气有可能达到该条件的露点温度析出液滴，使催化剂粉化失活。所以变换温度不应低于混合气体湿含量下的露点温度，一般要求高于露点温度 20～30℃。低温变换一般控制在 180～260℃。

2. 压力和空速

同中变类似，提高压力，相应增大了一氧化碳和水蒸气的分压，使单位容积中参加反应的分子增多，因而加快了反应速率。压力提高也可提高蒸汽露点，从而提高操作温度下限值。低温变换操作压力一般随中温变换而定，一般为 1～3MPa，空速则随压力升高而增大，当压力为 2MPa 左右时，空速为 1000～1500h^{-1}，压力在 3MPa 左右时，空速则增大到 2500h^{-1} 左右。

3. 入口气体中一氧化碳含量

低温变换催化剂虽然活性高，但操作温度范围窄，对热敏感，如果原料气中 CO 含量高，需要的催化剂量增多，并且反应放出热量多，容易使催化剂层超温，导致催化剂使用寿命缩短，因此低温变换入口气体中 CO 含量一般为 3%～6%。

三、耐硫低温变换工艺条件

1. 温度

耐硫低温变换是在低温下，利用耐硫低变催化剂的低温活性，将变换气中 CO 含量降低到 1% 以下。为了保证低变出口气 CO 的变换率，催化剂需分段。确保变换炉出口 CO 含量在工艺指标范围内，其温度的控制除了必须在催化剂活性温度范围外，各段低变催化剂温度还应按最适宜温度分布。同时为了防止水蒸气冷激，使催化剂活性下降，还应根据气体中水蒸气含量，以高于露点 30℃ 的前提来确定低变过程温度下限。因此耐硫低温变换操作一般入口温度为 180～220℃，热点温度为 210～240℃。随着催化剂使用时间的延长，催化剂活性降低，操作温度应适当提高，床层提温应遵循"慢提、少提"的原则，因为温度提高会降低 CO 的平衡变换率，并可能发生反硫化反应。

2. 压力和空速

耐硫低温变换的压力由进入低变系统的原料气压力决定，一般为 0.8～3MPa。空速与催化剂的型号和压力有关，不同型号的催化剂确定不同的空速，且空速随压力上升而增大。低变催化剂空速一般控制在 1000～2000h^{-1}。

3. 入口气体中氧含量

进入低变系统原料气中氧含量增高，会引起耐硫低变催化剂床层温度上升，导致活性组分被不同程度地硫酸盐化，造成催化剂活性下降，所以耐硫低温变换入口气体中氧含量应小于 0.5%。

4. 半水煤气中硫化氢含量

在 CO 变换过程中，如果半水煤气中硫化氢含量高，则耐硫低温催化剂中钴和钼以硫化物形式存在，使催化剂维持高活性。但硫化氢含量过高会使变换系统腐蚀加剧，并增加后工段二次脱硫的压力。当反应温度高、汽气比大而气体中硫化氢含量不足时，易使低变催化剂出现反硫化现象，造成催化剂失活。所以半水煤气中应维持一定的硫化氢含量，全低变流程一般控制硫化氢含量约 150mg/m^3（标准状况），而中低变流程由于中变催化剂不耐硫，半水煤气中的硫化氢含量约 100mg/m^3（标准状况），中串低流程的硫化氢含量约 50mg/m^3（标准状况）。

任务小结

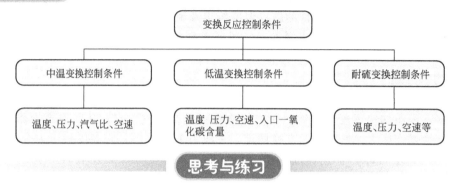

思考与练习

1. 中温变换工艺条件有哪些？如何控制？
2. 低温变换工艺条件有哪些？如何控制？
3. 耐硫变换工艺条件有哪些？如何控制？

任务五　操作合成氨变换装置

任务目标

通过对合成氨变换装置原始开始、正常开车、正常生产操作、正常停车、紧急停车步骤及常见问题原因分析和处理方法的学习，使学生掌握合成氨变换生产装置不同状态下的操作方法，能判断和处理常见问题。

任务要求

➢ 了解合成氨变换生产装置原始开车步骤。
➢ 掌握合成氨变换装置系统置换方法和合格标准。
➢ 说出合成氨变换生产装置正常开车步骤。
➢ 说出合成氨变换生产装置正常停车及紧急停车标准。
➢ 知道合成氨变换生产装置正常操作要点。

任务分析

合成氨变换生产装置的开车分为原始开车和正常操作，原始开车又包括开车、短期停车后开车、长期停车后开车，合成氨装置的正常操作主要是催化剂层温度、蒸汽用量、氧含量、气体成分的控制。

合成氨装置的停车分为短期停车、长期停车和紧急停车，根据停车目的不同而停车方法有一定差异。

理论知识

一、原始开车

1. 开车前系统所处的状态

① 系统吹扫、置换完毕。

② 各处盲板抽、堵正确。

③ 变换炉催化剂装填完毕未进行升温硫化。

④ 各仪表及微机均正常。

⑤ 变换用中压蒸汽、脱盐水、软水、冷却水的各项指标在要求范围内。

⑥ 系统具备充压条件。

⑦ 其他正常生产条件具备。

2. 系统升温硫化

系统升温硫化可参照全低变催化剂升温硫化规程进行。

3. 系统开车

系统在升温硫化结束后联系调度从压缩三段导入煤气，稍开半水煤气入工段阀，以小于 0.4MPa/15min 的速率充压至 1.6～1.8MPa，在充压过程中，检查系统设备、管道、人孔是否有泄漏。然后根据炉温情况适时添加蒸汽，开变换气出系统放空阀，蒸汽应由少到多添加，用系统放空来调节气量，等变换炉出口 CO 含量合格或 H_2S 含量合格后向后工序送气。

二、短期停车后的开车

1. 开车前系统应处的状态

① 变换炉催化剂层温度均在活性范围内。

② 各仪表及微机均正常。

③ 变换用中压蒸汽、脱盐水、软水、冷却水各项指标在要求范围内。

④ 系统具备充压条件。

⑤ 其他正常生产条件具备。

2. 开车

① 接调度指令，接收蒸汽进行暖管，排放积水，空压站送仪表空气，供汽车间送软水。

② 稍开半水煤气入工段阀，以小于 0.4MPa/15min 的速率充压至 1.6～1.8MPa。

③ 开变换炉出口放空，气体进变换炉温度用蒸汽调节，如停车时间长，开车较慢，开车前检查增湿器，将喷水阀全关死。并可根据情况适当开增湿器二段蒸汽添加阀来提高炉温，当炉温正常后，变换炉出口 CO 含量合格或 H_2S 含量合格后向后工序送气。

三、长期停车后的开车

1. 开车前系统所处的状态

① 各处盲板抽、堵位置正确。

② 变换炉催化剂层温度均在活性温度以下。

③ 中压蒸汽、脱盐水、软水、冷却水各项指标在要求范围内。

④ 各仪表及微机均正常。

⑤ 各运转设备备车。

⑥ 系统具备充压条件。

⑦ 其他正常生产条件具备。

2. 系统升温

① 采用半水煤气，通过电加热器对变换炉进行循环升温，升温流程如下：半水煤气→电加热器→变换炉一段→增湿器一段→变换炉二段→增湿器二段→变换炉三段→前换热器→软水加热器→变换气冷却器→变换气气水分离器→升温罗茨风机→电加热器。

升温过程可根据变换炉各段温度适当调节变换炉各段升温硫化进口阀和各段放空阀来调节各段催化剂升温速率。

② 当变换炉各段床层温度均达到 190℃以上时，即可停止变换炉的升温工作，变换炉各段升温进口加盲板。按 0.4MPa/15min 的速度进行提压至 1.6～1.8MPa，按正常开车步骤开车。

四、系统停车

1. 短期有计划停车

① 停车时提前 4h 提变换炉床层温度，维持高限运行。

② 接调度指令，关入工段半水煤气进口阀，同时关闭各段催化剂层蒸汽添加阀及各喷水阀、冷却水循环阀、软水循环阀。

③ 根据检修情况，全部或部分泄压并做好工艺处理。当催化剂层任何一点温度接近露点温度时，须将系统降至常压，然后用半水煤气或惰性气体保压。

④ 系统停车后要注意各导淋处的排水。

2. 长期有计划停车

① 按"短期有计划停车"步骤停车。

② 检查并关闭以下阀门：半水煤气人工段阀、净化气出口阀、各副线阀、各段蒸汽添加阀，及蒸汽总阀、喷水阀、脱盐水人工段总阀、软水及冷却水循环阀、各导淋阀。

③ 系统泄压后炉内用 N_2 正压保护，保压用 N_2 中氧含量必须小于 0.5%，或系统用气柜干煤气保压。

3. 紧急情况下的停车

出现下列情况系统应做紧急停车处理：断电、断半水煤气、断仪表空气、微机掉电、断蒸汽、断冷却水、断软水及意外设备爆炸事故等均按以下方法进行紧急停车处理。

① 发全厂停车"紧急"信号，并联系调度。

② 切断人工段半水煤气阀。

③ 其余按短期停车方法执行。

4. 停车后注意事项

① 每班抽专人看管各层炉温度、压力，并做好记录。

② 系统无压力时，应及时用氮气或干煤气对变换炉进行保压，保持微正压。

③ 冬季停车时应注意：

a. 稍开各静止设备、运转设备冷却水阀，保持水管内缓慢流动。若循环水停车应将各水冷器和运转设备及管线内冷却水排净。

b. 全部导淋水排净，增湿器各喷水管线也应该将水排净。

五、正常操作和控制要点

变换的正常操作，关键在于熟悉流程，掌握设备结构以及变换反应的基本理论和要点。要经常注意前后岗位的变化，加强联系，勤检查，细调节，稳定生产，保证工艺指标。

① 用添加蒸汽的办法，控制汽气比在 0.2 左右。

② 用冷激副线阀、后换热器煤气副线阀、一变气副线阀以及前换热器进口阀、后换热器变换气出口阀的开启度和添加蒸汽的办法来控制变换炉一段催化剂层温度。

③ 通过增湿器一段喷水量或调节后热交换器壳程副线阀和后换热器出口阀的开启度来控制变换炉二段进口温度，从而达到控制二段催化剂层温度的目的。

④ 通过添加蒸汽或增湿器二段喷水量以及变换炉二、三段进口副线来控制变换炉三层进口温度，以控制三层催化剂温度。

⑤ 变换炉各段温度调节，以各段"灵敏点"温度的变化来判断，可及时发现催化剂的波动，从而达到控制床层温度的目的。

⑥ 加减冷却器的冷却水量来控制变换气出工段气体温度。

⑦ 生产负荷增减，应及时调节蒸汽用量和副线开启度以及增湿器喷水量。

⑧ 要经常巡回检查，及时排放各导淋阀，排放过滤器油水，清洗丝网除油过滤器内丝网。严禁带水入炉，造成变换催化剂粉化结皮结块。

⑨ 短期停车计划检修时，应保持系统处于正压状态。

⑩ 当操作或分析发现煤气中氧含量达 0.5% 时，应及时联系有关单位，查找氧含量高的原因，并连续分析，开大煤气副线或通过减量及压缩五、六段回气来降低炉温，当煤气中 $O_2 \geqslant 1.0\%$ 时应发紧急停车信号。

⑪ 变换炉一、二、三段入口温度为主要控制参数，要求在露点温度以上 $30℃$ ，以防半水煤气及变换气中的蒸汽冷凝。

⑫ 应尽可能在低温下操作，提高温度虽可加快反应速率，但这是短期行为，另外易引起反硫化现象的发生。

⑬ 操作中要密切对照入出口 H_2S 含量，当出口 H_2S 含量明显高于入口 H_2S 含量时，即发生了反硫化，要及时联系常压脱硫提高半脱塔出口 H_2S 含量，在保证出口指标的前提下，降低蒸汽含量和床层温度。

⑭ 坚决避免因气体成分变化导致变换炉超温用加大蒸汽压温的方法进行处理，使过量蒸汽带入变换炉造成变换催化剂发生反硫化。

六、异常现象及处理

异常现象及处理见表 5-4。

表 5-4　异常现象及处理

现象	原因	处理方法
催化剂层温度下降	(1)蒸汽加入量少 (2)冷煤气量大 (3)煤气中 CO 含量低、催化剂老化活性低 (4)喷水量大 (5)催化剂反硫化 (6)热交换器泄漏	(1)调节蒸汽用量 (2)减少冷煤气量 (3)联系调度查明原因并处理 (4)减少喷水量 (5)控制 H_2S 含量和汽气比,催化剂重新硫化 (6)更换热交换器或停车堵漏
催化剂层温度上升	(1)半水煤气中 CO、O_2 含量增高 (2)冷煤气量少 (3)喷水量少	(1)加大冷煤气量、减少半水煤气量直至切气 (2)加大冷煤气量 (3)加大喷水量
出系统 CO 含量增高	(1)汽气比小 (2)蒸汽压力低 (3)炉温波动大 (4)催化剂活性低 (5)催化剂层有短路 (6)换热器内漏 (7)催化剂反硫化	(1)适当加大蒸汽量 (2)联系调度,提高压力 (3)稳定操作 (4)查明原因并处理 (5)停车处理 (6)处理换热器 (7)控制 H_2S 含量和汽气比,催化剂重新硫化
催化剂反硫化	(1)进系统硫化氢含量低 (2)入口气温度高,热点温度高 (3)入口汽气比高	(1)提高硫化氢含量 (2)降低入口温度 (3)降低汽气比
系统阻力大	(1)催化剂层阻力大 (2)增湿器填料层阻力大 (3)换热器堵塞 (4)负荷大、阀门开启度不够	(1)减小负荷或停车处理 (2)提高脱盐水水质,减小负荷或停车处理 (3)停车处理 (4)减小负荷或开大阀门
系统着火或爆炸	(1)设备、管道漏气 (2)系统氧含量高 (3)系统超压	(1)用蒸汽灭火,处理漏点 (2)紧急停车处理 (3)紧急停车处理

七、变换炉的升温硫化

升温硫化流程，采用半水煤气，通过电加热器对变换炉进行循环升温硫化。流程如下：半水煤气→电加热器→变换炉一段→增湿器一段→变换炉二段→后换热器→增湿器二段→变换炉三段→前换热器→软水加热器→变换气冷却器→变换气气水分离器→升温罗茨风机→电加热器。

1. 升温硫化前的准备

① 变换催化剂装填完毕，设备、仪表检修完毕，验收合格。

② 升温前硫化用 CS_2 必须装入储槽内，槽内加密封水，加压所用氮气管线连接好就位，CS_2 流量计接好备用。

③ 检查下列阀门处于开启位置：变换炉一段升温进口阀、升温煤气回罗茨风机进口总管阀、电加热器进口阀。

④ 检查下列阀门处于关闭位置：CS_2 储槽出口阀，变换炉二段升温进口阀，变换炉三段升温进口阀，换热器变换气出口阀，前换热器煤气进口阀，冷激副线阀，蒸汽混合处到后换热器间不经后换热器到变换炉一段进口的副线阀，变换去出口阀，变换炉各段放空阀以及其他各设备的放空和导淋阀，蒸汽以及脱盐水去进口阀。

⑤ 检查下列盲板已抽。变换炉一段升温煤气进口阀前，变换炉二段升温煤气进口阀前，变换炉三段升温煤气进口阀前。以下盲板在循环法时抽去，在一次通过法时堵上：变换炉一段气体出口后，变换炉二段气体进口前，变换炉二段气体出口后，变换炉三段气体进口前，变换炉三段气体出口后。

2. 升温、硫化

① 启动煤气风机向系统送入煤气。

② 开电加热器煤气专线进口阀，并调节好流量。

③ 开电炉，并按升温硫化控制要求控制好温度。

④ 待变换炉出口煤气气温升至 50℃ 左右时开变换气冷却器上水对气体进行降温。

⑤ 待炉温升至 180℃ 左右，最低点温度达到 150℃，进入硫化初期，开 CS_2 储槽氮气阀向系统加入 CS_2 进行硫化，并开始作变换炉进出口气体含量分析，调节 CS_2 浓度在 20～40g/m³。根据变换炉各段出口 H_2S 含量可适当调节变换炉各段升温硫化进口阀开启度。当气体中 H_2S 含量过高时可适当开各段的放空阀。

⑥ 当各段出口 H_2S 含量 $\geqslant 3g/m^3$ 时，可以认为硫化剂穿透整个床层，进入硫化主期，调节 CS_2 浓度在 40～60g/m³，逐步提高电炉出口温度，确保床层各点温度为 400～450℃，保持 4h。

⑦ 当分析各段出口 H_2S 含量 $\geqslant 15g/m^3$ 时，硫化主期结束，进入降温期，开变换炉各段放空阀，关升温煤气去罗茨风机进口阀，调节 CS_2 浓度在 10g/m³，电炉出口温度逐步降至 210℃，当催化剂层温度降至 360℃ 时，关 CS_2 储槽出口阀，停加 CS_2，分析出口 H_2S 含量 $\leqslant 0.5g/m^3$ 时，降温结束。

⑧ 停电炉。

⑨ 关电加热器煤气进口阀，变换炉一、二、三段升温硫化煤气进口阀，变换炉各段放空阀。升温硫化结束后，变换炉保持正压，变换炉各段升温进口阀前加盲板。

八、应急预案

1. 断电处理预案

① 如果是全厂断电，按紧急停车步骤进行相应操作。

② 如果本岗位微机断电，通知调度。

③ 如果调度通知暂时维持系统生产，则利用现场就地仪表稳定系统生产。

④ 如时间长通知调度减负荷或停车处理。

⑤ 通知相关部门处理问题。

2. 断脱盐水处理预案

① 发现岗位断脱盐水，立即通知调度。

② 查找是脱盐水管网还是工段问题。

③ 如果是脱盐水管网问题迅速关闭脱盐水总阀及增湿器添加阀，通知调度减量低负荷生产，降低蒸气温度，各段可适当加蒸汽，稳定炉温，防止超温。或按紧急停车处理。

④ 如果是脱盐水减压阀问题，将旁路打开稳定压力，维持系统生产，并立即通知有关部门进行处理。

⑤ 如各段自调阀问题，可改用手动或旁路调节。

3. 断循环水处理预案

① 如发现变换气冷却器循环冷却水量少，立即通知调度联系查找原因。

② 如果是循环冷却水压力低，立即通知调度联系提高水压。

③ 如变换气冷却器循环冷却水断，通知调度按紧急停车处理。

④ 打开变换气冷却器管间排气阀。

⑤ 根据情况确定是否切断人工段煤气阀，系统保温保压。

⑥ 开车时先将循环水接入系统，并打开变换气冷却器管间排气阀，确保无气阻现象，按正常开车程序开车。

4. 断仪表压缩空气处理预案

① 仪表压缩空气如压力过低（≤0.4MPa），通知调度提高压力，检查空气分离过滤罐是否有问题。

② 如断压缩空气联系调度是否作停车处理，如调度通知停车，按紧急停车处理。

③ 如调度通知维持系统生产，则用现场自调阀前后切或旁路调节。

④ 如系统不好维持，通知调度减量或停车。

5. 断蒸汽或中压蒸汽压力低于系统压力处理预案

① 发现蒸汽压力低时及时联系调度，提高蒸汽压力或降低系统压力。

② 发现本岗位断蒸汽，立即通知调度。

③ 查找是蒸汽管网断蒸汽还是本岗位的问题。

④ 如果是蒸汽管网断蒸汽，立即关闭蒸汽总阀及各段蒸汽添加阀，严防煤气倒入蒸汽管网，联系调度按紧急停车步骤进行相应操作，关各增湿器加水阀，视系统情况决定是否切断人工段煤气阀使系统处于保温保压状态。

⑤ 检查蒸汽流量自调阀现场指针刻度，如果是蒸汽流量自调阀坏，加不上蒸汽，立即将蒸汽流量旁路打开，根据生产负荷情况决定开启程度。

⑥ 检查蒸汽减压阀现场指针刻度，如果是蒸汽减压阀问题，可改用旁路调节。

⑦ 通知调度联系相关单位处理相应问题。

6. 软水加热器断水处理预案

① 如发现软水流量减少或变换气出水加热器温度异常，软水加热器软水出口温度有异常，立即联系调度。

② 如是人工段脱盐水压力低，通知调度提脱盐水压力（0.6MPa）。

③ 如断脱盐水，加大变换气冷却器循环水量，若温度控制不住，则按紧急停车处理。

④ 根据情况确定是否切断人工段煤气阀，系统保温保压。

⑤ 脱盐水恢复后将排气阀门打开排气，以免形成气阻，然后按开车程序正常开车。

7. 系统大量跑气或着火处理预案

① 发紧急停车信号，并汇报调度及有关领导。

② 联系调度进行停车操作。

③ 迅速关闭人工段煤气阀及各层蒸汽阀、蒸汽总阀、各增湿器喷水阀及脱盐水总阀。

④ 迅速关闭靠近着火点处的系统阀门，切断着火源或跑气点。

⑤ 通知消防队到现场扑救，现场操作者必须配戴好防护用品。

⑥ 温度高的管线不要用水灭火，以防冷激使管道炸裂。

⑦ 根据情况确定是否要泄压或局部泄压（换热器泄压要注意壳程与管程压差不可过大），泄压速度 0.4MPa/15min，当压力泄到 0.05MPa 时停止泄压。

⑧ 按操作方法规定的系统停车步骤进行相应操作。

九、安全技术规程

① 系统泄压时，应控制好泄压速度，并注意各压力是否正常，泄压时各段泄压速度按 0.4MPa/15min。

② 应了解设备、管道的压力等级，严防高压介质进入压力等级较低的设备、管道，导致超压。

③ 变换系统充压时应整体充压。

④ 设备交出检修时，应确认泄压、置换、有效隔离。

⑤ 控制加减负荷速度，保持系统稳定。

⑥ 催化剂升降温安全技术规定见升降温注意事项。

任务小结

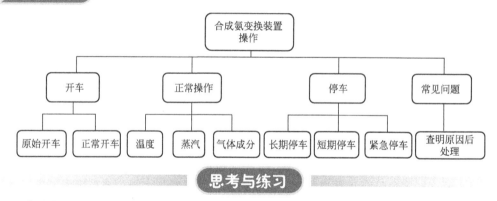

思考与练习

1. 合成氨变换生产装置正常开车步骤有哪些？

2. 合成氨变换生产装置正常操作控制要点是什么？

3. 合成氨变换生产装置短期停车步骤有哪些？

4. 合成氨变换生产装置在什么情况下紧急停车？如何操作？

任务六 合成氨变换岗位安全操作及环保措施

任务目标

通过对合成氨变换岗位各种物料理化性质的学习，结合岗位常见事故的处理及事故案例分析，了解合成氨变换岗位安全生产特点，掌握本岗位安全生产要点，并结合所学专业知识，会判断和处理常见事故。同时，对本岗位"三废"处理知识也要有一定的了解。

任务要求

➢ 掌握合成氨变换岗位几种物料的理化性质。
➢ 能说出本岗位安全生产特点。
➢ 了解本岗位常见事故及处理方法。
➢ 知道本岗位安全操作注意事项。
➢ 了解本岗位"三废"处理方法。

任务分析

安全操作的要点是掌握岗位物料性质，以避免形成发生不安全事故的条件。掌握岗位安全生产特点，避免跑冒滴漏，严格按操作规程精心操作，会处理不正常情况，一切事故都是可以避免的。

理论知识

一、原料气变换岗位安全操作

1. 原料气变换岗位安全特点

该工段最大的特点是温度高、压力高，有粉尘，气体中 CO、H_2 属于易燃易爆易中毒气体。因此，本岗位易发生火灾、爆炸、急性中毒事故。

2. 主要物料的理化性质

物料主要有 CO、H_2S、CS_2 等。

（1）一氧化碳　见项目三任务一。

（2）氢气　无色、无味气体；相对密度 0.07；沸点 $-252.8℃$，熔点 $-259.2℃$；不溶于水，不溶于乙醇、乙醚；是一种易燃气体，与空气混合能形成爆炸性混合物，遇热、明火即会发生爆炸；其爆炸极限为 4.1%～74.1%；引燃温度 400℃。气体比空气轻，在室内使用和储存时，漏气上升滞留屋顶不易排出，遇火星会引起爆炸。

氢气在生理学上是惰性气体，仅在高浓度时，由于空气中氧分压降低才会引起窒息。在很高的分压下，氢气可呈现出麻醉作用。

轻微吸入，可将患者抬至空气新鲜处，吸入氧气，喝红糖水解毒。重度患者应立即报气体防护站，到医院就诊。

（3）硫化氢　硫化氢分子式 H_2S，是无色、剧毒、酸性气体。有一种特殊的臭鸡蛋味，即使是低浓度的硫化氢，也会损伤人的嗅觉。用鼻子作为检测这种气体的手段是致命的。

室温下稳定。可溶于水，水溶液具有弱酸性，与空气接触会因氧化析出硫而慢慢变浑浊。能在空气中燃烧产生蓝色的火焰并生成 SO_2 和 H_2O，在空气不足时则生成 S 和 H_2O。有剧毒，即使稀的硫化氢也对呼吸道和眼睛有刺激作用，并引起头痛，浓度达 1mg/L 或更高时，对生命有危险，所以制备和使用 H_2S 都应在通风橱中进行。

生产过程密闭，全面通风；可能接触其蒸气时，应该佩戴防毒口罩，必要时带自给式呼吸器；戴化学安全防护眼镜；穿相应的防护服；戴防化学品手套；工作现场严禁吸烟，工作后，淋浴更衣，注意个人清洁卫生。

（4）二硫化碳　无色液体。纯的二硫化碳有类似氯仿的芳香甜味，但是通常不纯的工业品因为混有其他硫化物（如羰基硫等）而变为微黄色，并且有令人不愉快的烂萝卜味。CS_2 可溶解硫单质或白磷。

二硫化碳是损害神经和血管的毒物。急性中毒：轻度中毒有头晕、头痛、眼及鼻黏膜刺激症状；中度中毒有酒醉表现；重度中毒可呈短时间的兴奋状态，继之出现谵妄、昏迷、意识丧失，伴有强直性及阵挛性抽搐。可因呼吸中枢麻痹而死亡。严重中毒后可遗留神经衰弱综合征，中枢和周围神经永久性损害。慢性中毒：表现有神经衰弱综合征，植物神经功能紊乱，多发性周围神经病，中毒性脑病。眼底检查：视网膜微动脉瘤，动脉硬化，视神经萎缩。

急救措施如下。

皮肤接触：立即脱去污染的衣着，用大量流动清水冲洗至少 15min，就医。

眼睛接触：提起眼睑，用流动清水或生理盐水冲洗。就医。

吸入：迅速脱离现场至空气新鲜处，保持呼吸道通畅，如呼吸困难，应输氧，如呼吸停止，立即进行人工呼吸，就医。

食入：饮足量温水，催吐，就医。

3. 本岗位主要安全事故原因、处理方法

(1) 变换催化剂烧坏

原因：

① 升温时催化剂层温度达到 300℃时，出现还原反应容易使温度失控而超温。

② 升温风机有抽负压现象，使氧含量升高。

③ 正常生产时半水煤气中的氧含量超标。

④ 炉负荷太小，使一层催化剂反应热不易下移，造成一层催化剂超温。

处理方法：

① 要及时调节炉温，按照规定减负荷，加强技术协作。

② 提高技术水平使操作稳定。

③ 升温还原要完全、稳定。

④ 控制好饱和塔液位，加强排放冷凝水，并要注意蒸汽是否带水。

(2) 热水泵出口压力下降

原因：

① 有气体进入泵壳内。

② 叶轮出问题。

③ 入口阀芯脱落或入口管道有杂物。

处理方法：

① 打开出口管道上的排水阀连水带气排一会儿。

② 停泵检修。

③ 更换阀或打开入口管取出杂物。

(3) 变换工段中毒事故

原因：

① 抽堵煤气管道盲板或紧固漏气法兰时，不佩戴防护用具。

② 利用变换余热取暖，煤气倒入水暖系统或煤气倒入蒸汽系统。

③ 检修设备时，不隔离、不置换、不分析而盲目进入作业。

④ 分析取样管漏气。

⑤ 设备或管道漏气。

预防措施：

① 煤气管路抽堵板或紧固漏气法兰时，一定要佩戴防护用具。

② 生产中注意蒸汽和水的压力高于煤气压力，防止煤气倒入水或蒸汽系统。

③ 检修设备时一定要遵守进塔入罐的有关规定。

④ 分析取样管防止泄漏并将排气管引到室外。

⑤ 加强设备、管道的维护保养，防止跑、冒、滴、漏。

（4）变换炉爆炸

原因：

① 设计考虑不周，制造有缺陷。

② 开、停车频繁，温度猛升、猛降，引起管道、人孔等部位泄漏，造成着火爆炸。

③ 半水煤气中氧含量严重超标，过量氧引起爆炸。

④ 罗茨鼓风机或压缩机抽负，空气吸入系统。

预防措施：

① 确保变换炉设计制造质量，检修时人孔盖的焊接也要保证质量，材质也要符合要求。

② 保证水、电、气供应正常，稳定生产，均衡生产。

③ 催化剂升温还原和氧化降温时，控制好升、降温速率。

④ 严格控制半水煤气中氧含量小于 0.5%，防止鼓风机和压缩机抽负。

二、变换岗位环保措施

① 严格执行岗位操作规程，控制各项指标在工艺规程范围内，按时如实填写记录报表，发现问题应积极主动处理并向上级领导汇报。

② 按时定点进行巡回检查，管理和维护保养好本岗位范围内所属设备、管道、阀门、仪表、信号等，发现不正常现象及时处理并和相关岗位联系。

③ 必须按操作规程开、停车，不能反转的设备一定要搞清楚电机转动方向后才能与设备连接，同时应标明转向。

④ 按规定定期检查备用设备的机械性能、电气性能等。

⑤ 注意动密封的填料使用情况，积极主动地消除跑、冒、滴、漏。填料压盖盖紧后，应及时联系检修加填料。

⑥ 各岗位范围内的阀门、丝杆、丝母要定期加油，丝杆裸露部分加油后应加保护套。

⑦ 按计划加换润滑剂，设备大、中修时，应同时更换润滑剂。更换时，必须将油槽、油杯、油管线、油泵、油过滤网、油换热器等，凡是接触润滑剂的部位的残油、油泥等杂质清理干净，必要时进行化学清洗。

⑧ 加油设施应经常保持清洁，定期清洗，不允许有油泥。

⑨ 厂房内要保持通风良好，特别是有毒气体通过时一定要打开门窗进行换气。

⑩ 长期工作地点，有毒气体规定：NH_3 含量 $<30mg/m^3$，CO 含量 $<30mg/m^3$，H_2S 含量 $<10mg/m^3$。

⑪ 不要在高温管道附近放置可燃、易燃物品。

⑫ 对电气设备不懂时不要乱动，必须通知电工处理。

⑬ 运转设备开车前应进行盘车，启动停车一周以上的电机前，应联系电工检查绝缘，合格后方能启动。

⑭ 需要检修的设备与生产设备连接时，必须采取隔断措施，以防互通。

⑮ 登高作业时，应戴安全带。出操作间检查、作业时，应戴安全帽。

⑯ 有水封的地方，一定要加满水，保持适量溢流，并经常检查，保证水封好用。

⑰ 电气设备应有良好的接地装置，高大建筑物、设备应有避雷装置。

⑱ 灭火器材、防毒面具应定期检查，确保好用。

⑲ 不准在易燃区随意动火，以防火灾及爆炸，必须动火时，应办动火证。必须分析 $CO+H_2$ 含量 $\leqslant 0.5\%$ 后方能进行。

⑳ 气体放空时不能过猛，以免产生静电而引起爆炸。

○21 系统泄压时，应控制好泄压速度，并注意各压力是否正常，泄压时各段汽压速度按 0.4MPa/15min。

○22 应了解设备、管道的压力等级，严防高压介质进入压力等级较低的设备、管道，导致超压。

○23 变换系统充压时应整体充压。

○24 设备交出检修时，应确认泄压、置换、有效隔离。

○25 控制加减负荷速度，保持系统稳定。

○26 催化剂升降温安全技术规定见升降温注意事项。

任务小结

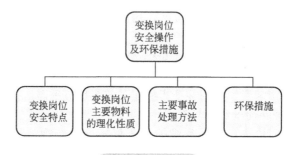

思考与练习

1. 变换岗位的安全特点是什么？
2. 变换岗位的安全操作是怎样的？
3. 变换催化剂烧坏如何处理？
4. 变换岗位断电如何处理？
5. 利用网络查阅本岗位有哪些安全事故，原因如何，怎样防范。

项目六
合成氨生产原料气脱碳

任务一　聚乙二醇二甲醚 (NHD) 法脱碳

任务目标

能从聚乙二醇二甲醚的性质出发，从完成生产任务角度分析，选择适宜的工艺条件，熟悉典型生产工艺流程，理解岗位操作，能辨别并处理简单的生产事故。

任务要求

➤ 解释聚乙二醇二甲醚法脱碳的原理。
➤ 指明聚乙二醇二甲醚法脱碳的设备与作用。
➤ 总结聚乙二醇二甲醚法脱碳的操作方法。
➤ 总结聚乙二醇二甲醚法脱碳工艺条件的选择。
➤ 归纳生产危险因素及安全生产要点。

任务分析

脱碳是指利用物理或化学方法将合成氨原料气中的 CO_2 除去的操作。从变换工序来的原料气中 CO_2 含量高达 30%。合成气中的 CO_2 能使后续合成工序的氨合成催化剂中毒，严重影响合成反应。CO_2 在低温下还会固化变为干冰，堵塞设备和管道。因此，氨合成原料气中的 CO_2 必须除去以达到合成反应对 CO_2 含量的要求。此外，CO_2 是生产尿素、干冰、纯碱等产品的原料，需要对脱除的 CO_2 进行回收利用。

图 6-1　物理吸收法分类

目前广泛使用的脱碳方法可分为物理吸收法、化学吸收法和物理化学吸收法三大类。

如图 6-1 所示，物理吸收法是利用 CO_2 比 H_2 和 N_2 在液体吸收剂中的溶解度大的性质来将 CO_2 吸收脱除。根据吸收剂的不同，常用的方法有加压水洗法、聚乙二醇二甲醚法、低温甲醇法等。吸收后富液用闪蒸或汽提进行再生。

聚乙二醇二甲醚是一种物理性溶剂，能选择性吸收 CO_2 和 H_2S。该溶剂具有无毒、对设备无腐蚀、操作过程中不起泡等优点。

理论知识

一、聚乙二醇二甲醚法流程

聚乙二醇二甲醚脱碳流程如图 6-2 所示。经变换来的原料气经气-气换热器冷却后进入

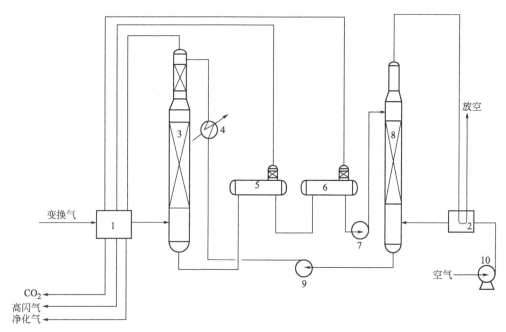

图 6-2　聚乙二醇二甲醚脱碳流程

1,2—换热器；3—脱碳塔；4—氨冷器；5—高压闪蒸槽；6—低压闪蒸槽；
7—富液泵；8—汽提塔；9—贫液泵；10—鼓风机

脱碳塔，与从塔顶喷淋下来的 NHD 溶剂进行逆流接触，气体中的 CO_2 被溶剂吸收，净化气从脱碳塔顶引出分离液体后经气-气换热器加热后送往后工序。

从脱碳塔底部排出的富液送往高压闪蒸槽和低压闪蒸槽，闪蒸出高浓度的 CO_2 气体。经气-气换热器加热后送往尿素工段。从低压闪蒸槽出来的溶剂中由于还残留少量 CO_2，用泵加压后送往汽提塔用 N_2 或空气进行汽提再生，再生后的贫液经贫液泵加压、氨冷器冷却后打入脱碳塔顶部。

该流程分为脱碳和再生两部分。脱碳要求在低温下进行，能提高 CO_2 在溶液中的溶解度。再生采用闪蒸的方法，为了回收热量，将脱碳气与原料气进行换热，将原料气降温。

二、聚乙二醇二甲醚法设备

脱碳的主要设备为脱碳塔和汽提塔，两塔均采用操作稳定、检修方便的填料塔。辅助设备包括换热器、闪蒸槽、水力透平等。

三、聚乙二醇二甲醚法原理

聚乙二醇二甲醚吸收 CO_2 属于物理性吸收，在吸收过程中并无化学反应发生。此法利用 CO_2 在聚乙二醇二甲醚中的溶解度大将 CO_2 从原料气中分离出来。聚乙二醇二甲醚结构式为 $CH_3-O-(C_2H_4O)N-CH_3$，$n=2\sim9$，相对分子质量 $250\sim280$。凝固点 $-22\sim-29℃$，闪点 $151℃$。

四、聚乙二醇二甲醚法条件

1. 温度

表 6-1　不同温度下 CO_2 在聚乙二醇二甲醚中的溶解度

温度/℃	-10	-5	5	20	40
平衡溶解度/(m^3CO_2/m^3 溶剂)	37	28	21	16	10.5

由表 6-1 可见，当 CO_2 分压一定时，随着吸收温度的降低，CO_2 在聚乙二醇二甲醚中

的平衡溶解度增大；吸收温度降低，又可减少 H_2、N_2 等气体的溶解损失。反之，温度高，气体中饱和水蒸气多，带入脱碳系统的水分增加，溶剂脱碳能力和气体的净化度降低。所以降低温度对吸收操作有利。生产中变换气温度为 $6\sim8℃$，NHD 溶剂温度为 $-2\sim-5℃$。

2. 压力

表 6-2　不同压力下 CO_2 在聚乙二醇二甲醚中的溶解度（5℃）

CO_2 分压/MPa	0.2	0.4	0.6	0.8	1.0
平衡溶解度/(m^3CO_2/m^3 溶剂)	10.1	21.1	33.4	46.2	60.2

由表 6-2 可见，相同温度下，CO_2 在聚乙二醇二甲醚中的溶解度随着压力的提高而增大，溶剂吸收 CO_2 的能力提高。吸收压力提高，变换气中的水蒸气含量减少，变换带入系统的水量减少，有利于 CO_2 的吸收，可以提高气体的净化度。所以，高压有利于聚乙二醇二甲醚吸收 CO_2，但压力过高，对设备材质要求高，同时成本也增加。

3. 溶剂的饱和度

饱和度的大小对溶剂循环量和吸收塔高度都有较大的影响。对填料塔而言，增大气液两相的接触面积，可以提高吸收饱和度。而要增大气液两相的接触面积，一方面可选用适当的填料，另一方面主要是通过增大填料体积，即提高塔的高度来实现，但塔高增大，投资增大，而且输送溶剂和气体的能耗增大。所以工业上吸收饱和度一般在 $75\%\sim85\%$ 之间。

4. 气液比

吸收的气液比是指单位时间内进吸收塔的原料体积（标准状况）与进塔溶剂体积之比。当处理一定量的原料气时，若气液比增大，所需的溶剂量减少，输送溶剂的能耗就低，但净化气中的 CO_2 含量增加。生产中应根据净化气质量要求调节适宜的吸收气液比。

任务小结

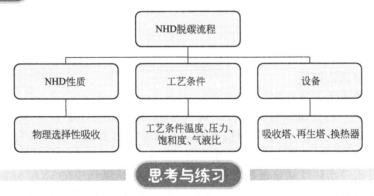

思考与练习

1. 聚乙二醇二甲醚具有哪些性质？
2. 根据所学知识分析聚乙二醇二甲醚脱碳流程的组织原则。
3. 应该从哪些方面分析工艺条件？如何分析？

资源导读

NHD 净化技术

NHD 净化技术与美国专利 Selexol 净化技术类似，并达到同等水平。NHD（聚乙二醇二甲醚）溶剂是一种有机溶剂，它对气体中硫化物和二氧化碳具有较大的溶解能力，尤其是对硫化氢有良好的选择吸收性，蒸气压低，运转时溶剂耗损少，是一种较理想的物理吸收剂，适合于以煤（油）为原料，酸气分压较高的合成气等的气体净化，脱硫时需消耗少量热量，脱碳时需消耗少量冷量，属于低能耗的净化方法。

任务二　低温甲醇洗法脱碳

任务目标

能从甲醇在低温条件下对 CO_2 吸收能力强的性质出发，从完成生产任务角度分析，选择适宜的工艺条件，熟悉典型生产工艺流程，理解岗位操作，能辨别并处理简单的生产事故。

任务要求

➤ 解释低温甲醇洗法脱碳的原理。
➤ 指明低温甲醇洗法脱碳的设备与作用。
➤ 总结低温甲醇洗法脱碳的操作方法。
➤ 总结低温甲醇洗法脱碳工艺条件的选择。
➤ 归纳生产危险因素及安全生产要点。

任务分析

低温甲醇洗工艺由德国林德公司和鲁奇公司开发，利用甲醇溶剂对各种气体溶解度的显著差别，可同时或分段脱除 H_2S、CO_2 和各种有机硫等杂质，具有气体净化度高、选择性好、溶液吸收能力强、操作费用低等特点，是一种技术先进、经济合理的气体净化工艺。自 1954 年鲁奇公司在南非建成世界上第一套工业规模的示范性装置以来，目前有 100 余套装置投入运行，尤其是大型渣油气化和煤气化装置的气体净化均采用低温甲醇洗工艺。

理论知识

一、低温甲醇洗法流程

低温甲醇洗脱碳工艺流程如图 6-3 所示。

H_2S 吸收塔出口的脱硫气分两股分别进入 CO_2 吸收塔 K-502 和 K-501 进行 CO_2 的脱除。在 K-502 塔，煤气中的 CO_2 分别被来自 P-503.1 泵的主洗甲醇和来自 P-502 泵的精洗甲醇洗涤吸收，使 K-502 塔出口净化气中 CO_2 含量小于 10×10^{-6}、H_2S 含量小于 0.1×10^{-6}。K-502 塔出口净化气送液氮洗装置。在 K-501 塔，煤气中的 CO_2 分别被来自 P-503 泵的主洗甲醇和来自 P-502 泵的精洗甲醇洗涤吸收，使 K-501 塔出口净化气中的 CO_2 含量小于 3%、H_2S 含量小于 0.1×10^{-6}。K-501 塔出口净化气送 PSA 装置。

由于吸收热会导致甲醇温度升高，为提高甲醇的吸收能力，在 K-502 塔中，从塔底引出一股甲醇经泵送甲醇循环冷却器 W-505 冷却至 $-40℃$ 后，送第 13 块塔盘进行吸收 CO_2；在 K-501 塔中，将甲醇自第 11 块升气塔盘上引出，经泵送 W-522 冷却至 $-40℃$ 后，返回第 10 层塔盘吸收 CO_2。

吸收剂再生：对解吸塔进行抽吸，使解吸塔闪蒸压力尽量降低，以提高闪蒸效果。喷射器出口的 CO_2 闪蒸气经克劳斯气/CO_2 排放气加热器加热后送水洗塔。

从解吸塔出来经过三级闪蒸后的甲醇，一部分经再吸收甲醇泵送至再吸收塔顶部，作为再吸收甲醇，另一部分经泵送至 K-502 塔中部作为主洗甲醇。

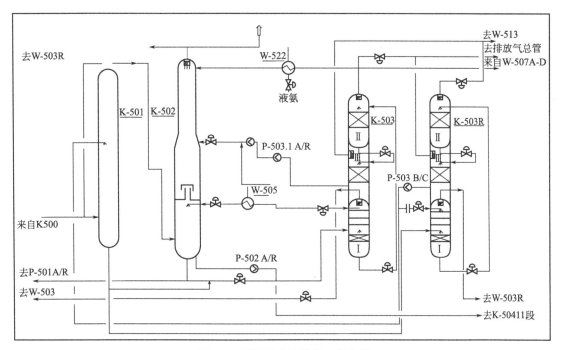

图 6-3 低温甲醇洗脱碳工艺流程

K-501、K-502—CO$_2$ 吸收塔；K-503—CO$_2$ 再生塔；P-502—甲醇循环泵；

P-503—甲醇主洗泵；W-505—甲醇循环冷却器；W-522—贫甲醇冷却器

二、低温甲醇洗法设备

低温甲醇法的吸收塔、再生塔内部都用带浮阀的塔板，根据流量大小，选用双溢流或单溢流，塔板材料选用不锈钢。由于甲醇腐蚀性小，采用低温甲醇洗时所用设备不需涂防腐材料。

甲醇洗的洗涤塔、再生塔、浓缩塔、精馏塔内部都用带浮阀的塔板，根据流量大小选用双溢流或单溢流。甲醇泵都是单端面离心泵，以防甲醇泄漏。低温甲醇洗所用的换热器很多，面积很大，一般都为缠绕式。深度冷冻设备用釜式。冷却器使用列管式。煮沸器则用热虹吸式。低温甲醇洗设备内部不涂防腐涂料，也不用缓蚀剂，腐蚀不严重。

三、低温甲醇洗法原理

低温甲醇法具有一次性脱除 CO$_2$、溶液便宜易得、能耗低、适用范围广泛等特点。但该法投资很大。甲醇对 CO$_2$、H$_2$S、COS 有高的溶解度，而对 H$_2$、CH$_4$、CO 等溶解度小，说明甲醇有高的选择性，另一方面表现在甲醇对 H$_2$S 的吸收要比 CO$_2$ 的吸收快好几倍，溶解度前者比后者也大，所以可以先吸收 CO$_2$ 再吸收 H$_2$S。

甲醇在吸收了原料气中的石脑油、H$_2$S、COS、CO$_2$ 后，为方便甲醇循环利用，必须对其进行再生。

四、低温甲醇洗法条件

1. 温度

CO$_2$ 在常温下蒸气分压很大，为了减少甲醇的损失，宜采用低温吸收。由于 CO$_2$ 在甲醇中的溶解度很大，所以在吸收过程中要考虑到放热因素。常温下甲醇的蒸气分压很大。为了减少操作中甲醇损失，宜采用低温吸收。由于 CO$_2$ 等气体在甲醇中的溶解热很大，在吸收过程中溶液温度不断升高，使吸收能力下降。为了维持吸收塔的操作温度，将甲醇溶液引出塔外冷却。

2. 压力

提高压力能增加气体在吸收剂中的溶解度，所以加压有利于吸收。但是压力过高对设备和成本的要求相应提高。因此，压力的选择有一个合适的范围。目前低温甲醇洗涤法的操作压力一般为 2～8MPa。

五、低温甲醇洗法生产装置

1. 装置简介

$500^{\#}$ 低温甲醇洗装置的技术和设备从德国鲁奇公司整体引进。该装置于 1996 年开始破土动工，1998 年年底进入全面试车阶段。1999 年 1 月，进行工艺试车，一次试车成功，装置顺利投运。

2. 装置生产规模及生产能力

装置原处理粗煤气量为 65000m³/h（标准状态），2003 年 9 月装置生产能力已经能够达到 100％满负荷生产，经过 2006 年 9 月～2008 年 2 月两次扩产改造之后，装置生产能力现已达到 115000m³/h（标准状态）规模。

任务小结

低温甲醇洗与 NHD 二者流程是相似的，但低温甲醇洗的吸收温度低，所需的换热部分要比 NHD 复杂。

低温甲醇可选择性地脱除原料气中的 H_2S 和 CO_2，并分别加以回收，由于低温时 H_2S、COS 和 CO_2 在甲醇中的溶解度都很大，动力消耗低，同时，在低温下 H_2 和 CH_4 等在甲醇中溶解度较低，甲醇的蒸气压也很小，这就使有用气体和溶剂的损失保持在较低水平。甲醇的热稳定性和化学稳定性好。同时，甲醇还比较便宜容易获得。

但是因其工艺是在低温条件下操作，因此设备的材质要求要高，为降低能耗，回收冷量，换热设备较多而使流程变长。甲醇有毒，会影响人的健康。

思考与练习

1. 为什么甲醇法脱碳需要在低温条件下进行？它属于哪种脱碳方法？
2. 低温甲醇法脱碳的工艺流程有哪些特点？
3. 请设想工作环境，并说明在进行低温甲醇法脱碳的生产中需要注意哪些危险因素？

资源导读

低温甲醇洗的主产品流

甲醇合成气，CO_2 浓度≤3.42％（摩尔分数）、总硫含量＜0.1×10⁻⁶。

放空尾气，几乎无硫，主要为 CO_2 和 N_2。

酸性气体主要由 CO_2 和 H_2S 组成，其中 H_2S 浓度正常为 27.9％（摩尔分数）左右，最大约 41.3％（摩尔分数）左右。

任务三　其他物理法脱碳

任务目标

能掌握碳酸丙烯酯法和加压水洗法脱碳的原理及基本概念。

任务要求

➤ 说明碳酸丙烯酯法和加压水洗法脱碳的原理。

➤ 归纳碳酸丙烯酯法和加压水洗法脱碳的特点。

任务分析

综合地区、技术和成本等考虑，对碳酸丙烯酯法和加压水洗法脱碳的原理、优缺点有初步的认识。

理论知识

一、碳酸丙烯酯法

碳酸丙烯酯法是碳酸丙烯酯为吸收剂的脱碳方法。其原理是利用在同样压力、温度下，二氧化碳、硫化氢等酸性气体在碳酸丙烯酯中的溶解度比氢、氮气在碳酸丙烯酯中的溶解度大得多来脱除二氧化碳和硫化氢，而且二氧化碳在碳酸丙烯酯中溶解度是随压力升高和温度的降低而增加的，CO_2 等酸性气体在碳丙溶剂中溶解量一般可用亨利定律来表达，因而在较高的压力下，碳酸丙烯酯吸收了变换气中的二氧化碳等酸性气体，在较低的压力下二氧化碳能从碳酸丙烯酯溶液中解吸出来，使碳酸丙烯酯溶液再生，重新恢复吸收二氧化碳等酸性气体的能力。碳酸丙烯酯法具有溶解热低、黏度小、蒸气压低、无毒、化学性质稳定、无腐蚀、流程操作简单等优点。

该法 CO_2 的回收率较高，能耗较低，但投资费用较高。适用于吸收压力较高、CO_2 净化度不很高的流程，国内主要是小型厂使用。用碳丙液作为溶剂来脱除合成氨变换气中 CO_2 的工艺是一项比较适合我国国情的先进技术，与水洗工艺相比，除具有物理吸收过程显著的节能效果外，在现有的脱碳方法中，由于它能同时脱除二氧化碳、硫化氢及有机硫化物，加上再生不需要热能，能耗较低等优势，在国外合成氨和制氢工业上已得到广泛应用。

二、加压水洗法

水洗法脱除原料气中 CO_2 的过程为纯物理吸收过程，是根据原料气中各组分在水中的溶解度不同这一原理进行的。

当压力增加时，CO_2 在水中的溶解度显著增大。所以水洗操作应在低温加压下进行。水洗过程中，洗涤水吸收了大量的 CO_2、H_2S 等气体，洗涤水只用一次是不经济的，所以要进行再生，循环使用。水的再生过程实际就是使溶解在水中的 CO_2、H_2S、H_2 等气体解吸的过程。常采用多段降压（分级膨胀）的方法。工业上一般采用 2～3 级减压膨胀使水再生。此种方法目前应用较少。

思考与练习

1. 碳酸丙烯酯法和加压水洗法各依据什么原理脱碳？

2. 总结二者有什么优缺点？

任务四　本菲尔法（改良热钾碱法）脱碳

任务目标

根据改良热钾碱对 CO_2 的吸收原理出发，从完成生产任务角度分析，选择适宜的工艺条件，能针对性地选择相应防腐方法，熟悉典型生产工艺流程，理解岗位操作，能辨别并处理简单的生产事故。

任务要求

➢ 解释热钾碱脱碳的原理。
➢ 指明热钾碱法脱碳的设备与防腐措施。
➢ 总结热钾碱法脱碳工艺条件的选择。
➢ 归纳热钾碱法脱碳的岗位安全操作。

任务分析

从热钾碱脱碳反应分析，该反应的特点是体积缩小、气液相放热；加压、降温操作有利于脱碳反应向右移动，有利于提高溶液中碳酸钾的转化率。实际生产中，为了降低再生能耗，吸收温度和再生温度相近，但单纯的热碳酸钾溶液吸收二氧化碳的速率很慢、净化度不佳、腐蚀性很大，尤其是吸收了二氧化碳后的富液对碳钢的腐蚀性更大。另外添加活化剂可以加快吸收反应，加入缓蚀剂能降低溶液对设备的腐蚀。

理论知识

一、本菲尔法脱碳流程

1. 气体流程

本菲尔法脱碳工艺流程如图 6-4 所示。

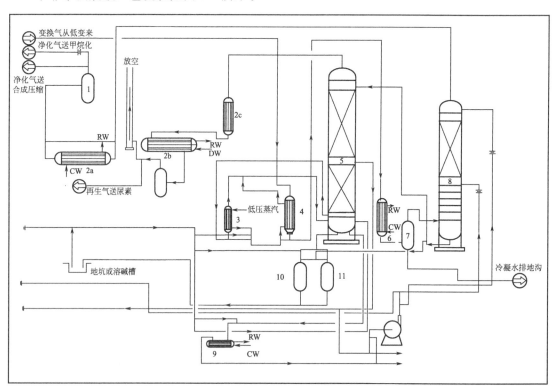

图 6-4　本菲尔法脱碳工艺流程

1—气液分离器；2,6—水冷器；3,4,9—换热器；5—再生塔；7—分离器；8—吸收塔；10,11—储槽

由低变系统来的变换气温度 $150\sim185℃$，压力为 $1.6MPa$，CO_2 含量 $15\%\sim23\%$，由再沸器顶部进入换热器管程，加热再生塔引入再沸器管间的溶液后，从再沸器底部

出来；进入变换气水冷器，经冷却降温到 $60\sim80℃$，进入变换气分离器，进行气液分离后，变换气进入吸收塔底部，在下段与 $110℃$ 左右的半贫液逆流接触，然后进入上段与 $70\sim100℃$ 的贫液进行逆流接触，两段吸收后，从吸收塔顶部出来的净化气 CO_2 含量 $\leqslant0.4\%$，经净化气水冷器冷却降温至 $70\sim80℃$，进入净化气分离器进行气液分离，净化气送至甲烷化系统。

从再生塔顶部出来的 CO_2 气体，进入再生气水冷器冷却，冷却后进入再生气分离器进行气液分离，从分离器出来的 CO_2 气体根据生产需要送尿素或放空。送尿素再生气还需经过 CO_2 冷却塔冷却降温。

2. 溶液流程

吸收了 CO_2 的富液由吸收塔底部出来，通过液面自动调节后，经膨胀减压，然后借助自身压力自流到再生塔；在再生塔顶部，溶液闪蒸出部分水蒸气和 CO_2 气体，然后沿塔下流，在塔内与再沸器加热产生的蒸汽逆流接触，被加热到沸点，释放出残余的 CO_2 气体。

由再生塔中部引出占溶液循环总量 3/4 的半贫液，经半贫液泵加压后从吸收塔中部进入，在吸收塔下段吸收变换气中大部分 CO_2；由再生塔底部引出占溶液循环总量 1/4 的贫液，经贫液水冷器冷却后，用贫液泵加压送至吸收塔顶部，在吸收塔上段继续吸收变换气中残余 CO_2；吸收 CO_2 后的富液从吸收塔底部出来经再生循环使用。

溶液再生时所需热量主要由再沸器和煮沸器供给，来源为低变气和低压蒸汽。

二、本菲尔法脱碳设备

如图 6-5 所示，小塔为脱碳塔，大塔为再生塔。吸收塔上段装碳钢阶梯环填料，下段为筛板，塔顶部设不锈钢丝网除沫器。再生塔上段装矩鞍环填料，下段装碳钢阶梯环填料。

图 6-5　脱碳塔实物

三、本菲尔法脱碳基本原理

纯碳酸钾水溶液与 CO_2 间的反应速率较慢，DEA（二乙醇胺）（R_2NH）分子中含有氨基（$-\overset{|}{N}H$）可以与液相中的 CO_2 进行反应，DEA 改变了碳酸钾与 CO_2 的反应机理，加快了反应速率。

碳酸钾水溶液吸收 CO_2 的总反应式为：

$$K_2CO_3+CO_2+H_2O \Longrightarrow 2KHCO_3+Q$$

四、本菲尔法脱碳条件

1. 溶液的组成

（1）碳酸钾的浓度　增大碳酸钾的浓度，可提高溶液对 CO_2 的吸收能力，加快吸收 CO_2 的反应速率，减少溶液的循环量和提高气体的净化度。但其浓度越高，对设备腐蚀越严重，在低温时易析出碳酸氢钾结晶，堵塞设备，给操作带来困难。

（2）活化剂二乙醇胺的浓度　为了提高吸收速率，在碳酸钾溶液中加入少量的二乙醇胺（DEA）。增大活化剂 DEA 的浓度可加快溶液吸收 CO_2 的速率，降低净化气中 CO_2 的含量。但当 DEA 浓度超过 5% 时，活化作用不明显且 DEA 损失增大。

（3）缓蚀剂　为了减轻碳酸钾溶液对设备的腐蚀加入缓蚀剂。对于活化剂为有机胺的热碳酸钾法，缓蚀剂一般是偏钒酸钾（KVO_3）或五氧化二钒（V_2O_5）。偏钒酸钾是一种强氧化性物质,能与铁作用在设备表面形成一层氧化铁保护膜(即钝化膜),从而保护设备不受腐蚀。

(4) 消泡剂 碳酸钾溶液在吸收过程中很容易起泡,影响溶液的吸收和再生效率,严重时会造成气体带液影响生产。生产中常加入消泡剂破坏气泡间液膜的稳定性,加速气泡破裂,降低塔内溶剂的起泡高度。目前常用的消泡剂有硅酮类、聚醚类及高醇类等。

2. 吸收压力

提高吸收压力可增大吸收的推动力,减小吸收设备尺寸、提高气体净化度,也增大溶液吸收能力,减少溶液循环量。以天然气为原料的流程,压力为 2.7~2.8MPa;以煤为原料,吸收压力多为 1.8~2.0MPa。

3. 吸收温度

提高吸收温度可加快吸收反应速率,节省再生耗热量。但吸收温度高,溶液上方二氧化碳平衡分压增大,降低了吸收推动力,因而降低了气体的净化度,即温度对吸收过程产生两种相互矛盾的影响。

五、本菲尔法脱碳溶液再生

① 碳酸钾溶液吸收二氧化碳后,溶液再生以使之循环使用。再生反应为吸收反应的逆反应。

② 体积增大、减压、加热有利于碳酸氢钾的分解。

③ 溶液再生,再沸器被蒸汽间接加热,将溶液煮沸,产生的大量蒸汽和通入的汽提介质,不仅降低了气相中二氧化碳的分压,提高了解吸过程的推动力,且增加了液相的湍动强度和解吸面积,从而使溶液得到更好的再生效果。

④ 降低再生压力对再生有利,再生压力通常略高于大气压力,而不是负压闪蒸。

六、本菲尔法正常操作与停车

1. 原始开车

系统经吹扫、试压、试漏、联动试车合格后,具备开车条件可进行化工试车。

(1) 正常开车的准备工作

系统置换:吸收系统由变换气分离器导淋通入氮气进行置换,在净化气出口放空,置换至取样分析 O_2 含量≤0.5%为合格。再生系统的置换,若有脱碳系统在运行,将 CO_2 导入再生系统置换,在再生塔底部排出,置换至取样分析 O_2 含量≤0.5%为合格;若无脱碳系统在运行,本系统开车后在出口再生气放空,将 CO_2 送出口,置换至尿素,由尿素取样分析 O_2 含量≤0.5%为合格。

检查各阀门开关情况,是否符合开车要求。

检查各仪表检测装置是否灵敏可靠。

用补给泵建立常解塔液位2400mm,开常压泵建立汽提再生塔液位2400mm以上,建立两塔液位2400mm以上。

(2) 正常开车

① 联系变换岗位向脱碳送气,脱碳系统接收工艺气体后,排放变换气煮沸器导淋和变换气水冷器导淋,工艺气体送入吸收塔,吸收塔压力在 0.5~0.8MPa,由净化气出口放空保压。

② 启动溶液循环泵,根据出口压力及泵运转情况,开泵出口阀,调节流量。

③ 待吸收塔液位达 1200~2400mm 之间时,开吸收塔溶液出口阀调整三塔液位至正常。

④ 开煮沸器蒸汽,将溶液再生温度控制在≤110℃。

⑤ 待再生气分离器液位达 1/2~2/3 时,启动冷凝液泵。

⑥ 调整各工艺参数至正常指标。

⑦ 分析净化气 CO_2 含量≤0.4%，开净化气出口阀，关净化气出口放空阀，送净化气至下一工序。

（3）开车注意事项

① 脱碳系统进行充压建立液位循环时应缓慢进行，并防止气体从吸收塔窜入再生系统。控制吸收塔液位正常，贫液管、半贫液管中有溶液循环，否则关闭贫液、半贫液调节阀及手轮阀。

② 启动脱碳贫液溶液泵应注意再生塔液位，若下降太快，应启动补给泵解析塔补液。

③ 在采用蒸汽煮沸器时，蒸汽管内与煮沸器内的冷凝液应排尽，防止水击损坏设备管道。开蒸汽之前，低压蒸汽管线应进行暖管，开始加蒸汽时应缓慢，以防止加热过快，煮沸器受热膨胀不均，列管拉坏。

2. 停车

（1）正常停车　正常停车包含其他岗位因事故引起的短期停车，及因检修计划提出的短期停车和长期停车。

停车步骤：接到停车命令后，调整三套脱碳系统的变换气量，需停车系统减量，其他脱碳系统加量。根据负荷调整情况，可先停半贫液泵。当需停车系统负荷≤10000m³/h 后，停车，通知调度停止向尿素送 CO_2，现场放空。

关蒸汽煮沸器入口蒸汽阀、变换气入口阀、净化气出口阀，贫液泵运转 0.5～1h，使塔内 CO_2 基本被溶液吸收完全，溶液释放 CO_2，此时再生气切除放空，停贫液泵。

根据情况，需泄压时，必须待变换气入口阀及净化气出口阀关闭后，开净化气出口放空阀泄压。加强检查，防止跑液，停止补液。

停车后，若需处理塔内或溶液管道，先将溶液带压排至储槽或地坑，然后进行泄压再处理。

（2）紧急停车

① 凡是以下情况，可按紧急停车处理：断电；断气；断仪表空气；循环泵抽空；运转设备冒烟着火，无法控制；系统爆炸事故。

② 紧急停车处理。联系调度系统切气停车，切气后关变换气入口阀、净化气出口阀，系统保压，根据情况决定后续处理措施。

关闭或减少蒸汽煮沸器入口蒸汽量，防止溶液干烧。

若停溶液泵，必须关闭贫液、半贫液调节阀及手轮阀，以防止吸收系统窜气至再生系统。

3. 正常操作

① 经常检查并保持吸收塔、常压解吸塔、汽提再生塔的正常控制液位。

② 检查控制室内仪表指示和各点温度，调节并控制在正常的工艺指标内。

③ 根据溶液成分的分析情况，对溶液进行过滤。

④ 严格控制各塔及分离器液位在规定范围内，有自调控制的应及时到现场检查核对液位。

⑤ 随时注意各塔的工艺变化及液位，及时发现拦液现象等故障，并进行相应的处理。

⑥ 工艺指标应严格控制在规定范围内，发现问题除及时报告工长外，应查明原因，积极采取处理措施。

⑦ 用仿宋字正确按时逐项填写操作日志及操作记录。

七、事故及处理方法

事故及处理方法见表 6-3。

表 6-3　事故及处理方法

事故现象	原因	处理方法
吸收塔出口 CO₂ 含量高	(1)溶液再生不好,吸收效果差,主要是煮沸器热量不够 (2)溶液组分低 (3)液气比太小,即溶液循环量小 (4)操作不稳,系统压力低,溶液温度偏离指标太大,吸收不好 (5)加量过程,调节跟不上	(1)调整入煮沸器蒸汽量 (2)调整溶液组分在指标范围内 (3)调整溶液循环量 (4)控制出口阀,提高吸收压力在指标范围内,调整溶液温度 (5)平稳操作,逐步加量,勤调节,尽量维持各指标在规定范围内
再生塔液泛或拦液	(1)溶液质量恶化,有机物质过多,产生大量泡沫 (2)再生温度过高 (3)填料堵塞,塔顶除沫器坏	(1)加消泡剂,开溶液过滤器,仍无效时,应减量生产 (2)减少蒸汽用量 (3)停车检查,更换塔顶除沫器
吸收塔液泛或拦液	(1)气体负荷变化大 (2)吸收塔液位过高 (3)过滤器效能变差 (4)填料堵塞,气体偏流,产生泡沫,塔顶除沫器坏	(1)调节适宜的气液比,稳定生产负荷 (2)控制吸收塔液位在正常指标 (3)添加少量消泡剂 (4)停车检查清洗,更换塔顶除沫器
溶液各组分含量下降	(1)大量跑液(管道、阀门、导淋漏) (2)气体带液严重 (3)溶液水冷器漏	(1)消除跑、冒、滴、漏 (2)减量操作或停车检查各除沫器及分离器设备状况,消除缺陷 (3)停车处理
泵轴承温度高	(1)冷却水中断 (2)轴承内缺油或油太脏 (3)密封填料过紧 (4)轴弯曲填料烧坏	(1)停泵处理 (2)加油、换油 (3)倒泵检修 (4)倒泵检修
溶液泵抽空	(1)再生塔液位低 (2)再生塔拦液	(1)提高再生塔液位 (2)减负荷维持生产
溶液泵开车时,打不起压力	(1)排气不净 (2)泵内件腐蚀损坏严重 (3)溶液温度过高 (4)开车前泵出口阀未关严,产生窜气	(1)排气 (2)倒泵检修 (3)降低溶液温度 (4)重新关好出口阀
溶液泵跳车或电流偏高	(1)泵的机械故障 (2)电压波动或电网系统故障	(1)倒泵交出检修 (2)紧急停车处理
泵体局部发热	(1)叶轮螺母松脱 (2)左右移动与泵壳相磨	(1)紧急停泵 (2)紧急停泵

任务小结

思考与练习

1. 分析本菲尔法与 NHD 法和低温甲醇洗法的不同点。

2. 分析本菲尔法流程的设置原则有哪些。

3. 本菲尔法脱碳的工艺条件是如何选择的?

以碳酸钾为吸收剂的主要脱碳方法

以碳酸钾为吸收剂的主要脱碳方法见表 6-4。

表 6-4　以碳酸钾为吸收剂的主要脱碳方法

方法名称	活化剂	缓蚀剂
改良砷碱法（溶液有毒）	三氧化二砷	三氧化二砷
氨基乙酸法	氨基乙酸	五氧化二钒
改良热碱法	二乙醇胺	五氧化二钒
催化热碱法	二乙醇胺-硼酸	五氧化二钒

任务五　甲基二乙醇胺（MDEA）法脱碳

任务目标

能根据甲基二乙醇胺（MDEA）对 CO_2 的吸收原理出发，从完成生产任务角度分析，选择适宜的工艺条件，能针对性地选择相应防腐方法，熟悉典型生产工艺流程，理解岗位操作，能辨别并处理简单的生产事故。

任务要求

➢ 解释 MDEA 脱碳的原理。
➢ 指明 MDEA 脱碳的设备与作用。
➢ 总结 MDEA 脱碳工艺条件的选择。
➢ 归纳 MDEA 脱碳的岗位安全操作。

任务分析

MDEA 脱碳法由德国巴斯夫（BASF）公司开发，所用试剂为 45%～50% 的 MDEA 水溶液，添加少量活化剂哌嗪以增大吸收速率。MDEA 是一种叔胺，在水溶液中呈弱碱性，能与 H^+ 结合生成 $R_2CH_3NH^+$。因此，被吸收的二氧化碳易于再生，可以采用减压闪蒸的方法再生，而节省大量热。MDEA 性能稳定，对碳钢设备基本不腐蚀。MDEA 蒸气分压较低，净化气及再生气的夹带损失较少，整个工艺溶剂损失小。

MDEA 为无色或微黄色黏性液体，毒性很小，沸点 247℃，易溶于水和醇，微溶于醚，在一定条件下，对二氧化碳等酸性气体有很强的吸收能力，反应热小，解吸温度低，化学性质稳定，是一种性能优良的选择性脱硫、脱碳新型溶剂，具有选择性高、溶剂消耗少、节能效果显著、不易降解等优点。

理论知识

一、甲基二乙醇胺（MDEA）脱碳流程

1. 气体流程

（1）变换气流程　甲基二乙醇胺脱碳工艺流程如图 6-6 所示。

由变换系统来的变换气，进入变换气煮沸器壳程，与脱碳液间接换热后，进入变换气水冷器冷却，冷却后进入变换气分离器，从分离器出来的气体进入吸收塔的下部，气体由下往

上，脱碳液由上往下逆流接触，CO_2 气体被溶液吸收。出吸收塔的净化气进入净化气分离器，从分离器出来的气体去气-气换热器管程。

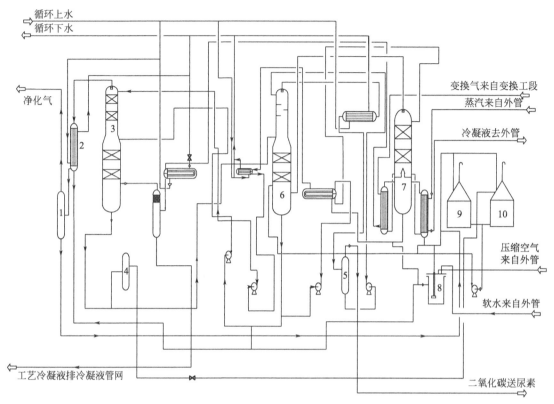

图 6-6 甲基二乙醇胺（MDEA）脱碳流程

1—净化气分离器；2—净化气冷却器；3—吸收塔；4—再生气冷却器；

5—再生气分离器；6—常压解吸塔；7—汽提再生塔；

8—地下槽；9,10—溶液槽

（2）再生气流程 从常压解吸塔出来的 CO_2 气体，进入再生气水冷器冷却，冷却后进入再生气分离器，从分离器出来的 CO_2 气体根据需要送尿素或放空。

2. 溶液流程

吸收了 CO_2 的富液，由吸收塔底部出来，经液面自动调节阀进入解吸塔上部，由解吸塔底部出来的溶液大部分用半贫液泵加压后送至吸收塔下段。另一部分用常压泵加压后，经溶液换热器管内换热后，至汽提再生塔由上往下，再生所需热量由变换气煮沸器和蒸汽煮沸器供给，由再生塔底出来的溶液，进入冷凝液换热器管间换热后，入贫液冷却器冷却，冷却后溶液经贫液泵加压后送至吸收塔上段。

二、甲基二乙醇胺（MDEA）法脱碳设备

脱碳工序的主要设备是吸收塔和再生塔，可分为填料塔和筛板塔。由于填料塔操作稳定可靠，大多数工厂的吸收塔和再生塔都用填料塔，而筛板塔少用。常用的填料有不锈钢、碳钢、聚丙烯制作的鲍尔环和瓷制的马鞍形填料。

吸收塔采用两段吸收，进入上塔的溶液量为总溶液量的 1/4 左右，同时气体中大部分 CO_2 都在塔下部吸收，所以全塔直径上小下大。上塔内径约为 2.5m，下塔内径约为 3.5m。上下塔内都装有填料。为了使溶液能均匀地润湿填料表面，除了在填料层上部装有液体分布器外，上下塔的填料又分为两层，两层中间设有液体再分布器。吸收塔内装不锈钢规整填料，操作温度 84℃，操作压力 1.65MPa。常压解吸塔，塔上部装三块浮阀塔盘，内装增强型聚丙烯阶梯环填料。汽提再生塔内装两层不锈钢规整填料，操作温度 110℃，操作压力 0.05MPa。

三、甲基二乙醇胺（MDEA）法脱碳基本原理

甲基二乙醇胺简称 MDEA，分子式可简写为 R_2CH_3N，在加压和有活化剂存在的条件下，N-甲基二乙醇胺与二氧化碳反应为：

$$R_2CH_3N + CO_2 + H_2O \rightleftharpoons R_2CH_3NH^+ + HCO_3^-$$

MDEA 脱碳溶液是一种选择性较好的物理化学吸收剂，对 CO_2 既具有化学吸收性能，又具有物理吸收性能。提高压力、降低温度有利于 CO_2 溶解，氢、氮气及其他惰性气体在 MDEA 中的溶解度很小，而且不能发生化学反应，因此在脱碳过程中氢、氮损失很少。

MDEA 与 CO_2 反应生成不稳定的碳酸氢盐，加热后较易再生。MDEA 不仅在加压时 CO_2 的溶解度大，而且减压闪蒸时解吸出的 CO_2 完全，因此，MDEA 可经减压、加热再生，循环使用。

四、甲基二乙醇胺（MDEA）法脱碳条件

1. 溶剂的组成

溶液中除 MDEA 外还加入 1～2 种活化剂，以加快反应速率。常用的活化剂有二乙醇胺、甲基一乙醇胺、哌嗪等。

2. 吸收压力

MDEA 法适用于较广压力范围内 CO_2 的脱除。当 CO_2 分压高时，溶液吸收能力大，尤其物理吸收 CO_2 部分比例大，化学吸收 CO_2 部分比例小，热量消耗就小。

3. 吸收温度

进吸收塔贫液温度低，有利于提高 CO_2 的净化度，但会增加能耗。

4. 闪蒸压力

再生时对压力的要求和吸收操作相反，要求在减压条件下闪蒸出 CO_2 气体。

五、甲基二乙醇胺法脱碳岗位安全操作

① 负责脱碳系统的操作，保证生产正常稳定运行，送出脱碳气。并加强脱碳溶液过滤及回收，消除跑、冒、滴、漏，保证减少溶液消耗。

② 做好运转设备的维护保养工作，加强巡回检查，发现问题及时消除隐患。

③ 严格按岗位操作法及工艺指令卡操作，依据计量、检测数据及分析数据与工艺指标对照进行判断，对不合格过程产品进行分析，及时纠正不合格，对不能处理的及时向工长汇报，并做好相应的岗位操作记录。

④ 事故状态下，坚守岗位，正确判断，果断处理，紧急情况下先停止设备运行，然后报告工长及调度。

⑤ MDEA 脱碳脱除变换气中的 CO_2 气体，向甲烷化炉送出合格的净化气。通过再生解吸出来的较纯净的 CO_2 气体送尿素，为生产尿素提供气体原料。

　任务小结

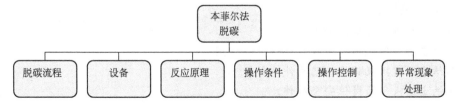

思考与练习

1. 比较 MDEA 法和本菲尔法脱碳的特点。
2. 分析 MDEA 法流程设置。
3. 分析 MDEA 法工艺条件选择的依据。
4. 归纳本岗位的安全操作事项。

资源导读

MDEA

活化 MDEA 是 20 世纪 70 年代初联邦德国巴斯夫公司开发的一种以甲基二乙胺水溶液为基础的脱 CO_2 新工艺。这种溶剂系统已被成功地应用于许多工业装置。由于 MDEA 对 CO_2 有特殊的溶解性，因而具有许多优点，工艺过程能耗低。通过加入特种活化剂进一步改进该溶剂，开发了高效活性 MDEA 脱除 CO_2 新工艺。这种工艺在投资和共用工程、物料消耗、费用等方面与其他脱碳方法相比是经济的，具有很强的竞争性。该方法是当今最低能耗的脱碳方法之一。1971 年联邦德国的第一个 30 万吨氨厂首次成功应用，由于它的低能耗高效率，目前世界多个大型氨厂采用，我国近年来也在新疆、宁夏、四川、海南等地引进了该工艺。

MDEA 技术特点如下。

◆MDEA 脱除酸性气体的流程可以采用贫液一段吸收和贫液半贫液两段吸收。贫液一段吸收的流程投资省、电耗低、热耗高；贫液半贫液两段吸收的投资大、电耗高、热耗低。根据脱除不同规模的二氧化碳采用不同的流程。

◆MDEA 溶液对天然气的溶解度低于天然气在纯水中的溶解度，因此，MDEA 脱除酸性气体的过程中，天然气的损失很低。

◆MDEA 溶液兼有物理吸收和化学吸收的特点，溶剂对二氧化碳的负载量大。

◆MDEA 稳定性较好，在使用过程中很少发生降解现象，它对碳钢设备几乎无腐蚀。

◆烃类回收率高，二氧化碳脱除精度高。

◆二氧化碳回收率高、纯度高，经过简单后处理，即可达到食品级标准。

任务六　变压吸附法脱碳

任务目标

在理解变压吸附原理的基础上，能指出变压吸附在气体分离净化中的应用，能根据典型流程设置分析变压吸附的生产条件，能归纳总结出变压吸附脱碳的操作步骤和安全操作规程。

任务要求

➢ 解释变压吸附脱碳的原理。
➢ 指明变压吸附脱碳的流程设置和设备作用。
➢ 总结变压吸附脱碳的工艺条件选择。
➢ 归纳变压吸附的岗位安全操作。

任务分析

利用吸附剂对吸附质在不同的分压下有不同的吸附容量、吸附速率和吸附力，并且在一定压力下对被分离的气体混合物的各组分有选择吸附的特性，加压吸附除去原料气中的杂质组分，减压脱附这些杂质而使吸附剂获得再生。因此，采用多个吸附床，循环地变动所组合的各吸附床压力，就可以达到连续分离气体混合物的目的。

理论知识

一、变压吸附法脱碳流程

变压吸附法脱碳工艺流程如图 6-7 所示。

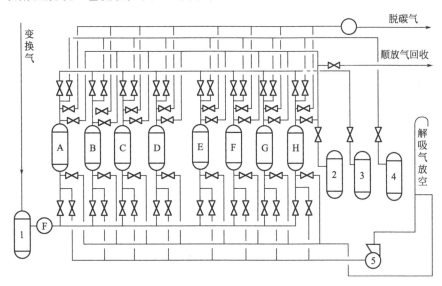

图 6-7　变压吸附法脱碳工艺流程

A～H—吸附塔（8 个）；1—气水分离器；2,3,4—均压罐；5—真空泵

从变换系统送来的 0.70MPa、25～40℃的变换气进入气水分离器，在气水分离器中分离气体中夹带的液体，再经原料气流量计计量后，进入由 8 个吸附塔及一系列程控阀组成的变压吸附系统。本装置采用 8 塔操作工艺，3 塔同时进料、6 次均压、抽真空解吸的变压吸附工艺流程。变换气自下而上通过 3 个正处于吸附状态的吸附塔，由其内部的吸附剂进行选择性吸附，除氢、氮气以外的二氧化碳等杂质组分被吸附，塔顶获得较纯净的氢、氮气；其余 5 个吸附器分别进行其他步骤的操作。8 个吸附器交替循环工作，时间上相互交错，以此达到原料气不断输入，产品氢、氮气不断输出的目的。整个操作过程在环境温度下进行。每个吸附塔经过吸附、顺放、一均降、二均降、三均降、四均降、五均降、六均降、逆放、抽真空、一均升、二均升、三均升、四均升、五均升、六均升、最终充压等 17 个操作步骤完成一个吸附循环。调节阀用来控制最终充压的气体流量、顺放的气体流量和调节吸附塔的吸附压力。均压罐用来作吸附塔进行三均降和三均升、一均降和一均升、六均降和六均升时的储气罐。来自变压吸附系统的氢、氮气经调节阀调压，再经产品气（脱碳气）流量计计量后，连续稳定地送出系统。变压吸附系统的解吸气来自吸附器的抽真空阶段，逆放结束后，进入抽真空阶段，真空泵抽出的解吸气经放空管直接放空。

二、吸附法脱碳设备

吸附法脱碳设备见表 6-5。

表 6-5 吸附法脱碳设备

序号	名称	规格/mm×mm×mm	数量
1	吸附塔	$\phi 2400 \times 18 \times 11040$	8
2	中间罐	$\phi 2400 \times 12 \times 17110$	1
3	真空泵		3
4	汽液分离器	$\phi 1400 \times 10 \times 4150$	1

三、变压吸附法脱碳基本原理

变压吸附气体分离净化技术，简称 PSA（pressure swing adsorption）。变压吸附法是近几年才用于合成气净化的，它属于干法，采用固体吸附剂在改变压力的情况下，进行（加压）吸附 CO_2 或（减压）解吸。变压吸附法分离气体混合物的基本原理是利用某一种吸附剂能使混合气体中各组分的吸附容量随着压力变化而产生差异的特性，选择吸附和解吸再生两个过程，组成交替切换的循环工艺，吸附和再生在相同温度下进行。可用此法改造小型氨厂，降低能耗，在大型氨厂使用显得困难。

为了达到连续分离的目的，变压吸附脱碳至少需要两个以上的吸附塔交替操作，其中必须有一个吸附塔处于选择吸附阶段，而其他塔则处于解吸再生阶段的不同步骤。在每次循环中，每个吸附塔依次经历吸附、多次压力均衡降、逆向放压、抽空、多次压力均衡升、最终升压等工艺步骤。

四、变压吸附法脱碳条件

为了使装置达到设计要求，吸附塔在设计压力下运行是很重要的，吸附压力的稳定主要取决于吸附压力自动调节系统的调节，即使处于吸附状态的吸附塔压力稳定在给定值上。要改变吸附压力，只需改变给定值即可达到目的。原料气流量波动过大也会影响吸附压力的稳定。

任务小结

思考与练习

1. 变压吸附法脱碳和其他脱碳方法相比有什么特点？
2. 变压吸附法除了用于脱碳外还有什么用途？
3. 从变压吸附法流程设置上分析变压吸附法的操作要点。

资源导读

脱碳方法简介

1. 低温甲醇洗

工艺特点：

① 甲醇廉价。

② 硫化氢和二氧化碳在甲醇中的溶解度高，溶剂循环量低，导致电能、蒸汽、冷却水

的耗量低。

③ 甲醇溶液不仅能脱除硫化氢、二氧化碳，还能脱除其他有机硫和杂质。

④ 可以选择性脱除硫化氢，使变换气中硫化氢浓缩成高浓度，便于硫黄回收。

⑤ 获得的净化气纯度高，并绝对干燥。

⑥ 低温甲醇洗法工艺与液氮洗工艺结合在一起使用，特别经济，因为低温甲醇洗装置已用作下游一氧化碳脱除工段的预冷阶段，不用再进行脱硫。

⑦ 过剩的只含很少硫化物的二氧化碳可放空，不存在环保问题。

优点：

① 甲醇在低温高压下，对 COS 有极大的溶解度。

② 有较强的选择性。

③ 虽然甲醇的沸点较低，但在低温下的平衡蒸气压仍很小，因此溶剂损失小。

④ 化学稳定性和热稳定性好，在吸收过程中不起泡，能与水互溶，可利用它来干燥原料气。

⑤ 黏度小。

⑥ 腐蚀性小，不需要特殊防腐材料。

⑦ 消耗指标低。

⑧ 甲醇价廉易得。

缺点：

① 由于低温甲醇洗在低温下操作，因而对设备和管道的材质要求较高，在制造上也有一定的难度。

② 为了降低能耗，回收冷量，换热设备特别多，流程显得很复杂，投资费用较大。

③ 尽管甲醇是一种低价、易得的溶剂，但有毒，给操作和维修带来一系列困难。

2. 聚乙二醇二甲醚（NHD）法

工艺特点：

① 溶剂对二氧化碳、硫化氢等酸性气体吸收能力强。

② 溶剂的蒸气压很低，挥发性小。

③ 溶剂具有很好的化学和热稳定性，不氧化，不降解。

④ 溶剂对碳钢等金属材料无腐蚀性。

⑤ 溶剂本身不起泡，具有选择性吸收硫化氢的特性，并可以吸收有机硫。

⑥ 溶剂具有吸水性，可以干燥气体，无嗅，无毒。

3. 变压吸附法

工艺特点：变压吸附脱碳技术与湿法脱碳相比具有运行费用低、装置可靠性高、维修量少、操作简单等优点，有效气体回收率高于湿法脱碳。

4. MDEA 法

优点：

① 易于再生。

② 热耗低。

③ 对碳钢不腐蚀。

缺点：吸收速率较小。

项目七

合成氨生产原料气精制

经过 CO 变换和脱除后的原料中尚含有少量残余的一氧化碳和二氧化碳。因 CO、CO_2 等都是氨合成催化剂的毒物，为了防止它们对催化剂的毒害，规定 CO 和 CO_2 总含量不得大于 10×10^{-6}。因此原料气在合成工序以前，还有一个最终净化的步骤。

合成氨原料气精制一般分为湿法和干法两种。湿法主要指以有选择性地溶液洗涤或吸收原料气中的 CO 和 CO_2，使原料气中的 CO 和 CO_2 得到脱除。湿法工艺为物理吸收方法和化学吸收方法，应用于中小型合成氨装置的铜氨液吸收法，属于化学吸收方法，现已逐步淘汰。应用于大、中型合成氨装置的液氮洗涤法，则属于物理吸收方法。干法则是以固体催化剂催化使 CO 和 CO_2 转化成对氨合成催化剂无毒害作用的物质。甲烷化工艺、双甲工艺属干法精制工艺。

① 甲烷化法。甲烷化是在催化剂的催化作用下，在一定的工艺条件下使 CO 和 CO_2 与 H_2 反应生成对氨合成催化剂无毒害作用的甲烷的原料气精制工艺技术。虽然在催化剂上用氢气把一氧化碳还原成甲烷的研究工作早已完成，但因反应中要消耗氢气，生成无用的甲烷，所以此法只能适用于 CO 含量甚少的原料气，直到实现低温变换工艺以后，才为 CO 的甲烷化提供了条件。甲烷化法具有工艺简单、操作方便、费用低的优点。

② 液氮洗涤法。液氮洗涤工艺是基于混合气体中各组分在不同的气体分压下冷凝的温度不同，混合气体中各组分在相同的溶液中溶解度不同，使混合气体中需分离的某种气体冷凝和溶解在所选择的溶液中，而得以从混合气体中分离。在低温下用液氮作洗涤剂，将 CO 脱除，同时脱出原料气中的甲烷、氩等惰性气体。

③ 双甲工艺法。它是使用甲醇催化剂使少量 CO 和 CO_2 绝大部分转化为甲醇，未转化的少量 CO 和 CO_2 再用甲烷化法除去，这样在脱出 CO 和 CO_2 的同时可生产出有用的化工原料甲醇。

随着人们节能降耗和环境保护意识的提高，目前各国以天然气、石脑油等为原料的新建氨厂几乎全用甲烷化法和深冷分离法代替铜氨液吸收法。合成氨原料气精制工艺技术中的物理吸收方法和干法精制工艺被广泛地采用和推广。所以本项目主要介绍目前应用较广的甲烷化法、液氮洗涤法和双甲工艺。

任务一　甲烷化法精制

任务目标

通过本任务的学习，使学生掌握合成氨原料气精制的甲烷化法生产的基本原理、工艺条件的选择、工艺流程、主要设备的结构和作用。通过理论教学与技能训练，掌握甲烷化法生产过程的控制与调节、生产故障的分析与排除等生产操作技能。

任务要求

➢ 了解甲烷化法精制的流程及设备的结构和作用。

➢ 掌握甲烷化法精制的反应原理及特点，知道反应速率及其作用和影响因素，能说出甲烷化催化剂的组成及作用。

➢ 掌握甲烷化法工艺条件的选择。

➢ 掌握甲烷化法生产过程的控制与调节、生产故障的分析与排除。

➢ 了解甲烷化法精制的安全及环保注意事项。

任务分析

甲烷化是气体净化的最后步骤，从实质上来说甲烷化反应就是甲烷蒸气转化的逆反应，净化气中少量的 CO 和 CO_2 在甲烷化催化剂存在下与氢反应，生成易于除去的水和惰性的甲烷。由于床层绝热温升的限制，要求原料气中 $CO+CO_2$ 的含量小于 0.7%。

理论知识

一、甲烷化法流程

甲烷化法是在催化剂存在下使少量 CO、CO_2 与氢反应生成 CH_4 和 H_2O 的一种净化工艺。甲烷化法可将气体中碳的氧化物 $CO+CO_2$ 的含量脱除到 10×10^{-6} 以下。

由于甲烷化反应所生成的 CH_4 对于氨合成来说属于惰性气体，在 CH_4 的生成过程中还要消耗有效气体 H_2，而且在氨合成过程中 CH_4 会降低 N_2 和 H_2 的合成分压，不利于氨的合成。为了减少 CO 和 CO_2 进入甲烷化系统，要求 CO 变换的程度越彻底越好，以克服生成更多的 CH_4 而引起的弊端。一般进入甲烷化系统的 $CO+CO_2$ 总含量体积分数小于 0.7% 被认为在经济上是可行的。

甲烷化的流程主要有两种类型，即外加热与自热型。根据计算，只需要原料中含有碳氧化合物 $0.5\%\sim0.7\%$，甲烷化反应放出的热量可足够将进口气体预热到所需要的温度。这就是自热型的依据，考虑到原料气中碳含量有时较上述低，或者在装置开车时尚需外供热源，这就是外热型的可取处，一般的外部热源可采用电加热或者与变换工序等串联使用其余热。取二者之长，同时考虑所用催化剂的不同，由于床层绝热温升的限制，入口原料中碳的氧化物的含量（体积分数）一般应小于 0.7%，所以甲烷化法流程的配置上主要考虑能量的综合利用及反应产物水的分离。一般流程如下：先用甲烷化反应后出口气体来换热使进口温度上升，余下的温差再用一氧化碳变换工序来的热气体或电加热器加热到催化反应所需要的入口气体温度。

甲烷化的典型工艺流程如图 7-1 所示。当原料气中碳氧化物达到 $0.5\%\sim0.7\%$ 时，甲烷化反应放出的热量就可维持自热平衡，所以，流程中只需要有甲烷化炉、进出口气体换热器和水冷器。但考虑到催化剂的升温还原以及原料气中碳氧化物含量波动，还需补充其他热源，故按外加热能多少可分为两种流程。

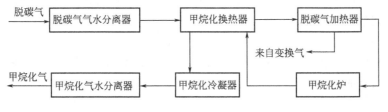

图 7-1　甲烷化的典型工艺流程

在图 7-2(a) 流程中，脱碳系统脱除 CO_2 后的净化气（温度为 70℃），通过净化气管道进入气-气换热器壳程，与气-气换热器壳程的甲烷化气换热。净化气吸收甲烷化气的热量后，进入脱碳气加热器的壳程，与脱碳气加热器管程中的中变气换热，温度升高到 300℃左右，从甲烷化炉顶部进入。

净化气在炉内催化剂层上进行甲烷化反应，将出口 CO 和 CO_2 的总量降低到 10×10^{-6}；甲烷化气（温度为 350℃）进入气-气换热器管程，与气-气换热器壳程的净化气换热，温度降低到 110℃左右；然后进入合成气水冷却器，降温至 40℃，经合成气分离器排除冷凝水后，沿合成气管道送合成压缩机及合成塔。进入甲烷化炉的净化气可通过入炉温度调节阀的调节，保证入炉温度控制在 300℃左右。

在图 7-2(b) 流程中，原料气进入中变气换热器加热到 310～320℃，进入甲烷化炉。反应后的气体温度升到 358～365℃，经锅炉给水预热器温度降到 149℃左右，然后进入水冷却器降到 38℃左右，送往氢氮气压缩机。

图 7-2(a) 流程中原料气预热部分由进、出口换热器与外加热源的换热器串联组成，这种流程的缺点是在装置开车时进、出口换热器不能一开始就发挥作用，升温困难。图 7-2(b) 流程则全部用外加热源预热原料气，出口气体的余热则用来预热锅炉给水。

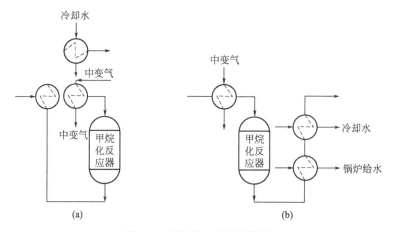

图 7-2　甲烷化工艺流程简图

二、甲烷化设备

甲烷化炉属于立式反应炉，为圆筒形立式设备。通常都是由金属和非金属材料制造、安装、砌筑而成。甲烷化炉使用的金属材料种类很多，常用的有普通碳钢、各种耐高温合金钢及不锈钢。此外，构成工业炉实体的内衬耐火材料、隔热保温材料种类也很多。有耐火砖、不定形耐火材料、耐火纤维、纤维可塑料、岩棉板、微孔硅酸钙制品等。

由金属壳体或钢架各种配件组合的炉体结构，要求能承受相当高的温度、各种介质的腐蚀以及承受一定的压力和荷载，由于气体中氢分压较大，且气温较高，使氢腐蚀较严重，因此甲烷化炉采用低合金钢制作。炉内催化剂一般不分层，也可分两层装填。催化剂层的最低高度与直径之比一般为 1:1。催化剂层和气体进、出口都设有热电偶，以测定炉温。

三、甲烷化法精制原理

1. 基本原理

(1) 化学反应　净化气中少量的 CO 和 CO_2 在甲烷化催化剂存在下与氢反应，生成易于除去的水和惰性的甲烷。

甲烷化反应如下：

$$CO + 3H_2 \Longrightarrow CH_4 + H_2O + Q \tag{7-1}$$

$$CO_2 + 4H_2 \Longrightarrow CH_4 + 2H_2O + Q \tag{7-2}$$

上述两个甲烷化反应均为体积缩小的强放热反应。

(2) 甲烷化反应的热效应及平衡常数　由于甲烷化反应是强放热反应，催化剂床层会产生显著的绝热温升，反应热效应随温度的升高而增大，在绝热情况下，原料气中有 1% 的一氧化碳转化成甲烷时，原料气的温度将升高 72℃；每 1% 二氧化碳转化成甲烷时，则升高 60℃ 左右。

如原料气中含有微量的氧，其温升要比 CO、CO_2 高得多，1% 氧反应时会造成 165℃ 的温升。所以工艺气中应严格控制氧的进入，否则将引起反应器严重超温而导致催化剂失活。

（3）温度及压力对平衡的影响

① 温度对平衡的影响。温度对平衡的影响是很明显的，甲烷化反应的平衡常数随温度的降低而迅速增大。当温度较低时，例如 300～400℃，反应向右进行，有利于一氧化碳和二氧化碳的甲烷化；如将温度提高至 600～800℃，则反应向左进行成为甲烷化的逆反应——甲烷蒸气转化反应。

② 压力对平衡的影响。甲烷化是体积缩小的反应，在一定温度下，提高压力，反应混合物中碳氧化物的平衡含量减少，提高压力对反应向右进行是有利的。碳的氧化物的平衡含量与压力的平方成反比，因为反应物中 H_2 过量很多，即使在压力不高的条件下这两种碳的氧化物的平衡含量仍然很低。因为反应物中氢的含量比一氧化碳和二氧化碳大 70 倍以上，即使在压力不太高的情况下，也能达到满意效果，所以压力因素并不重要。

（4）副反应

① 析炭反应。在进行甲烷化反应的过程中，还可能发生下列析炭反应：

$$2CO \rule[0.5ex]{1em}{0.4pt} CO_2 + C + Q \qquad (7\text{-}3)$$

$$CO + H_2 \rule[0.5ex]{1em}{0.4pt} H_2O + C + Q \qquad (7\text{-}4)$$

这是一个有害的副反应，会影响催化剂的活性。析炭反应的发生与气体中 H_2/CO 的比值有关。

② 羰基镍的生成。在一定的条件下，原料气中的 CO 可能与催化剂中的金属镍生成羰基镍：

$$Ni + 4CO \rule[0.5ex]{1em}{0.4pt} Ni(CO)_4（气） \qquad (7\text{-}5)$$

羰基镍的生成不仅会严重损害催化剂活性，致使催化剂性能急剧恶化，无法操作，而且羰基镍还能对人体造成十分严重的伤害。温度低、压力高对生成羰基镍有利，在 200℃ 以上，就难以生成羰基镍。

羰基镍为剧毒物质，空气中允许的最高含量为 $0.001mg/m^3$。中毒症状为头痛、昏迷、恶心呕吐、呼吸困难。羰基镍的生成还会造成催化剂活性组分的损失，为此实际生产上必须引起注意，采取适当的预防措施。

反应式(7-5)为放热和体积缩小的反应，在压力 1.4MPa、2% CO 的条件下，理论上生成羰基镍的最高温度为 149℃，由于在正常的甲烷化操作条件下，甲烷化反应温度都在 300℃ 以上，生成羰基镍的可能性很小。只是当发生事故停车，甲烷化反应器温度低于 200℃ 时，应防止催化剂和 CO 接触而发生生成羰基镍的反应，此时可用氮气或不含 CO 的氢、氮混合气置换原料气。

（5）甲烷化反应速率　在通常情况下，甲烷化反应速率很慢，但在镍催化剂的作用下，反应速率相当快。CO 转化起活温度为 180℃ 左右，CO_2 的起活温度为 180～183℃，CO_2 首先在甲烷化催化剂上分解为 CO，然后按照 CO 反应机理进行甲烷化。

CO_2 甲烷化比 CO 困难得多，其速率是 CO 速率的 1/10。当同时有一氧化碳及二氧化碳存在时，二氧化碳对一氧化碳的甲烷化反应速率没有影响，而一氧化碳对二氧化碳的甲烷化反应速率却有抑制作用。

甲烷化反应速率不仅与空间速度、碳氧化物进出口浓度有关，而且也与压力、温度有关。甲烷化反应速率与压力的 0.2～0.5 次方成正比，因此增大压力，可加快反应速率。

2. 甲烷化催化剂

（1）甲烷化催化剂的组成及一般性能　甲烷化是甲烷蒸气转化的逆反应，因此甲烷化反应的催化剂和蒸汽转化催化剂一样，都是以镍作为活性组分，但是甲烷化反应在温度更低的情况下进行，催化剂需要更高的活性。

为满足上述需要，甲烷化催化剂的镍含量更高，通常为15％～35％（Ni），有时还需要加入稀土元素作为促进剂，为了使催化剂能承受更高的温升，镍通常使用耐火材料作为载体，且都是以氧化镍的形态存在，催化剂可压片或做成球形，粒度在4～6mm之间。

催化剂的载体一般选用 Al_2O_3、MgO、TiO、SiO_2 等，一般通过浸渍或共沉淀等方法负载在氧化物表面，再经焙烧、还原制得。

目前常用的甲烷化催化剂是以氧化镍为主要成分、氧化铝为载体、氧化镁或三氧化二铬为促进剂的镍催化剂，一般镍含量为15％～35％，外观为灰色。这两种催化剂的区别在于：①要求离开甲烷化反应器的碳的氧化物的含量是极小的，这就要求甲烷化催化剂有很高的活性，而且在更低的温度下进行；②碳的氧化物与氢的反应是强放热反应，要求甲烷化催化剂能承受很大的温升。国内外常用的几种甲烷化催化剂的物理性能如表7-1所示。

表 7-1　甲烷化催化剂

项目	型号	J101	J103H	J105
化学组成/%	Ni	≥21	≥12	≥21
	Al_2O_3	42.0～46.0	余量	24.0～30.5
	MgO	—	—	10.5～14.5
	Re_2O_3	—	—	7.5～10.0
物理性质	外观	灰黑圆柱体	黑色条状	灰黑圆柱体
	尺寸/mm×mm	$\phi5\times(5\sim5.5)$	$\phi5\times(5\sim8)$	$\phi5\times(4.5\sim5)$
	堆密度/(kg/L)	0.9～1.2	0.8～0.9	1.0～1.2
	比表面积/(m²/g)	约250	130～170	约250
使用温度/℃		270～400	280～500	270～450

国产甲烷化催化剂除了J101型外，还有J103H型和J105型等，它们与J101型相比，共同的特点是含镍量较低、耐热性能好、活性高。

（2）催化剂的还原　除了预还原型外，甲烷化催化剂中的镍都以NiO的形式存在，所以在使用前必须将氧化镍还原成金属镍，才具有催化活性。一般用氢气或脱碳后的原料气还原，其反应如下：

$$NiO+H_2 \rule[0.5ex]{2em}{0.4pt} Ni+H_2O+Q \tag{7-6}$$

$$NiO+CO \rule[0.5ex]{2em}{0.4pt} Ni+CO_2+Q \tag{7-7}$$

整个过程分为升温和还原两个阶段，一般250～300℃为升温阶段，300～400℃为还原阶段。升温阶段的目的在于脱除催化剂中的吸附水、结晶水，并使残余的碳酸盐进一步分解完全，为下阶段还原做准备。

催化剂一经还原就有活性，甲烷化反应就可以进行，有可能造成温升，因此碳氧化物应控制在1％以下。还原后的镍催化剂会自燃，要防止与氧化性气体接触。当前面工序出现事故，有高浓度的碳氧化物进入甲烷化反应器时，床层温度会迅速上升，这时应立即采取措施，切断原料气。

还原后的催化剂不能用含有CO的气体升温，以防止低温时生成羰基镍。因此，在催化剂降温至200℃时就要停止使用含一氧化碳的工艺气，而改用氢气或氮气。

（3）催化剂的中毒 除羰基镍外，硫、砷和卤素元素都能使催化剂中毒，即使有微量也会大大降低催化剂的活性和寿命，硫和砷都是永久毒物，不能恢复。

硫化物对催化剂的毒害是积累的。当催化剂吸收了0.5%（以催化剂质量分数计）的硫时，完全丧失活性。因此，要严格控制硫的进入。如果气流中含有硫，可在甲烷化催化剂前设置一个脱硫槽，或在催化剂上层放一些ZnO脱硫剂，这样硫就会被脱硫剂吸附掉，可以延长甲烷化催化剂的寿命。

砷化物对催化剂的毒害更为严重，当吸收了0.1%砷时，催化剂的活性即可丧失。因此，采用环丁砜法或砷碱法脱碳时，必须小心操作，以免把这些含有硫或砷的溶液带入甲烷化系统。为了保护催化剂，可在甲烷化催化剂上设置氧化锌或活性炭保护剂。

在本装置中损害甲烷化催化剂活性的主要因素有以下几方面。

① 硫中毒。甲烷化催化剂吸收0.1%～0.2%的硫，活性基本丧失。甲烷化催化剂的硫中毒是分层进行的。

② 脱碳系统带液。脱碳液进入甲烷化炉内，能引起催化剂活性下降；发生严重带液事故还可能导致气-气换热器内漏。

③ 净化气中CO_2骤升。若脱碳系统因溶液泵突然停车、溶液量不足或溶液浓度不足，使净化气中的CO_2骤升高于1.0%，会造成催化剂床层温度骤升，对催化剂和甲烷化炉本身会造成伤害。

四、甲烷化法工艺操作条件

1. 温度

甲烷化的反应平衡常数随温度升高而下降，所以降低操作温度均有利于甲烷化反应的化学平衡向右移动。如在较低的温度下操作可以减少换热器的面积，也有利于操作的稳定性，即使进口气体中一氧化碳和二氧化碳含量稍有升高，也不致超温。但温度过低，反应速率慢，易产生羰基镍，因此进气温度不能低于260℃。

若进口温度升高，催化剂用量减少，压降和功耗则有较大的降低。采用较高的操作温度时，可以加快反应速率，减小催化剂的用量及设备尺寸。但温度太高，对化学平衡不利。

甲烷化工艺要依赖催化剂的催化作用才能实现工艺过程，所以，催化剂的性能是实现该过程工艺条件选择的重要依据。用于甲烷化的镍催化剂在200℃已有活性，也能承受800℃的高温。现实生产中，甲烷化工艺过程操作温度低限应高于生成羟基镍的温度，高限应低于反应的容器材质允许的设计温度。一般操作温度在280～420℃范围内。

2. 压力

甲烷化反应是体积缩小的反应，提高操作压力有利于甲烷化反应的化学平衡向右移动。所以提高压力对甲烷化反应是有利的。而且提高压力，反应气体的分压相应提高，反应速率加快，可适当增加处理气量，以提高设备和催化剂的生产能力。

由于在原料混合气体中反应物H_2的含量很高，H_2的含量是CO_2含量的100倍以上，因此提高操作压力对甲烷化反应不是决定因素。甲烷化反应一般可在中低压下进行，也能在高压下进行。甲烷化反应是一个体积缩小的反应，操作压力低，消耗的气体压缩功少，有利于节约能耗。一般在系统装置允许的条件下，选择的操作压力越低越好。

操作压力因与上下游工序压力关系密切，通常随变换、脱碳压力而定。在实际生产中，甲烷化的操作压力一般为1.0～3.0MPa。

3. 原料气成分

甲烷化反应是强烈的放热反应，若原料气中一氧化碳和二氧化碳含量高，易造成催化剂超温事故，同时使入合成系统的甲烷含量增加。因此，必须严格控制原料气中一氧化碳和二氧化碳含量，一般要求小于 0.7%。

原料气中水蒸气含量增加，对甲烷化反应是不利的，并对催化剂的活性有一定的影响，所以原料气中水蒸气含量越少越好。

五、甲烷化法生产操作要点及异常现象处理

（一）装置原始开车及操作

1. 开车前的准备工作

① 各相关阀门检查完毕，开启灵活。

② 各相关管道已进行检查，无泄漏、无积水。

③ CO、CO_2 微量分析仪，温度、压力、流量等监测、控制仪表安装完毕，调试合格。

2. 升温加热炉的点火、烟气控制及熄火

（1）升温加热炉的点火

① 点火前取样分析：$CO+H_2$ 的含量小于 0.5% 时，方可点火。

② 稍开空气阀，点燃火把，插入点火孔。

③ 火把对准火嘴后，一人从窥视孔观察，一人慢开火嘴的煤气阀，待火嘴点燃后，取出火把。

④ 根据升温气温度要求，调节进炉空气和燃料气。

（2）升温过程中燃烧烟气成分控制范围　烟气组分可保持过氧 $CO+H_2 \leqslant 0.5\%$，即 $O_2 \leqslant 0.1\%$，$CO+H_2 \leqslant 3.0\%$。

（3）升温加热炉的熄火步骤

① 开升温加热炉出口燃烧烟气放空阀，关去气-气换热器燃烧烟气阀门。

② 逐步减少空气用量和燃料气用量，待进升温加热炉两股气源需切除时，先关燃料气火嘴，后关空气火嘴。

③ 抽加盲板，隔除相关气源。

3. 催化剂的升温还原过程及控制

（1）催化剂升温　要求催化剂床层任一点温度从室温升到 200℃ 以上，升温还原期间必须保持较高的空速，才可尽量减小催化剂床层的温差（要求催化剂床层上下温差不大于 20℃），利于还原过程中生成的水分及时排出，使催化剂具有较大的镍表面积。

升温期间由升温加热炉的燃烧烟气通过气-气换热器提供的热量加热升温介质。按要求控制好升温，氮、氢气量及升温空速；甲烷化炉系统压力控制在 0.2~0.5MPa，用出口放空阀控制；升温速率控制 ≤50℃/h，将甲烷化催化剂床层温度升至 200℃ 以上。

（2）净化气升温　按要求控制好升温净化气气量及升温空速。

甲烷化炉系统压力控制在 0.2~0.5MPa，用出口放空阀控制。

要求净化气中的 $CO+CO_2$ 含量 ≤1%，甲烷化系统已用氮气置换干净。

采用快速升温方法，以 80~100℃/h 的速率将甲烷化催化剂床层温度升至 200℃ 以上，以控制剧毒的羰基镍生成。

（3）催化剂升温还原　如果用净化气升温，甲烷化反应将在 250℃ 左右开始，因此在催化剂床层温度升至 200℃ 以上后，再以 30~50℃/h 的速率继续升温。如果以氢气或氮气升温，在 210~250℃ 间切换为净化气，按要求控制好还原空速。

（二）正常操作要点

甲烷化炉的正常操作是以温度控制为中心，确保出口气体中 $CO+CO_2$ 的含量 ≤

10×10^{-6}。

① 在生产过程中严格控制催化剂床层热点温度在工艺指标范围内。调节催化剂床层温度一定要找出主要的影响因素，给予有效处理。在处理时严防催化剂床层温度波动过大，影响催化剂寿命，波动幅度$\leqslant 10 ℃/h$。

② 认真操作，做到勤观察、勤调节、优化运行，监控入口净化气中$CO+CO_2$含量的变化情况及脱碳岗位是否有带液情况，保证甲烷化炉气中$CO+CO_2$含量$\leqslant 10 \times 10^{-6}$。

③ 严密监控系统阻力变化情况。

④ 仔细检查合成气分离器的排放情况。

（三）停车操作

甲烷化催化剂的使用寿命很长，甲烷化炉内部受损严重需检修和甲烷化催化剂已寿终时，才对甲烷化催化剂进行降温氧化。一般的停车情况下，绝对不能将甲烷化催化剂降温氧化。

1. 长期停车

若碰到大检修或时间较长的停车，且甲烷化催化剂不需卸出，则按以下进行：

① 用净化气将甲烷化催化剂床层温度冷却至$250℃$，炉内压力控制在$0.5 \sim 0.8MPa$。

② 用不含氧和毒物的干燥用纯氮气把催化剂床层温度从$250℃$降温至$40℃$以下，炉内压力控制在$0.5MPa$。

③ 关闭甲烷化炉进、出口阀及放空阀，炉内压力保持正压状态（$p_{炉} \geqslant 0.1MPa$），防止空气中的氧进入炉内，造成催化剂的损坏。

若甲烷化催化剂需卸出，则降温氧化过程按以下进行：用净化气将甲烷化催化剂床层温度冷却至$250℃$，再用纯氮气把催化剂床层温度从$250℃$降温至$40℃$以下，才可与空气接触。

卸出的催化剂应远离易燃物，同时喷水。在卸炉时，应注意在同一时间内绝对不允许开两个人孔，因为这样会引起"烟囱效应"。

2. 短期停车

关闭甲烷化炉进、出口阀及放空阀，炉内压力保持正压状态。

密切注意催化剂床层温度下降情况，若发现催化剂床层温度已降至$250℃$，则必须用纯氮气对炉内进行置换，以保证出口气中无CO和CO_2。

用纯氮气使炉内压力保持正压状态（$p_{炉} \geqslant 0.1MPa$），防止空气中的氧进入炉内，造成催化剂的损坏。

3. 停车后的再开车

若停车时间较短，催化剂床层温度$\geqslant 250℃$。

变换系统及脱碳系统运行稳定，控制净化气出口$CO+CO_2$含量$< 0.7\%$，送至甲烷化炉系统，在甲烷化炉前放空阀处放空。

点燃升温加热炉，用燃烧烟气提供热量通过气-气换热器加热净化气温度至$250℃$。然后开甲烷化炉入口阀，送净化气入炉，在甲烷化炉出口放空阀处放空，炉内压力控制$\leqslant 1.4MPa$。

待催化剂床层温度$\geqslant 320℃$且稳定时，熄灭升温加热炉，切断燃烧烟气，关甲烷化炉出口放空阀，开甲烷化炉出口阀，用甲烷化气的热量加热净化气，甲烷化气在气-气换热器出口放空阀处放空。

待甲烷化炉出口气$CO+CO_2$含量$\leqslant 10 \times 10^{-6}$时，送气至合成，投入生产运行。

若停车时间较长，催化剂床层温度$< 200℃$，则开车步骤同装置原始开车步骤。

(四）异常现象及处理

异常现象及处理见表 7-2。

表 7-2 异常现象及处理

序号	不正常现象	主要原因	处理措施
1	催化床超温（达 700℃ 以上）	(1)脱碳系统故障,CO_2 超标;变换系统出口 CO 超标 (2)甲烷化换热器内漏	(1)降低生产负荷,降低入炉净化气温度,若超温严重,可切断原料气,甲烷化停车 (2)停车检修设备
2	催化床温度突然降低	(1)系统带液 (2)操作不当	(1)切断甲烷化入口净化气,用纯氮进行升温 (2)调整温度至正常指标
3	催化床温升高于正常值	(1)入口 CO 含量>0.4% (2)入口 CO_2 含量>0.4%	(1)对变换系统进行调整,使入炉 CO 含量≤0.4% (2)对脱碳系统进行调整,使入炉 CO_2 含量≤0.4%
4	催化床热点温度迅速下降	硫中毒	(1)找出硫源,并进行处理 (2)若中毒严重,须停车处理,更换催化剂
5	甲烷化气微量超标	(1)甲烷化入口净化气 CO、CO_2 超标 (2)催化剂衰老失活 (3)甲烷化气-气换热器内漏	(1)加强变换、脱碳操作,降低甲烷化入口净化气 CO、CO_2 含量 (2)停车,更换催化剂 (3)停车检修设备

六、安全及环保措施

1. 有害因素

有关甲烷、一氧化碳、二氧化碳的危害及中毒症状,可参见表 3-4。

2. 安全知识

① 严格遵守安全技术规程及相关安全管理制度。

② 界区内严禁明火,不能堆放易燃易爆物品。

③ 认真佩戴劳动保护用品,熟悉消防器材和防护用品的使用,并懂得各种急救方法。

④ 熟悉消防队、防护站的电话号码,发现中毒现象或着火时及时联系。

⑤ 若发生燃烧爆炸事故,应立即切断气源,按紧急停车处理,不能用水进行灭火（可用蒸汽稀释可燃性气体含量）。

⑥ 排放管道和设备的冷凝水时,人要站在上风方向,以免中毒。

⑦ 严格控制好装置工艺指标,严防温度、压力大幅波动,甚至造成超温、超压事故,确保设备安全。

⑧ 设备运行时,不准做任何修理工作,必须检修时,应在停车采取必要的安全措施后进行。

⑨ 本装置因接触有毒气体及腐蚀性溶液,所以在进入盛过该类物质的容器进行清洗或检修时,必须打开人孔进行自然通风,穿戴必要的防护用具,必要时戴上防毒面具并有专人监护。

3. 环保知识

① 必须熟悉、遵守本装置有关环保的制度及规定。

② 装置更换的催化剂必须统一回收处理。

③ 禁止无计划对外排污,严防环境污染事故的发生。

任务小结

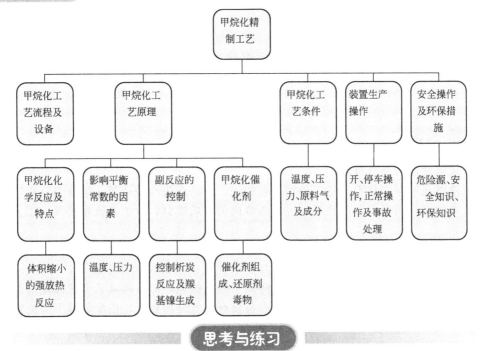

思考与练习

1. 甲烷化精制有哪些特点？
2. 甲烷化的流程类型有哪些？工艺流程是怎样的？
3. 甲烷化反应的原理是什么？
4. 甲烷化催化剂的主要组成是什么？引起甲烷化催化剂中毒的因素有哪些？
5. 甲烷化催化剂还原原理是什么？为什么已还原的催化剂在低温下不能与 CO 接触？
6. 温度、压力及气体成分对甲烷化反应有哪些影响？
7. 甲烷化炉长期停车操作如何进行？在停车期间为什么要用 N_2 保护？
8. 甲烷化炉超温的原因有哪些？如何处理？
9. 甲烷化炉出口微量指标超标的原因有哪些？如何处理？

任务二　液氮洗涤法精制

任务目标

通过本任务的学习，使学生掌握合成氨原料气精制的液氮洗涤法生产的基本原理、工艺条件的选择、工艺流程、主要设备的结构和作用。通过理论教学与技能训练，掌握液氮洗涤法生产过程的控制与调节、生产故障的分析与排除等生产操作技能。

任务要求

➤ 了解液氮洗涤法精制的流程及设备的结构和作用。

➤ 掌握液氮洗涤法精制的反应原理及特点，知道反应速率及其作用和影响因素，能说出甲烷化催化剂的组成及作用。

➤ 掌握液氮洗涤法工艺条件的选择。

➢ 掌握液氮洗涤法生产过程的控制与调节、生产故障的分析与排除。

➢ 了解液氮洗涤法精制的安全及环保注意事项。

任务分析

液氮洗涤法是气体净化的最后步骤，在脱除一氧化碳的同时还可以从合成气中脱除甲烷、氩等惰性气体，属于深度冷冻技术。所以在之前用分子筛干燥器吸附净化气中的微量 CO_2、CH_3OH，然后用液体氮净化工艺气中的 CO、CH_4、Ar，配制氢氮比为 3∶1 的合成气，供氨合成用。

理论知识

一、液氮洗涤法精制流程

液氮洗涤属于深冷技术，是一种物理吸收法，洗涤液仅为液体氮，溶液组分单纯，洗涤吸收、分离的影响因素少，而且氮气也是氨合成的有效成分，故工艺流程简单，工艺过程容易控制。

与甲烷化法相比，最突出的优点是除了能脱除一氧化碳外，同时还可从合成气中脱除甲烷、氩等惰性气体，产品合成气的纯度很高，惰性气体甲烷和氩几乎脱尽，并且干燥无水。这样，不但减少了合成循环气的排放量，降低了氢氮损失，而且提高了合成催化剂的产氨能力。但此法独立性较差，需要液体氮，只有与设有空气分离装置、搭配低温甲醇洗涤等冷法脱除 CO_2 技术结合使用，减少工艺流程中热冷变化的弊端，充分提高能量的利用率，在经济上才比较合理。

液氮洗涤工艺流程因操作压力、冷源的补充方式以及是否与空分、低温甲醇洗结合而各有差异。尽管工艺流程不同，但均应包括以下工艺步骤。

（1）粗原料气的预处理　液氮洗过程是在深冷条件下进行的，对 CO_2、甲醇等介质要求很严，因为 CO_2 在低温下形成干冰，甲醇在低温下形成固体冰，易堵塞管道设备，降低换热器的换热效果，尽管甲醇洗工序已将绝大部分 CO_2 等杂质除掉，但由于气液平衡关系，还有少量 CO_2 和甲醇等气体存在。因此对粗原料气必须采取措施彻底去除这些杂质。

CO_2 和 CH_3OH 的脱除是由分子筛吸附完成的，采用两台并列的吸附器交替地、周期性地进行吸附及再生操作，即将 CO_2、CH_3OH 等杂质通过分子筛吸附除去，剩下的 H_2、N_2、Ar、CH_4、CO 等气体进入冷箱进一步处理。

（2）净煤气的冷却　为达到 -182℃ 的低温净煤气，需要进一步冷却，这个过程在原料气冷却器中完成。

（3）气体洗涤部分　液氮洗涤是利用空分装置所得到的高纯氮气，在氮洗塔中吸收氮洗气中少量 CO 的分离过程。液氮由塔顶加入，氮洗气由塔底通入，进行逆流操作。净煤气的气体部分向上流过氮洗塔时被塔顶流下的液氮洗涤。气体部分中所含的一氧化碳、氩和甲烷冷凝成液体后从塔下部抽出。

（4）冷量补充　在生产中，由于存在冷箱的冷损失以及热冷物料换热不完全所造成的冷损失，换热器的热端温差等因素，以及与外界的冷热交换，因此需要冷量补充，液氮洗的冷量补充由自身解决，来源有两个。

① 配氮产生的制冷效应。从空分来的高压氮经两步冷却后，有一部分氮气经冷却后配到出氮洗塔混合气体中，配氮压力高，配氮后尽管总管压力不变，但对氮气来说，分压是降低了，等于氮从高压节流到低压，以此降低温度得到冷量。

② 液氮洗塔底馏分的节流效应。液氮洗系统依靠氮洗塔底部出来的一氧化碳馏分膨胀和汽化，将其节流减压膨胀产生冷量。正常生产时不需要外界补充冷量。因此氮洗系统在正

常生产时，不需要从外界补充冷量，只有开车时，才由空分供给液氮，以加速冷却过程。

（5）液氮洗系统　除了送合格的精制气外，从氮洗塔出来的气体还要配入适量的纯氮气，使氢氮比为3∶1。液氮洗所需的氮气来自空分装置经氮气压缩机加压后的高压氮气。其主要用途为：经冷却器冷却和冷凝后用作洗涤氮；用作配制合成气的补充氮；经冷却器冷却并在透平机膨胀后补充冷量。

以煤、重油为原料的合成氨厂液氮洗工艺流程如图7-3所示，其脱碳采用低温甲醇洗工艺，工艺流程叙述如下。

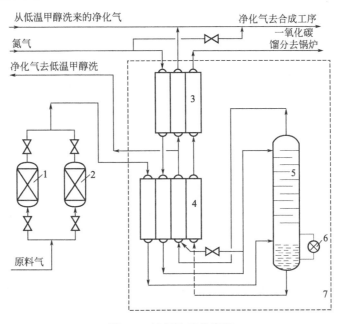

图 7-3　液氮洗工艺流程

1,2—分子筛吸附器；3—冷却器；4—原料气冷却器；5—液氮洗涤塔；6—液位计；7—冷箱

由低温甲醇洗工序来粗原料气，以及微量甲醇和二氧化碳，首先进入分子筛吸附器将二氧化碳和甲醇等杂质除去，以免其在冷箱内冻结而引起低温设备和管道的堵塞，然后进入冷箱。吸附器由两台组成，内装分子筛，一台使用，一台再生，由程序控制器实现自动切换；分子筛再生用低压氮气，再生用后的低压氮气送往低温甲醇洗工序作气提用氮。

原料气经原料气冷却器冷却到接近-190℃，从液氮洗涤塔底部进入。在塔内原料气中的一氧化碳、甲烷及氩等组分被从塔顶加入的过冷液氮所吸收。温度为-192℃的净化气从塔顶排出，与温度为-188℃的液氮混合（第一次配氮）后，进入原料气冷却器以冷却进液氮洗的原料气。然后，净化气大部分送往低温甲醇洗进一步回收冷量，另一部分进入氮气冷却器使从空分工序送来的氮气冷却液化，而本身被加热到常温，与从低温甲醇洗返回的净化气汇合后再加入氮气（第二次配氮），调整氢氮比后送往合成工序。

来自界区外空分装置的高压氮气经氮冷却器和原料气冷却器被低温净化气体冷却并液化，其中一部分与净化气混合作配氮用，另一部分去液氮洗涤塔作洗涤用。从塔底排出的一氧化碳馏分，经原料气冷却器和氮冷却器回收冷量后，送往锅炉作燃料用。

二、液氮洗涤法精制基本原理

由于合成催化剂要求 $CO+CO_2$ 等含氧化合物氧含量$<10\times10^{-6}$，故气体在入合成塔之前，必须将 CO 等含氧化合物清除，脱除净化原料气中 CO 的方法主要有化学法和物理法两种。物理法常用的是低温液氮洗涤法。而在脱除 CO 之前必须将微量的 CO_2、CH_3OH 脱

除，防止在低温下形成固体冰，易堵塞管道设备。

所以液氮洗工艺原理基本包括：吸附原理、混合制冷原理及液氮洗涤原理。

1. 分子筛吸附与脱附原理

气体的吸附是指气体中的一种或几种组分与多孔性固体吸附剂接触而被吸着的现象。气-固相表面存在的吸附作用，是因为在两相边界上的气体分子所经受的吸力不同，这种力不平衡现象使得气体分子或是被吸附剂吸附，或是从吸附剂表面脱附，从而构成了气体的吸附和脱附。

分子筛属于固体吸附剂，因它本身的稳定性，它不会二次污染工艺原料气。其组成同空分装置使用的分子筛相似。分子筛吸附是一种物理现象，不发生化学变化，完全可逆。由于分子间的引力作用，在吸附剂表面产生一种表面力。当流体流过吸附剂时，流体与吸附剂充分接触，一些分子由于不规则运动而碰撞在吸附剂表面，有可能被表面力吸引，被吸附到固体表面，使流体中这种分子减少，达到净化的目的。吸附引力的大小取决于吸附剂表面的构造、吸附质的分压、吸附时的温度。如果增大压力、降低温度，吸附能力增加。因此，在吸附时，要使压力升到最高，温度降到最低。解吸时，则要使压力降到最低，温度升到最高。

分子筛对极性分子的吸附力远远大于非极性分子，因此，从低温甲醇洗工序来的气体中 CO_2、CH_3OH 因其极性大于 H_2，就被分子筛选择性地吸附，而 H_2 为非极性分子，因此分子筛对 H_2 的吸附就比较困难。

在工业应用中吸附和脱附是交替进行的，当一个吸附器在进行吸附操作时，其余的吸附器处于脱附工况。在工程应用上，脱附过程分加热吹气脱附法和变压脱附法两种。

2. 混合制冷原理

众所周知，在一定条件下，将一种制冷工质压缩至一定压力，再节流膨胀，产生焦耳-汤姆逊效应即可进行制冷。科学实践已经证明："将一种气体在足够高的压力下与另一种气体混合，这种气体也能制冷。"这是因为在系统总压力不变的情况下，气体在掺入混合物中后分压是降低的，相互混合气体的主要组分（如 H_2 与 N_2、CO、CH_4、Ar 等）的沸点至少平均相差 33℃，最好相差 57℃，这样更有利于低沸点组分 H_2 的提纯和低、高沸点组分的分离，并且消耗也低。

液氮洗就运用了上述原理。在冷却器中用来自氮洗塔的产品氮洗气，冷却进入本装置的高压氮气和来自低温甲醇洗的净化气；而在氮洗塔中，使净化气和液氮逆流接触；在此过程中，不仅将净化气中的 CO、CH_4、Ar 等洗涤下来，同时也配入部分氮气。在整个氮气与净化气体混合的过程中，使 $p_{N_2}=5.9MPa$ 配到净化气中，其分压下降为 $p_{N_2}=1.3MPa$，产生 J-T 效应而获得了液氮洗工序所需的绝大部分冷量。

3. 低温液氮洗涤原理

低温液氮洗涤工艺原理是基于混合气体中各组分在不同的气体分压下冷凝的温度不同，混合气体中各组分在相同的溶液中溶解度不同，使混合气体中需分离的某种气体冷凝和溶解在所选择的溶液中，而得以从混合气体中分离。

经过变换、脱硫及脱碳后的气体，其主要成分是氢，其次还含有氮及少量一氧化碳、甲烷和氩等成分。这些气体的沸点及蒸发热如表 7-3 所示。

表 7-3　某些气体在 101.3kPa 压力下的沸点及蒸发热

气体名称	大气压下沸点/℃	大气压下汽化热/(kJ/kg)	临界温度/℃	临界压力/atm
CH_4	−161.45	509.74	−82.45	45.79
Ar	−185.86	164.09	−122.45	47.98

气体名称	大气压下沸点/℃	大气压下汽化热/(kJ/kg)	临界温度/℃	临界压力/atm
CO	−191.50	215.83	−140.20	34.52
N_2	−195.80	199.25	−147.10	33.50
H_2	−252.77	446.65	−240.20	12.76

注：1atm＝101325Pa。

由表 7-3 可见，各组分的沸点（即冷凝温度）相差较大，其中氢的沸点最低，氮的沸点又比一氧化碳、氩和甲烷低。各组分的临界温度都比较低，氮的临界温度为 −147.1℃，从而决定了液氮洗涤必须在低温下进行。

从各组分的沸点数据可以看出，H_2 的沸点远远低于 N_2 及其他组分，也就是说，在低温液氮洗涤过程中，CH_4、Ar、CO 容易溶解于液氮中，而原料气体中的氢气，则不易溶解于液氮中，从而达到了液氮洗涤净化原料气体中 CH_4、Ar 和 CO 的目的。

因为原料气中一氧化碳含量很少，且氮的蒸发热与一氧化碳的冷凝热相差很小，故可以将洗涤过程看作是恒温、恒压过程。

氮洗气各组分的冷凝温度与气体的压力有关，表 7-4 为不同压力下的冷凝温度。

表 7-4　不同压力下的冷凝温度

组分	不同绝对压力下的冷凝温度/℃			
	0.101MPa	1.01MPa	2.03MPa	3.04MPa
H_2	−252.7	−244	−238	−235
N_2	−195.8	−175	−158	−52
CO	−192	−166	−149	−142
CH_4	−161.4	−129	−107	−95
Ar	−185.8	−156	−143	−135

根据表 7-4 的数据可以看出，压力提高，冷凝温度也升高，即可在较高温度下冷凝。

氮洗气是多组分混合物，对于多组分混合物，其每一组分的冷凝温度同该组分的气体分压相对应。这样，每一组分的冷凝温度既受气体总压影响，又受成分变化影响。将一定组成的氮洗气逐渐冷却时，冷凝温度高的组分先冷凝，随着温度的继续降低，冷凝温度低的组分也逐步冷凝，温度越低，各组分冷凝为液体所占的比例越大。对于多组分混合物，其冷凝特点同纯组分时比较，是有差异的。如一些组分，虽未达到纯组分时的冷凝温度，但仍会有一部分冷凝下来，液氮洗涤中的氢损失便属于这种情况。

三、液氮洗涤法工艺条件

1. 氮的纯度

氮由空分装置以气态或液态形式提供。为了满足氢氮混合气对氧含量的要求，液氮中氧含量应小于 20×10^{-6}。

2. 温度

从表 7-4 可知，一氧化碳、氩和甲烷的冷凝温度中以一氧化碳最低。为了完全清除原料气中所含的一氧化碳，需将原料气温度降到一氧化碳冷凝温度以下。例如，当原料气中一氧化碳分压为 1atm（1atm＝101325Pa）时，需将温度降到 −191.5℃，在 20atm 时，需将温度降到 −149℃。

在生产中除考虑一氧化碳的冷凝温度外，为回收出系统的冷量，同时为了开车初期冷却设备和补充正常操作时的冷量损失，还必须补充冷量。若液氮洗涤温度过低，则会导致洗涤过程中增加氢损失。所以选择入氮洗塔净煤气温度控制在−185～−175℃。

3. 压力

根据表 7-4 的数据可以看出：压力提高，冷凝温度也升高，即可在较高温度下冷凝，但冷凝温度的提高，并不与压力的增高成正比。此外，提高压力，会使设备结构复杂，并且使氢在冷凝液中的溶解损失增加。因此，一般操作压力为 2.0～8.0MPa。

四、液氮洗涤法生产控制要点及异常现象处理

1. 正常操作要点

① 液氮洗装置开车后，为了保证液氮洗运行的稳定性，需要控制加负荷的速度，每小时加负荷的速度小于 10%；确保合成气氢氮比的正常控制。

② 入氮洗塔净煤气温度的调节。

③ 根据 CO 含量，调节洗涤氮量，确保出液氮洗工段的工艺气中 CO 合格。

④ 冷量的分配。

⑤ 冷箱的保护氮。冷箱内的绝热空间（珠光砂充填部分）要用低压氮气保护，避免湿空气进入冷箱，以减少冷箱的冷损，从而保持液氮洗工序的效率，氮气的流量必须足够，以保持冷箱壳内为"微正压"。

2. 分子筛吸附器的再生操作

吸附器使用一段时间后，需要再生。吸附器一般有两台，两台并列的吸附器交替地、周期性地进行操作，定期切换使用。

原料气自下而上流经一台分子筛吸附器的床层，通过分子筛吸附，使 CO_2 和 CH_3OH 含量均低于 $0.1×10^{-6}$。与此同时，另一台吸附器处于再生，准备用于下一个吸附周期。分子筛吸附器再生所用的介质是来自氮压机的低压氮气，再生共分 8 个步骤，其主要步骤如下。

① 吸附器切换。吸附阶段结束后，按时间程序自动到再生操作阶段。

② 减压（排至火炬）。吸附器泄压至约 0.35MPa，其中的气体通过加热器加热到环境温度后送到火炬。

③ 预热。来自氮压机的低压氮气在热交换器中被加热到 200℃，然后向下流过分子筛床层，传给分子筛的热量使先前吸附的杂质解吸出来。

④ 加热。当吸附器出口再生氮气的温度足够高时（约 180℃），再生过程完成，分子筛得以再生。

⑤ 冷却。氮气在 34℃下进入吸附器开始冷却，当吸附器出口氮气的温度接近其进口温度时，冷却结束。吸附器出口的再生氮气通过热交换器换热至 0～40℃之间后送低温甲醇洗装置。

⑥ 充压。再生吸附器用另一台吸附器出口的原料气充压到操作压力。

⑦ 降温（并行运行）。一小部分原料气流过吸附器使之冷却到正常操作温度−35℃，在这个过程中，原料气的主要部分通过另一台吸附器，即两台平行操作。

⑧ 等待（含阀门切换时间）。

3. 停车操作

对于临时停车，首先要注意吸附器运行情况，为了方便再开车，最好选择在一个吸附器刚投运时，再停吸附器。停车时，用液氮和氮气使系统保持冷却状态。方法是向液氮洗涤塔通入高压氮，同时利用液氮进行冷却，从液氮洗涤塔下部抽出多余的液氮，从而使系统保持冷却状态。

装置完全处于停车状态时，可利用排放管线逐渐降低系统压力，同时使系统逐渐复热，恢复到常温常压即可。

4. 异常现象及处理

异常现象及处理见表 7-5。

表 7-5　异常现象及处理

序号	异常现象	主要原因	处理措施
1	再生氮气中水含量上升	再生加热器泄漏	(1)根据泄漏情况更换换热器 (2)按照"计划短期停车"停车处理换热器
2	液氮洗涤塔液泛	(1)操作调整过大,发生液泛 (2)洗涤氮量过大; (3)液氮洗涤塔液位过高,从上气口大量溢液	(1)减负荷操作 (2)调整洗涤氮量 (3)降低液氮洗涤塔,若液位计故障则手动保持一定开度,尽快消除故障
3	系统阻力增大	(1)分子筛吸附器故障,CO_2 和 CH_3OH 带入系统造成堵塞 (2)冷箱换热器过冷,CH_4 冻结堵塞通道	(1)停车,对冷箱进行解冻处理 (2)投用热配氮,系统降负荷,提高温度,严重时停车处理
4	流量和液位发生异常变化	(1)阀门被冰冻 (2)仪表本身有问题	(1)若是阀门被冰冻,接临时蒸汽吹 (2)若是仪表问题,由仪表人员进行处理
5	微量 CO 超标	(1)洗涤氮量不足 (2)系统冷量不足 (3)冷箱换热器泄漏	(1)CO 含量 $< 80 \times 10^{-6}$ 时,减负荷进行调整 (2)CO 含量 $\geq 80 \times 10^{-6}$ 时,停车处理 (3)停车检修

五、安全及环保措施

1. 有害因素 N_2

氮是一种无色、无味、化学性质稳定的气体，沸点 $-196\,℃$，相对密度（$\rho_{空气} = 1$）0.97。氮气本身没有毒性，但当环境中氮气含量增高时，会使氧气含量相对减少，从而引起窒息造成死亡，所以高浓度的氮气是一种危险性很大的有害气体，应当高度重视。

2. 安全注意事项

① 操作人员必须按规定穿戴劳动保护用品，防止冷灼伤。

② 岗位上必须配备一定的消防器材、防护器材。岗位操作人员必须会正确使用消防器材、防护器材。

③ 岗位上如发现泄漏，应及时消除，以防氮气窒息和一氧化碳中毒事件发生。

④ 气体放空时，不能猛开阀门，以防静电着火。

⑤ 如检修需在岗位上动火，必须按规定办理动火证，并落实安全措施，取样分析合格，经同意后方能动火。

⑥ 设备管线上装有的压力表、温度计、安全阀等定期校对，定期检查，发现损坏立即更换。

⑦ 系统升降温、升降压一定要按有关规定进行，不得大幅度升降。

⑧ 要确保设备、管道、结构或仪表的防静电保护和接地系统完好，以防静电。

任务小结

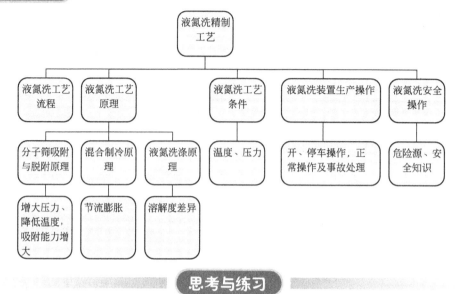

思考与练习

1. 液氮洗涤的工艺流程是怎样的？
2. 液氮洗涤法脱出一氧化碳的原理是什么？
3. 液氮洗吸附器再生步骤有哪些？
4. 液氮洗工序开、停车步骤如何进行？
5. 液氮洗冷箱升温解冻的方法有哪几种？如何进行？

资源导读

氮的使用

对大气的研究导致了氮的发现，氮的发现不是一个人做的。早在 1771 年至 1772 年间，瑞典化学家舍勒（K. W. Scheele，1742—1786）就根据自己的实验，认识到空气是由两种彼此不同的成分组成的，即支持燃烧的"火空气"和不支持燃烧的"无效的空气"。1772 年英国科学家卡文迪什（H. Cavendish，1731—1810）也曾分离出氮气，他把它称为"窒息的空气"。在同一年，英国科学家普利斯特里（J. Priestley，1733—1804）通过实验也得到了一种既不支持燃烧，也不能维持生命的气体，他称它为"被燃素饱和了的空气"，意思是说，因为它吸足了燃素，所以失去了支持燃烧的能力。

但是，无论是舍勒，还是卡文迪什和普利斯特里，都没有及时公布他们发现氮的结论。因此，在现在一般化学文献中，都认为氮在欧洲首先是由苏格兰医生、植物学家、化学家丹尼尔·卢瑟福（D. Rutherford，1749—1819）发现的。1772 年 9 月，丹尼尔·卢瑟福发表了一篇极有影响的论文，叫《固定空气和浊气导论》，该文原稿现保存在英国博物馆。在论文中他描述了氮气的性质，这种气体不能维持动物的生命，既不能被石灰水吸收，又不能被碱吸收，有灭火的性质，他称这种气体为"浊气"或"毒气"。这里所讲的"固定空气"即今天的二氧化碳气。

在 18 世纪 70 年代，氮并没有真正被发现和理解为一种气体化学元素。丹尼尔·卢瑟福和普利斯特里、舍勒等人一样，受当时燃素说的影响，并没有认识到"浊气"是空气的一个组成成分。浊气、被燃素饱和了的空气、窒息的空气、无效的空气等名称都没有被接受作为氮的最终名称。

氮这个名称是 1787 年由拉瓦锡和其他法国科学家提出的，今天的"氮"的拉丁名称 Nitrogenium 来自英文 Nitrogen，是"硝石的组成者"的意思。化学符号为 N。我国清末化学启蒙者徐寿在第一次把氮译成中文时曾写成"淡气"，意思是说，它"冲淡"了空气中的氧气。

氮在地壳中的质量分数是 0.46%，绝大部分氮以单质分子 N_2 的形式存在于空气中。除了土壤中含有一些铵盐、硝酸盐外，氮以无机化合物形式存在于自然界是很少的，而氮却普遍存在于有机体中，是组成动植物体的蛋白质和核酸的重要元素。

氮主要用于合成氨，由此制造化肥、硝酸和炸药等，氨还是合成纤维（锦纶、腈纶）、合成树脂、合成橡胶等的重要原料。由于氮的化学惰性，常用作保护气体，以防止某些物体暴露于空气时被氧所氧化。用氮气填充粮仓，可使粮食不霉烂、不发芽，长期保存。液氮还可用作深度冷冻剂。

工业生产中，液氮可以作为深度制冷剂，由于其化学惰性，可以直接和生物组织接触，立即冷冻而不会破坏生物活性，因此可以用于以下六个方面：

① 迅速冷冻和运输食品。

② 进行冷冻学的研究。

③ 保存活体组织，生物样品以及精子和卵子的储存。

④ 在医学实践中可以用迅速冷冻的方法帮助止血和去除皮肤表面浅层需要割除的部位。

⑤ 提供高温超导体显示超导性所需的温度，例如钇钡铜氧。

⑥ 在科学教育中演示低温状态，在常温下柔软的物体（如花朵）在液氮中浸一下，就会脆如玻璃。

任务三　认识双甲精制工艺

任务目标

通过本任务的学习，使学生掌握双甲精制工艺生产的基本原理、工艺条件的选择、工艺流程、主要设备的结构和作用。通过理论教学与技能训练，掌握双甲精制工艺生产过程的控制与调节、生产故障的分析与排除等生产操作技能。

任务要求

➤ 了解双甲工艺精制的流程及设备的结构和作用。

➤ 掌握双甲工艺精制的反应原理及特点，知道反应速率及其作用和影响因素，能说出甲烷化催化剂的组成及作用。

➤ 掌握双甲工艺生产过程的控制与调节、生产故障的分析与排除。

➤ 了解双甲工艺的安全及环保注意事项。

任务分析

原料气中 $CO+CO_2$ 的含量在 4%～5% 时采用甲烷化法需要消耗大量的 H_2。为此先采用双甲精制工艺，将合成氨原料气的精制分两步进行。首先将 CO 和 CO_2 进行甲醇化，使 CO 含量先下降到 0.03%～0.3%，CO_2 含量降低到 0.01%～0.1%，使原料气进一步精制，然后将 CO 和 CO_2 进行甲烷化，使 $CO+CO_2$ 的含量降到 10×10^{-6} 以下，以达到原料气最终精制的目的。

 **理论知识**

一、双甲精制工艺流程

双甲工艺是在甲烷化工艺技术的基础上开发出来的，用甲醇化、甲烷化净化精制合成氨原料气中的 CO 和 CO_2，使体积分数小于 10×10^{-6}。作为原料气进一步精制的甲醇化工艺，醇化后气体中 CO 和 CO_2 的含量越少，甲烷化工艺的 H_2 消耗越少，甲烷化后气体中的 CH_4 才会越少，从而越有利于氨的合成。

原料气中 $CO+CO_2$ 的含量在 $4\%\sim5\%$ 时，采用甲烷化法脱除，就要消耗大量的 H_2。为此可采用甲醇化法，使 CO 先降到 $0.03\%\sim0.3\%$，CO_2 降到 $0.01\%\sim0.1\%$，然后再用甲烷化法使 $CO+CO_2$ 的含量降到 10×10^{-6} 以下。这样氢耗可大大减少，同时可产出有用的化工原料甲醇。

图 7-4 是一个以煤为原料的典型流程方框图。流程可按照甲醇产量、设备情况进行不同压力级、不同设备组合形式、不同的醇化或甲烷化反应器结构进行配置。

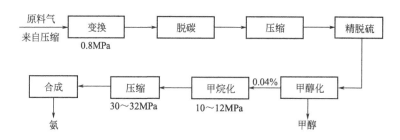

图 7-4 双甲工艺在合成氨系统中的位置

一般来说，当新建一套全新的系统时，我们将双甲工艺按醇产量的大小配置成一个塔产醇、另一个塔净化的方式，一般设产醇塔尽量以低压法生产，将一级醇化压力配入低压段来生产，当产醇量较小或以净化为目的时，将第一级和第二级甲醇化设置在一个压力级，有利于醇化塔的互换和管理。这就有醇化系统的"非等压"和"等压"之称。同时，一般甲烷化的配置是紧接在二级甲醇之后，一般和二级甲醇化等压配置。

当甲醇化后串甲烷化时，由于常规常温分离方式的缺陷，往往不可能较干净地将甲醇化后气体中的甲醇蒸气、二甲醚蒸气分离出来，而这样的气体成分带入甲烷化，对甲烷化催化剂是不利的，工艺上也设置了一个"净醇"装置，用软水来洗净这些物质；或者提高操作压力，选择水冷器冷却到甲醇的冷凝温度以下，进而达到分离的目的。

图 7-5 是以净化为目的，将第一级和第二级甲醇化设置在一个压力级，甲烷化的配置紧接在二级甲醇之后的双甲工艺流程图。

脱碳后的工艺气 $CO+CO_2$ 的含量在 5% 左右，$S_总\leqslant1\times10^{-6}$。经压缩至 7.8MPa 左右送到双甲工序。脱碳气先经过换热器进入干法精脱硫槽和硫保护槽，使工艺气中总硫含量降至 $S_总\leqslant0.01\times10^{-6}$，总硫合格的工艺气进入甲醇第一反应器，该反应器为沸腾水列管式反应器，甲醇生成反应热通过列管管壁传递给沸腾水而产生 2.75MPa 的蒸汽，并通过汽包压力的控制调节，控制床层温度在 $210\sim232℃$。

由甲醇第一反应器流出的气体经换热、冷却、分离出的液相经闪蒸后送入粗醇分离器，气相经换热进入甲醇第二反应器，该反应器为绝热反应器，内装一层甲醇催化剂，甲醇第二反应器的作用是使工艺气 CO、CO_2 和 H_2 进一步反应，使 $CO+CO_2$ 的含量为 $0.01\%\sim0.4\%$。

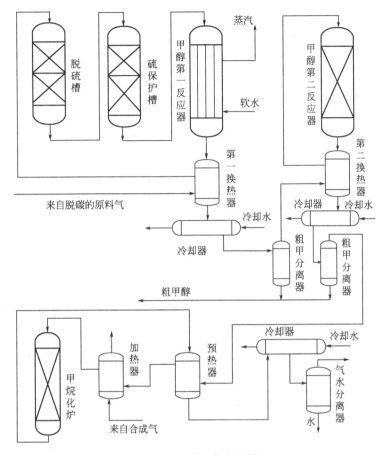

图 7-5　双甲工艺流程图

由第二甲醇反应器流出的工艺气体经换热、冷却、分离出的液相，经闪蒸进入粗甲醇，气相经换热、加热后进入甲烷化炉。甲烷化炉为绝热反应器，内装一层甲烷化催化剂，床层温度控制在 300～320℃。

二、双甲精制工艺原理

1. 基本原理

双甲工艺包括甲醇化反应和甲烷化反应。

(1) 甲醇化反应　合格的原料气进入甲醇合成塔内，在适当的温度、压力和催化剂存在的条件下合成为甲醇，其化学反应式为：

$$CO+2H_2 \Longrightarrow CH_3OH+90.56kJ \tag{7-8}$$

$$CO_2+3H_2 \Longrightarrow CH_3OH+H_2O+49.43kJ \tag{7-9}$$

化学反应具有如下特点：①可逆反应；②放热反应；③体积缩小的反应。

在甲醇合成中，还会有一些副反应发生。因少量 $CO+CO_2$ 甲醇化反应是在低温和高活性催化剂下进行的，所以副反应较少。温度、压力、空速、反应物浓度和生成物浓度对甲醇的合成均有一定的影响，其中温度和压力对 CO 和 CO_2 转化率影响最大。所以在操作中，要使压力、温度、空速及甲醇合成塔进口气体组成等工艺参数处于最佳状态，以达到提高甲醇转化效率的目的。

（2）甲烷化反应　与本项目任务一的反应相同。

2. 甲醇催化剂

（1）活性组分及其作用　由于甲醇反应是依靠催化剂进行的催化反应，因此催化剂的性能对反应过程的条件具有根本的约束作用。

目前应用于甲醇合成的催化剂有两大系列：一种是以氧化锌为主体的锌基催化剂；另一种是以氧化铜为主体的铜基催化剂。锌基催化剂一般只适用于高温（380℃）高压（32×10^6Pa）下作为合成甲醇的催化剂。而铜基催化剂则在 5×10^6Pa 压力和低温下就能有相当高的反应活性。

以铜为主体的铜基催化剂，对于甲醇合成具有极高的选择性，而且在不太高的压力及温度下，要求合成气的净化要彻底，否则其活性将很快丧失，它的耐热性也较差，要求维持催化剂在最佳的稳定温度下操作。

铜基催化剂一般可在 210～280℃ 下操作，催化剂的型号及反应器形式不同，其最佳操作温度范围略有不同。管壳式反应器的最佳操作温度在 230～260℃。

（2）甲醇催化剂的使用

① 升温还原。甲醇合成的催化剂为铜基催化剂，其主要化学成分为 $CuO\text{-}ZnO\text{-}Al_2O_3$，它们在还原前是没有活性的。只有经过还原，将催化剂组分中的 CuO 还原为 Cu^+ 或金属铜，并与组分中的 ZnO 溶固在一起，才具有活性。在工业上采用 H_2、CO 作为还原剂，在正常还原条件下，Zn 和 Al 的氧化物不被还原，但是 ZnO 和 Al_2O_3 起到助催化剂的作用。

铜基催化剂在还原时是分层进行的，对催化剂床层而言是从上到下逐层进行还原，对每粒催化剂来讲，是由表及里逐步还原，还原是强放热反应，其反应式为：

$$CuO+H_2 =\!=\!= Cu+H_2O+86.6kJ \tag{7-10}$$

$$CuO+CO =\!=\!= Cu+CO_2+125.5kJ \tag{7-11}$$

② 中毒。甲醇催化剂毒物有硫、氯、磷、硅、铁、镍等。硫是催化剂中常见的毒物，以 H_2S、COS 形式存在，一般要求入口气中 H_2S 含量小于 0.1×10^{-6} 才能使催化剂有较长的使用寿命，催化剂吸硫平均达 3.5% 时，活性基本丧失。在单塔生产中，催化剂硫容达 1.5%～2% 即失去活性；在多塔串联生产中，硫容达 2% 时催化剂也会失去活性。如何防止硫中毒是现在双甲生产必须关注的问题。最好的办法是在甲醇塔前增设一个脱硫剂槽，用常温脱硫剂可脱到 0.1×10^{-6} 以下。

氯对甲醇催化剂危害也很大，与毒害低变催化剂一样要比硫高一个数量级，且中毒遍及全床层。

三、双甲精制工艺条件

1. 压力

CO 和 CO_2 与 H_2 生成 CH_3OH 的反应是一个体积缩小的反应，增大压力，反应向生成甲醇方向移动，所以提高合成反应压力有利于甲醇的生成。同时，从动力学考虑，增大压力，提高了反应物分压，加快了反应的进行；另外，提高压力也对抑制副反应，提高甲醇质量有利。所以，提高压力对反应是有利的。

但是，压力也不宜过高，否则，不仅增加了动力的消耗，而且对设备和材料的要求也相应提高。

双甲工艺的合成压力还受到催化剂特性和合成氨工艺的制约。目前，中小型合成氨厂在脱碳后，采用 10～13MPa 压力，在双甲工艺中，也采用 5.0～8.0MPa 或 15～31.4MPa。

2. 空速

空速是调节甲醇合成塔炉温度及产醇量的重要手段。在一定条件下，空速增大，气体与催化剂接触时间减少，出塔气体中甲醇含量降低。但由于空速的增大，单位时间内通过催化剂的气体量增加，所以甲醇实际产量是增加的。当空速增大到一定的范围时，甲醇产量的增加就不明显了。同时由于空速的增加，消耗的能量也随之增大，气体带走的热量也增加。当气体带走的热量大于反应热时，床层温度会难以维持。

甲醇合成的空速受系统压力、气量、气体组成和催化剂性能等诸多因素影响。双甲工艺中，除催化剂使用初期，较短时间内能维持较高空速外，一般维持在 $12000h^{-1}$ 左右。

3. 温度

甲醇合成是一个可逆放热反应。从化学平衡考虑，随着温度的提高，甲醇平衡浓度下降；但从反应速率的观点来看，提高反应温度，反应速率加快。因此，存在一个最佳温度范围。对于不同的催化剂，使用温度范围是不同的。如 C207 催化剂，在 220℃ 时具有明显活性，235～285℃ 时活性最佳；C301 催化剂使用温度为 210～290℃，以 220～270℃ 为最好。另外甲醇合成反应温度越高，副反应越多，催化剂热老化速率越快。

如果采用冷激的方式，每个催化剂床层的进口加入冷激气体，既可保证最佳的活性温度，又可提高催化剂床层反应物的浓度。因此，提高压力和采用冷激气体降低催化剂床层进口温度，对提高 CO 和 CO_2 的转化率有利，对原料气的进一步精制有利。实际生产中，为保证催化剂有较长的使用寿命和尽量减少副反应，应在确保甲醇产量的前提下，根据催化剂的性能，尽可能在较低温度下操作。

甲醇合成是强烈的放热反应，必须在反应过程中不断地将热量移走，反应才能正常进行，管壳式反应器利用管子与壳体间副产中压蒸汽来移走热量，这样，合成反应适宜的温度条件维持就几乎依赖于副产中压蒸汽压力调节的稳定。

四、双甲精制工艺生产操作要点及异常现象处理

1. 正常操作

① 随时注意本装置各项工艺参数，严格控制工艺指标。

② 原始开车时，最初要维持低负荷生产，逐步转入满负荷生产。

③ 甲醇分离器液位是合成操作中必须确保的基础参数，防止液位过高或过低，以免引起带液或窜气。

④ 水冷器的出口温度应≤40℃，若高于此温度，需加大冷却水量，否则气相中的甲醇分离不完全。

⑤ 合成汽包的液位是关键参数，其变化与产汽量、塔温、新鲜气量、循环气量有密切关系，调节液位时，要注意上述参数的变化。

⑥ 合成塔温度的控制。主要通过汽包蒸汽压力调节控制，随着催化剂使用寿命的缩短，在催化剂使用的中后期通过提高合成催化剂的反应温度来保证催化剂的活性。

⑦ 空速的控制。空速的大小与催化剂的活性有关，与反应的温度也有关，它直接影响产品的产量与质量。

2. 停车

① 系统减量，降 CO。待 CO 含量≤1% 逐渐开启近路阀，注意微量控制。

② 关装置进、出口阀，关闭塔副阀。

③ 启动电炉，开近路阀控制循环量，使降温速率≤40℃/h。

④ 调节放醇压力≤0.5MPa，排尽醇分内甲醇，炉温降至 150℃ 时，停电炉加大循环量，炉温降至 50℃。

3. 异常现象及处理

异常现象及处理方法见表 7-6。

表 7-6 异常现象及处理方法

序号	异常现象	原因	处理方法
1	合成塔严重超温	(1)汽包压力太高 (2)汽包液位过低(或出现干锅) (3)系统循环量太小	(1)根据实际情况,降低汽包压力 (2)补充脱盐水(若液位过低而又无法补水时,作紧急停车处理) (3)增加系统循环气量,若合成塔温度继续上升,应切除新鲜气
2	合成塔出口温度过低	(1)汽包压力降低 (2)空速过大 (3)汽包排污量过大 (4)新鲜气量下降 (5)循环气量太大	(1)提高汽包压力 (2)适当降低气体空速 (3)减少汽包排污量 (4)联系前工序,增大新鲜气量 (5)减少循环气量
3	合成系统进、出口压差过大	(1)合成负荷过重 (2)循环气量过大 (3)催化剂破碎严重或反应管内堵塞	(1)降低合成生产负荷 (2)降低循环气量 (3)轻微破碎,调整操作,严重时,停车检修或更换合成催化剂
4	汽包压力过高	(1)汽包液位过高,引起憋压 (2)汽包出口蒸汽压力调节阀堵塞	(1)打开汽包放空阀进行泄压,同时检查出现高压力的原因 (2)加大汽包排污,减少汽包上水,使汽包液位至正常
5	闪蒸槽超压	(1)压力调节阀堵塞或失灵 (2)甲醇分离器无液位、窜气	(1)及时打开调节阀副线阀泄压调节,联系相关人员维修 (2)关甲醇分离器出口截止阀,建立甲醇分离器正常液位

五、安全及环保措施

1. 有毒、有害物质

CO、H_2、CH_4 的危害及中毒症状可参见表 3-4。甲醇是结构最为简单的饱和一元醇,熔点 97.8℃,沸点 64.8℃,闪点 12.22℃,蒸气压 13.33kPa。是无色有酒精气味易挥发的液体,不能与氧化剂、钾等共存,与氧化物接触会发生强烈反应。能与水、乙醇、丙酮大多数有机物混溶。有毒,误饮 5～10mL 能导致双目失明,大量饮用会导致死亡。甲醇蒸气爆炸极限为 6.0%～36.5%。

2. 装置安全知识

① 进入容器内工作,只允许使用 12V 防爆型灯。置换分析合格后并办理手续方能进入容器,外面要有人监护。

② 气体放空时,阀门不要开启过大,以免静电着火。

③ 装置内不得携带易燃易爆物质。

④ 必须按照规定,在作业前按不同工种的规定,穿戴好劳动防护用品。

⑤ 自觉遵守各项规章制度,严格执行操作规程,增强自我防护意识。

六、醇烃化工艺

双甲工艺又称醇烷化工艺,醇烃化工艺是在醇烷化工艺的基础上开发出的工艺技术,即两级甲醇化精制后含 CO 和 CO_2 的气体在醇烃化催化剂作用下,生成醇类、烃类、多元醇和少量甲烷,经冷却、分离,使原料气得到进一步精制。醇烃化工艺是近些年才开始在合成氨生产中应用的创新技术,它与双甲工艺相比有以下不同。

1. 烃化系统的主要任务是净化合成氨原料气

醇后气中剩余的少量 CO、CO_2 通过烃化塔,在适当的温度、压力条件下,通过烃化催化剂的作用使少量的 CO、CO_2 转化为烃化物和水并排出,使 $CO+CO_2$ 的含量降到 25×

10^{-6} 以下。

2. 生产原理

醇后气体中剩余的 $0.1\%\sim0.4\%CO$、CO_2 与 H_2 在一定的温度、压力下，通过烃化催化剂的作用生成可冷凝分离的烃氧化合物，使进入合成系统中的 $CO+CO_2$ 含量 $\leqslant25\times10^{-6}$。

反应方程式：

$$nCO+2nH_2 =\!=\!= C_nH_{2n+2}O+(n-1)H_2O$$
$$nCO+(2n+1)H_2 =\!=\!= C_nH_{2n+2}+nH_2O$$
$$nCO_2+(3n+1)H_2 =\!=\!= C_nH_{2n+2}+2nH_2O$$

3. 醇烃化的工艺方法

按照上述反应，我们只要将醇烃化催化剂置于甲醇化后，换掉甲烷化催化剂，就可以将甲醇化串甲烷化工艺（双甲工艺），换成为醇烃化工艺，关键是得益于醇烃化催化剂的作用。这样可由原来的气态副产物（甲烷化反应仅生成 CH_4 的气体副产物）变成液态副产物（醇烃化反应主要生成醇类物质的烃类物质，呈现液态）。

由于醇烃化反应有生成醇的反应，甲醇化工序来的微量的甲醇和二甲醚对醇烃化催化剂的活性没有影响。因此，流程设置可以去掉双甲工艺中必须设置的"净醇"岗位。

4. 醇烃化催化剂

进行烃化的活性组分是铁，进行的是 F-T 反应。将烃化镍基催化剂改为铁基催化剂，则 $CO+CO_2$ 与 H_2 的生成物由 CH_4 转为多元醇和烃烷类物质，即所谓醇烃化工艺。醇烃化生成的醇烃类物质在高压、常温条件下产生液相，即可与气体分离。入合成塔系统的原料气中 CH_4 不会因采用醇烃化工艺而增加，与"双甲"比较，合成氨系统放空气量减少。

任务小结

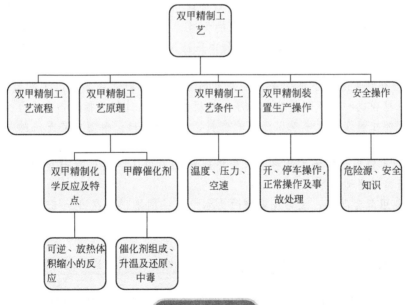

思考与练习

1. 双甲工艺有哪些特点？
2. 双甲工艺的工艺流程是怎样的？

3. 双甲工艺的化学反应有哪些？其反应的特点有哪些？

4. 甲醇催化剂的主要组成是什么？

5. 甲醇催化剂为什么要还原？其原理是什么？

6. 温度、压力及空速对甲醇反应有哪些影响？

7. 甲醇合成塔温度如何控制？塔温超温的原因有哪些？如何处理？

8. 合成系统进、出口压差过大的原因有哪些？如何处理？

 资源导读

甲醇的生产及应用

甲醇是结构最为简单的饱和一元醇，化学式 CH_3OH，又称"木醇"或"酒精"，是无色有酒精气味易挥发的液体。最早由木材和木质素干馏制得，故俗称木醇。自然界中游离态甲醇很少见，但在许多植物油脂、天然染料、生物碱中却有它的衍生物，合成甲醇可以固体（如煤、焦炭）、液体（如原油、重油、轻油）或气体（如天然气或其他可燃性气体）为原料，经造气、净化（脱硫）变换、除去二氧化碳，配制成一定配比的合成气（一氧化碳和氢）。

1923 年以前，甲醇几乎全部是用木材或其废料的分解蒸馏来生产的，当时的世界总产量才 4500t。之后，德国 BASF 在合成氨工业化的基础上，用锌铝催化剂在高温高压下实现了由碳和氢合成甲醇的工业化生产。

甲醇对金属特别是黄铜有轻微的腐蚀性。易燃，燃烧时有无光的淡蓝色火焰。蒸气能与空气形成爆炸混合物，爆炸极限 6.0%～36.5%。纯品略带乙醇味，粗品刺鼻难闻。有毒，可直接侵害人的肢体细胞组织，特别是侵害视觉神经网膜，导致失明。正常人一次饮用 4～10g 纯甲醇可产生严重中毒，饮用 7～8g 可导致失明，饮用 30～100g 就会死亡。

在不同的催化剂存在下，选用不同的工艺条件，单产甲醇（分高压法、低压法和中压法）或与合成氨联产甲醇（联醇法）。合成后的粗甲醇，经预精馏脱除甲醚，精馏而得成品甲醇。高压法为 BASF 最先实现工业合成的方法，但因其能耗大、加工复杂、材质要求苛刻、产品中副产品多，后来被 ICI 低压法和中压法及 Lurgi 低压法和中压法取代。目前甲醇有以下生产方法。

① 工业上合成甲醇几乎全部采用一氧化碳加压催化加氢的方法，工艺过程包括造气、合成净化、甲醇合成和粗甲醇精馏等工序。粗甲醇的净化过程包括精馏和化学处理。化学处理主要用碱破坏在精馏过程中难以分离的杂质，并调节 pH。精馏主要是脱除易挥发组分如二甲醚，以及难挥发组分如乙醇、高碳醇和水。粗馏后的纯度一般都可达到 98%以上。

② 将工业甲醇用精馏的方法将含水量降到 0.01%以下。再用次碘酸钠处理，可除去其中的丙酮。经精馏得纯品甲醇。

③ 以工业甲醇为原料，经常压蒸馏除去水分，控制塔顶温度 64～65℃，过滤除去不溶物即可。

④ 还可从木材干馏时得到的焦木酸分出。

⑤ 采用精馏工艺。以工业甲醇为原料，经精馏、超净过滤、超净分装，得高纯甲醇产品。

甲醇是最简单的饱和醇，也是重要的化学工业基础原料和清洁液体燃料，它广泛用于有机合成、医药、农药、涂料、染料、汽车和国防等工业中，用作基本有机原料、溶剂及防冻剂。具体应用如下。

① 基本有机原料之一。主要用于制造甲醛、醋酸、氯甲烷、甲胺和硫酸二甲酯等多种

有机产品。

②重要的化工原料之一。随着 C_1 化工的发展，甲醇已经成为制造乙烯和丙烯的重要原料。

③用作涂料、清漆、虫胶、油墨、胶黏剂、染料、生物碱、醋酸纤维素、硝酸纤维素、乙基纤维素、聚乙烯醇缩丁醛等的溶剂。

④是制造农药、医药、塑料、合成纤维及有机化工产品，如甲醛、甲胺、氯甲烷、硫酸二甲酯等的原料。其他用作汽车防冻液、金属表面清洗剂和酒精变性剂等。

⑤是重要的燃料，可掺入汽油作为替代燃料使用。20世纪80年代以来，甲醇用于生产汽油辛烷值添加剂甲基叔丁基醚、甲醇汽油、甲醇燃料，以及甲醇蛋白等产品，大大促进了甲醇生产的发展和市场需要。甲醇已经作为 F1 赛车的燃料添加剂使用，也广泛应用于甲醇燃料电池中。

⑥用作分析试剂，如作溶剂、甲基化试剂、色谱分析试剂，还用于有机合成。

合成氨生产原料气压缩

任务一　认识原料气压缩设备

任务目标

通过本任务的学习，使学生了解压缩的主要设备及结构，掌握其工作过程，为更好控制压缩装置奠定基础。

任务要求

➤ 能说出往复式压缩机和离心式压缩机的结构。
➤ 能说出往复式压缩机和离心式压缩机的工作原理。
➤ 能说出多级压缩的原因。
➤ 知道什么是喘振及其防止方法。
➤ 知道离心式压缩机的调节方法。

任务分析

氨合成反应需在高温、高压、催化剂存在的条件下进行，因此要将精制后的原料气进行压缩，以满足反应要求。另外原料气的输送也有不同的压力要求，为了实现气体的输送，满足生产的工艺条件，就要对原料气进行压缩。压缩系统运行是否稳定，也影响着全厂的动力消耗和经济指标以及设备的处理能力和产量。

合成氨企业原料气的压缩机大致有罗茨风机、低压机、高压机、循环机、氨压缩机等。不管是哪个工段的原料气压缩机，压缩机大致分为容积式压缩机和速度式压缩机。

容积式压缩机的典型代表是往复式压缩机，速度式压缩机的典型代表是离心式压缩机。

理论知识

一、往复式压缩机

往复式压缩机是容积式压缩机的典型机型，在我国具有广泛的应用领域，尤其在中、小型合成氨厂中使用较多。

1. 往复式压缩机分类

往复式压缩机属于容积式压缩机，其按结构形式可分为立式、卧式、角度式、对称平衡型和对制式等。一般立式用于中小型；卧式用于小型高压；角度式用于中小型；对称平衡型使用普遍，特别适用于大中型往复式压缩机；对制式主要用于超高压压缩机。

国内往复式压缩机通用结构代号的含义见表8-1。

2. 往复式压缩机的结构

(1) 往复式压缩机基本部分　往复式压缩机的结构如图8-1所示。

表 8-1 往复式压缩机通用结构代号的含义

结构形式	代号	结构形式	代号
立式	Z	星形	T、V、W、X
卧式	P	对称平衡型	H、M、D
角度式	L、S	对制式	DZ

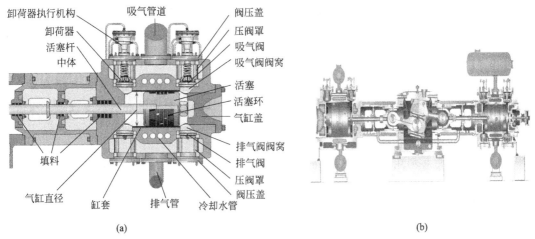

(a)   (b)

图 8-1 往复式压缩机结构

主要包括：机身、曲轴、连杆、十字头，其作用是连接基础与气缸部分并传递动力。

① 机身。曲轴箱与中体铸成一体，组成对动型机身。两侧中体处设置十字头滑道，顶部为开口式，便于主轴承、曲轴和连杆的安装。十字头滑道两侧开有方孔，用于安装、检修十字头，顶部开口处为整体盖板，并设有呼吸器，使机身内部与大气相通，机身下部的容积作为油池，可储存润滑油。

② 曲轴。BX 系列产品曲轴的一个曲拐主要由主轴颈、曲柄销和曲柄臂三部分组成，其相对列曲拐错角为 180°，曲轴功率输入端带有联轴法兰盘，法兰盘与曲轴制成一体，输入扭矩是通过紧固联轴盘上的螺栓使法兰盘连接面产生的摩擦力来传递的，曲轴为钢件锻制加工成的整体实心结构，轴体内不钻油孔，以减少应力集中现象。

③ 连杆。连杆分为连杆体和连杆大头瓦两部分，由两根抗拉螺栓将其连接成一体，连杆大头瓦为剖分式，瓦背材料为碳钢，瓦面为轴承合金，两端翻边作轴向定位，大头孔内侧表面镶有圆柱销，用于大头瓦径向定位，防止轴瓦转动；连杆小头及小头衬套为整体式，衬套材料为锡青铜。

④ 十字头。十字头为双侧圆筒形分体组合式结构，十字头体和上下两个可拆卸的滑履采用榫槽定位，并借助螺钉连接成一体。滑履与十字头之间装有调整垫片，由于机身两侧十字头受侧向力的方向相反，为保证十字头与活塞杆运行时的同心，制造厂组装时，已将受力相反的十字头与滑履间垫片数量进行调整，用户在安装检修时，不应随意调换十字头和增减垫片。十字头体材料为铸钢，上下滑履衬背材料为碳钢，承压表面挂有轴承合金，并开有油槽以利于润滑油的分布。

（2）往复式压缩机压缩部分 包括接筒、气缸、活塞、密封填料、气阀、刮油环等，其作用是形成压缩容积和防止气体泄漏。

① 接筒。接筒为铸铁制成的筒形结构，分为单隔室和双隔室两种形式。压缩易燃易爆或有毒介质时，采用双隔室形式，中间隔腔处安装中间密封填料，用以阻止气缸中泄漏气体

进入机身。每个腔室的顶部设有放空口，底部设有排污阀，靠气缸侧腔室根据需要分别设有充氮、漏气回收、注油、冷却水连接法兰及接头，用于与外部管路的连接。单隔室接筒不设中间密封填料和充氮口，其余接口根据需要设置。

② 气缸。气缸主要由缸座、缸体、缸盖三部分组成，低压级多为铸铁气缸，设有冷却水夹层；高压级气缸采用钢件锻制，由缸体两侧中空盖板及缸体上的孔道形成冷却水腔。

③ 活塞。活塞部件由活塞体、活塞杆、活塞螺母、活塞环、支承环等零件组成，每级活塞体上装有不同数量的活塞环和支承环，用于密封压缩介质和支承活塞重量。

④ 密封填料。密封填料是由数组密封元件构成，每组密封元件主要由径向密封环、切向密封环、阻流环和拉伸弹簧组成。当密封气体属于易燃易爆性质时，在密封填料中设有漏气回收孔，用于收集泄漏的气体并引至处理系统。

⑤ 气阀。气阀主要由阀座、阀盖（升程限制器）、阀片和弹簧（网状阀还有缓冲片和升程垫）组成。气阀弹簧采用不锈耐酸弹簧钢丝材料，有较高的耐腐蚀和抗疲劳性能，可显著提高气阀的使用寿命。

3. 往复式压缩机的工作原理

容积式压缩机是利用气缸中活塞的往复运动，周期性地改变气缸容积来对气体进行压缩。

当曲轴旋转时，通过连杆的传动，活塞便作往复运动，由气缸内壁、气缸盖和活塞顶面所构成的工作容积则会发生周期性变化。活塞从气缸盖处开始运动时，气缸内的工作容积逐渐增大，这时，气体即沿着进气管，推开进气阀而进入气缸，直到工作容积变到最大时为止，进气阀关闭；活塞反向运动时，气缸内工作容积缩小，气体压力升高，当气缸内压力达到并略高于排气压力时，排气阀打开，气体排出气缸，直到活塞运动到极限位置为止，排气阀关闭。当活塞再次反向运动时，上述过程重复出现。总之，曲轴旋转一周，活塞往复一次，气缸内相继实现进气、压缩、排气的过程，即完成一个工作循环。

每个缸体在压缩气体时都由吸气、压缩、排气和膨胀四个阶段组成。每个缸为一级，级与级之间设置冷却器，逐级压缩提压。

活塞在气缸内往复运动一次称为一个工作循环。活塞从右止点至左止点所经过的距离称为冲程。气体排出气缸时的绝对压力与吸入气缸时的绝对压力之比称为压缩比。

4. 往复式压缩机压缩气体的三个过程

气体被压缩时，会产生大量的热，这些热量除了大部分留在气体中，使气体温度升高外，还有一部分传给了气缸，使气缸温度升高，此外还有少部分热量通过气缸壁散失于空气中。

气缸温度升高后，注入的润滑油会被分解炭化，失掉润滑作用，致使活塞、气缸损坏，压缩机不能安全运行，同时设备的材料也因高温而导致机械强度降低。

压缩气体时所需的压缩功取决于气体状态的改变过程，一般说来，压缩的过程有以下三种。

（1）等温压缩过程　在压缩过程中，能将与压缩功相当的热量完全移去，使气缸内气体的温度保持不变者，称为等温压缩。在等温压缩过程中所消耗的压缩功最小。但这一过程，为一理想过程。

（2）绝热压缩过程　在压缩过程中，与外界没有任何的热交换，结果使气缸内气体温度升高。此种过程的耗功最大，也是一种理想过程。

（3）多变压缩过程　在气体压缩的过程中，既不完全等温，也不完全绝热的过程，称为多变过程。实际生产中的压缩气体，均属于此种过程。

在实际工作中，为了节省压缩动力，就必须使多变压缩过程尽量接近于等温过程。因此，在实际生产中，为了达到压缩机安全运行和节省动力的目的，必须用冷却水来冷却压缩机的气缸和压缩以后的气体，且冷却效果越好，对压缩机的安全运行和降低动力消耗越有利。

5. 多级压缩

采用单缸压缩机将气体压到很高的压力时，压缩比必然很大，压缩以后的气体温度也会升得很高，但在压缩比和气体温度升高以后，压缩过程会产生以下缺陷。

① 压缩比升高产生大量的热量，如不能及时移走，就使多变压缩过程远离等温压缩过程而偏近于绝热压缩过程，这就会增加动力的消耗。

② 气体温度升得过高，会使润滑油失去润滑作用，压缩机没有良好的润滑，机件就会遭到损坏。

③ 压缩比过高，也导致采用单缸压缩后的气体压力很高，则残留在余隙容积中的高压气体在吸气膨胀时占的气缸容积也会增大，这就使压缩机的容积效率变小，结果会使压缩机的生产能力显著下降。

由此可见，要将气体压缩到较高的压力，不能采用单缸压缩，而需采用多缸压缩的办法。多缸压缩也称多段压缩。

所谓多段压缩，即根据所需的压力，将压缩机设置多个气缸，缸与缸之间一般均为串联，如共为6个气缸，气体依次进入第1气缸、第2气缸、第3气缸、第4气缸、第5气缸、第6气缸进行压缩，并在每个气缸压缩后，设置冷却器以冷却每个气缸压缩后的高温气体，这样便使整个压缩过程接近于等温压缩过程，而气体的压力分步提高到所需要的压力。这样每一个气缸的压缩比不大，但最终可达较高压力。

用多段压缩的方法，将气体压到更高的压力，可以克服用单段压缩时的缺点，并能使压缩过程接近于等温压缩过程，节省的功也就更多。但是段数太多，气体经过进、出活门和中间冷却器的次数也随之增多，阻力损失就会相应增大；同时压缩机的段数越多，造价越贵，若超过一定的段数以后，其所节省的功，还不能补偿制造费用的增加。因此压缩机的段数不能无限制地增多。中小型合成氨厂的现用压缩机一般压缩比在3～4之间，这样使气缸的温度不致过高，且能保证气缸可靠润滑，最终压力在20.0～31.4MPa，段数为6～7段。

根据经验，一般压缩机终压和段数的关系如表8-2所示。

表 8-2　压缩机终压与段数的关系

终压 /(kgf/cm²)	<5	5～10	10～30	50～100	100～300	300～500
段数	1	1～2	2～3	3～4	4～6	5～7

注：1kgf/cm² = 0.0980665MPa。

6. 气缸安全余隙

由于被压缩的气体中含有水蒸气，在压缩过程中有可能凝结为水，水是不可压缩的，如果气缸不留有余隙，则会产生"液击"而使压缩机遭到破坏。而机轴、活塞杆等金属物件在压缩机运行过程中由于受热伸长或某些零件在运行中松动，不留余隙会发生撞缸。

残留在余隙容积内的气体的膨胀作用还会使操作平稳。同时为了安装和调节时的需要，在气缸盖与处于止点位置的活塞之间，也必须留有一定的空隙。

7. 平衡段

平衡段起平衡活塞力的作用。压缩机在设计时一般通过气缸的布置来维持活塞力的平衡。如对称平衡型压缩机气缸的布置是对称的就不需要平衡段。但如果气缸布置不对称，活塞力不能平衡，就必须有平衡段来进行平衡，否则活塞力有明显不平衡，压缩机运转过程中就要发生振动。

近几年一些合成氨生产专用的氮氢气压缩机新机型在设计时采用每段气缸单列的对称平衡形式,取消了平衡段。这样的设计,各段之间密封好,克服了压缩机的内泄漏、气体重复压缩、重复输送引起的效率低、耗电高的缺点,提高了压缩机的输气能力,节电效果显著。

8. 往复式压缩机的主要性能指标

(1) 额定排气量 压缩机铭牌上标注的排气量,指压缩机在特定进口状态下的排气量,常用单位 m^3/min、m^3/h。

(2) 额定排气压力 压缩机铭牌上标注的排气压力,常用单位 MPa、bar。

(3) 排气温度 考虑到积炭和安全运行,对于相对分子质量≤12的介质,排气温度不超过135℃;对于乙炔、石油气、湿氯气,排气温度不超过100℃;其他气体建议不超过150℃。

(4) 活塞力 活塞在止点处所受到的气体力最大,因此将这时的气体力称为活塞力。

(5) 级数 大中型往复压缩机以省功原则选择级数,通常情况下其各级压力比≤4。

9. 往复式压缩机的优缺点

(1) 优点

① 适用压力范围广,不论流量大小,均能达到所需压力。

② 热效率高,单位耗电量少。

③ 适应性强,即排气范围较广,且不受压力高低影响,能适应较广的压力范围和制冷量要求。

④ 可维修性强。

⑤ 对材料要求低,多用普通钢铁材料,加工较容易,造价也较低廉。

⑥ 技术上较为成熟,生产使用上积累了丰富的经验。

⑦ 装置系统比较简单。

(2) 缺点

① 转速不高,机器大而重。

② 结构复杂,易损件多,维修量大。

③ 排气不连续,造成气流脉动。

④ 运转时有较大的振动。

二、离心式压缩机

1. 离心式压缩机的分类

速度式压缩机的典型代表是离心式压缩机,也称透平式压缩机(图 8-2)。离心式压缩机是在透平或电机的带动下,使叶轮高速旋转,带动气体作圆周运动,在离心力的作用下,气体由叶轮中心向边缘流动,由于流道的扩宽和扩压器的能量转换,部分动能转变为静压能,使气体压力提高。根据气缸的结构不同,离心式压缩机分为垂直剖分型和水平剖分型。目前离心式压缩机的出口压力

图 8-2 离心式压缩机

已达 70MPa,生产能力可达 3500m^3/min。

离心式压缩机的种类繁多,根据其性能、结构特点,可按表 8-3 进行分类。

表 8-3　压缩机的分类

分类	名　称	说　明
按排气压力分	低压压缩机	排气压力在 $3\sim10kgf/cm^2$
	中压压缩机	排气压力在 $10\sim100kgf/cm^2$
	高压压缩机	排气压力在 $100\sim1000kgf/cm^2$
	超高压压缩机	排气压力 $>1000kgf/cm^2$
按功率分	微型压缩机	轴功率小于 10kW
	小型压缩机	轴功率处于 $10\sim100kW$
	中型压缩机	轴功率处于 $100\sim1000kW$
	大型压缩机	轴功率处于 1000kW 以上
按吸入气体的流量分	小流量压缩机	流量小于 $100m^3/min$(标准状态)
	中流量压缩机	流量处于 $100\sim1000m^3/min$(标准状态)
	大流量压缩机	流量大于 $1000m^3/min$(标准状态)
按结构特点分	水平剖分型	
	垂直剖分型	

注：$1kgf/cm^2 = 0.0980665MPa$。

2. 离心式压缩机的基本结构

离心式压缩机由转子及定子两大部分组成，水平剖分型结构如图 8-3 所示。转子包括转轴、固定在轴上的叶轮、轴套、平衡盘、推力盘及联轴节等零部件。定子则有气缸、定位于缸体上的各种隔板以及轴承等零部件。在转子与定子之间需要密封气体之处还设有密封元件。

3. 离心式压缩机的工作原理

汽轮机（或电动机）带动压缩机主轴叶轮转动，在离心力作用下，气体被甩到工作轮后面的扩压器中去。而在工作轮中间形成稀薄地带，前面的气体从工作轮中间的进气部分进入叶轮，由于工作轮不断旋转，气体能连续不断地被甩出去，从而保持了气压机中气体的连续流动。气体因离心作用增加了压力，还可以很大的速度离开工作轮，气体经扩压器逐渐降低了速度，动能转变为静压能，进一步增加了压力。如果一个工作叶轮得到的压力还不够，可

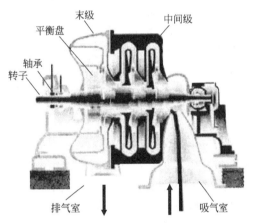

图 8-3　离心式压缩机结构

通过使多级叶轮串联起来工作的办法来达到对出口压力的要求。级间的串联通过弯通、回流器来实现。这就是离心式压缩机的工作原理。

4. 离心式压缩机的调节

离心式压缩机的工况点都表现在其特性曲线上，而且压力与流量是一一对应的。但究竟将稳定在哪一工况点工作，则要与压缩机的管网系统联合决定。压缩机在一定的管网状态下有一定的稳定工况点，而当管网状态改变时，压缩机的工况也将随之改变。

（1）管网特性曲线　所谓管网，一般是指与压缩机连接的进气管路、排气管路以及这些管路上的附件及设备的总称。对离心式压缩机来说，管网只是指压缩机后面的管路

及全部装置。这样，在研究压缩机与其管网的关系时就可以避开压缩机的进气条件将随工况变化的问题，使问题得到简化。

（2）压缩机的性能曲线　在一定的转速和进口条件下表示压力比与流量、效率与流量的关系的曲线称为压缩机的特性曲线（或性能曲线）。曲线上某一点即为压缩机的某一运行工作状态，所以该特性曲线也即压缩机的变工况性能曲线。这种曲线表达了压缩机的工作特性，使用非常方便。由于设计时只能确定一个工况点的流量、压力比和效率，非设计工况下压缩机内的流动更为复杂，损失有所增加，尚不能准确地计算出非设计流量下的压力比和效率，故压缩机的特性曲线只有通过实验得出。

（3）离心式压缩机的工作点　当离心式压缩机向管网中输送气体时，如果气体流量和排出压力都相当稳定（即波动很小），这就是表明压缩机和管网的性能协调，处于稳定操作状态。这个稳定工作点具有两个条件：一是压缩机的排气量等于管网的进气量；二是压缩机提供的排压等于管网需要的端压。所以这个稳定工作点一定是压缩机性能曲线和管网性能曲线交点，因为这个交点符合上述两个相关条件。

（4）离心式压缩机工况调节的方法　压缩机在运行时，系统的压力、流量是不断变化的，这就要求压缩机的流量、压力也要随着变化，即要不断地改变压缩机的运行工况。改变压缩机工况的方法就叫调节。由于压缩机运行工况点是由压缩机本身性能曲线和管网性能曲线共同决定的，所以改变运行工况既可以采用改变压缩机性能曲线也可以采用改变管网性能的方法来实现。压缩机调节方法有以下几种。

① 压缩机出口节流调节。这种调节方法是通过开大或关小压缩机出口阀门的开度实现的，实际上也就是通过改变管网性能曲线实现工况点转移的。

② 压缩机进口节流调节。这种调节是将调节阀门安装在进气管线上，通过改变阀门开度的大小，就可以改变压缩机的性能曲线，从而达到调节目的。

③ 改变压缩机转速调节。当压缩机的转速改变时其性能曲线也跟着改变，所以可用改变压缩机转速的方法改变工况点来满足用户的要求。变转速调节并不引起其他附加损失，只是调节后新的工作点不一定是效率最高点，而是效率有所下降。这种调节方法不要求机器中装备调节用的可动部件，因此压缩机本身的结构简单，制造方便，加之目前大型压缩机大都采用蒸汽透平驱动，这样就可以方便地满足改变转速的要求。氨压缩机就采用这种调节方式。

④ 采用可转动进口导叶调节（进气预旋调节）。这是一种改变叶轮前进口导叶的角度，使气体产生预旋转进而改变压缩机性能曲线的调节方法。

⑤ 采用可转动的扩压器导叶调节。这种方法是装设可转动的扩压器叶片，在流量变化时相应地改变叶片扩压器进口几何角度以适应改变了的工况，避免在叶片扩压器中首先产生严重的脱离而导致喘振，从而扩大了稳定工况范围。这种方法很少作为单独的调节方法使用，一般是和其他方法联合使用，特别是和改变转速的调节方法联合使用，有很好的效果。这种方法的实质也是改变压缩机的性能曲线。

⑥ 压缩机放气调节方法。这种方法的实质是改变管网的性能曲线。放气调节时把出口气体放空一部分或打循环到入口。无疑这种方法经济性最差，一般只用于防喘振回路。

（5）各种调节方法比较

① 改变压缩机转速的调节方法，经济性最好，调节范围广，它适用于由蒸汽透平、燃气透平驱动的离心式压缩机。

② 压缩机进口节流调节方法简单，经济性较好，并具有一定的调节范围，目前转速固定的离心式压缩机和鼓风机经常采用这种方法。

③ 转动进口导叶调节方法，调节范围较宽，经济性也好，但结构比较复杂。

④ 转动扩压器叶片的调节方法，能使压缩机性能曲线平移，对减小喘振流量、扩大稳定工况范围很有效，经济性也较好，但结构比较复杂。适用于压力稳定、流量变化大的变工况。目前这种方法单独使用较少，常和其他方法联合使用。

⑤ 出口节流调节方法最简单，但经济性最差。目前除了在通风机和小功率离心式鼓风机中应用外，一般很少用。

⑥ 出口气体放空或打回流到入口能明显地增加压缩机的进气流量，使压缩机的运行工况点远离喘振线，且结构简单，但经济性太差。实际应用中一般与变转速调节或进口导叶调节等较经济的方法联合使用，并且设计中要保证在额定工况下放空阀或回流阀全关。

三、喘振

1. 喘振的概念

喘振是离心式压缩机本身固有的特性，而造成喘振的唯一直接原因是进气量减小到一定值。

当气量减小到一定程度时，就会出现旋转脱离。如进一步减小流量，在叶片背面将形成涡流区域，气流分离层扩及整个通道，以至充满整个叶道，而把流道阻塞，气流不能顺利流过，这时流动严重恶化。压缩机的出口压力会突然大大下降，由于压缩机总是和管网系统联合工作的，这时管网中的压力不会马上减低，于是管网中的气体压力就反大于压缩机的出口处的压力，因而管网中的气体就倒流向压缩机，一直到管网中的压力下降到低于压缩机出口压力为止，这时倒流停止，压缩机又开始向管网供气，经过压缩机的流量又增大，压缩机又恢复到正常工作。但当管网中的压力恢复到原来压力时，压缩机的流量又减少，系统中的气流又产生倒流，如此周而复始，就在整个系统中产生了周期性的气流振荡现象，这种现象就称为"喘振"。

喘振现象不但和压缩机中严重的旋转脱离有关，还和管网系统有关。管网的容量越大，则喘振的振幅越大，频率越低。喘振的频率大致和管网容量的二次方根成反比。

2. 喘振的现象及判断

机组喘振时，压缩机和其后的管道系统之间产生一种低频高振幅的压力波动，整个机组发生强力的振动，发出严重的噪声，调节系统也大幅度波动。一般根据下列方法判断是否进入喘振工况。

① 监测压缩机出口管道气流噪声。正常工况时出口的声音是连续且较低的，而接近喘振时，整个系统的气流产生周期性振荡，因而在出口管道处声音是周期性变化的，喘振时，噪声加剧，甚至有爆音出现。

② 观测压缩机流量及出口压力的变化。离心式压缩机稳定运行时其出口压力和进口流量变化是不大的，是脉动的；当接近或进入喘振工况时，二者的变化很大，发生周期性大幅度的脉动。

③ 观测机体和轴振动情况。当接近或进入喘振工况时，机体和轴振动都发生强烈的振动变化，其振幅要比平常运行时大大增加。

3. 喘振的危害

喘振是离心式压缩机性能反常的一种不稳定运行状态。发生喘振时，表现为整个机组管网系统气流周期性的振荡。不但会使压缩机的性能显著恶化、气流参数（压力、流量）产生大幅度脉动、大大加剧整个压缩机的振动，还会使压缩机的转子及定子元件经受交变动应力，级间压力失调引起强烈的振动，使密封及轴承损坏，甚至发生转子及定子元件相碰、压送气体外泄、引起爆炸等恶性事件，因此在操作中必须避免在喘振工况下运行。

4. 喘振的原因

① 实际运行流量小于喘振流量，如生产减量过多、吸入气源不足、入口过滤器堵塞、管道阻力大、叶轮通道或气流通道堵塞等。

② 压缩机的出口压力低于管网压力，如管网阻力增大、进气压力过低、压缩机转速变化等。压缩机的出口压力低于管网压力，就会导致压缩机的运行工作点向小流量区域移动，从而进入喘振工况。

任务小结

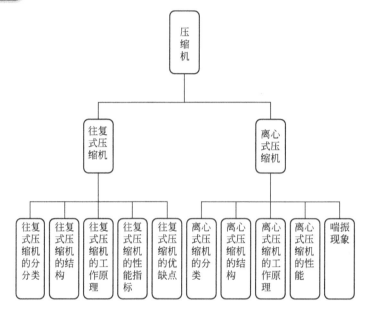

思考与练习

1. 合成氨原料气为什么要进行压缩？

2. 合成氨企业的压缩机类型有哪些？

3. 往复式压缩机的工作原理是什么？

4. 往复式压缩机的主要性能指标有哪些？

5. 往复式压缩机的优缺点是什么？

6. 离心式压缩机的工作原理是什么？

7. 什么是管网特性曲线？

8. 离心式压缩机的工作点如何确定？

9. 离心式压缩机的工况调节方式有哪些？

任务二　认识原料气压缩流程

任务目标

通过学习氨压缩系统工艺流程，使学生了解合成氨厂压缩系统工艺流程的设计思路，熟悉流程中主要设备的作用及气体压缩的过程。

任务要求

➤ 说出往复式压缩系统流程的主要设备。
➤ 说出往复式压缩系统流程的生产过程。
➤ 说出离心式压缩系统流程的主要设备。
➤ 说出离心式压缩系统流程的生产过程。

任务分析

气体的压缩需要通过一定的设备组合成的流程来完成，在了解压缩设备的基础上，怎样通过合理的设备组合形成符合生产过程要求的流程，是生产过程重要的环节。

理论知识

一、压缩系统的工艺流程

由于合成氨生产过程的差异，压缩系统的流程也不同。现以煤为原料的中小型合成氨厂为例，介绍压缩系统的流程。

1. 正常生产时的工艺流程

正常生产时的工艺流程如图8-4所示。

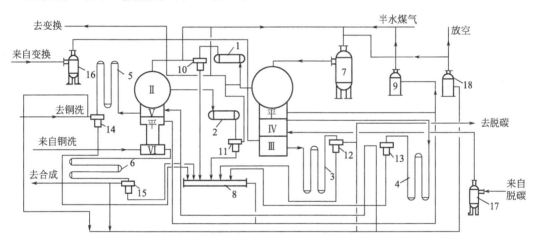

图8-4　正常生产时的工艺流程

1～6—第一至第六段水冷器；7—进口缓冲器；8—集油水总管；9—集油器；
10～15—第一至第六段油水分离器；16,17—缓冲分离器；18—缓冲罐

由脱硫来的半水煤气，在常温及压力1.3kPa左右进入压缩机一段缸，被压缩至压力0.25MPa、温度154℃左右排出。然后进入一段水冷器1，经冷却水冷却后气体温度接近常温，再进入一段油水分离器10，分离了油水后的气体进入二段缸，压缩至1.04MPa左右排出。经过二段水冷器2和油水分离器11，降温除去油水后送往变换工段。

来自变换工段的变换气压力在0.80MPa左右时，进入压缩系统气体三段缓冲分离器16，除去所夹带的水分后，再进入压缩机三段气缸，压缩至压力2.8MPa左右，依次进入三段水冷器3、油水分离器12，送往脱碳工序。

来自脱碳工序的脱碳气，进入压缩系统四段气体缓冲分离器17，除去夹带的水分后，再依次进入四段缸、水冷器4和油水分离器13，五段缸，水冷器5和油水分离器14。压缩至14.0MPa后，送往铜洗工序。

来自铜洗后的气体进入压缩机六段缸，压缩至 31.4MPa，再经六段水冷器 6 和油水分离器 15，送往合成工序。

另外各段被分离出来的油水通过集油水总管 8 被排放至集油器 9 中。在四段缸的后部及五段与六段缸之间设有平衡室，以回收通过活塞环泄漏的气体和使活塞工作面所受的压力得到平衡。平衡室排出的气体经集油器 9 除去夹带的润滑油后，回到压缩机一段缸进口。

2. 气体循环时的工艺流程

当压缩机在开车、停车、试车及生产系统发生故障时，要求压缩机全部或部分与其他工序切断联系，气体仅在机内循环，也就是利用回路将出口的高压气体引回到入口，回路可设置多个。

原料气经一、二段压缩后不进变换，通过二回一近路回到一段进口，而五段出口的气体不送铜洗工序，通过五回三近路回到三段进口。在二段和五段出口装有放空阀，作为各段气缸泄压和排气置换之用。一段出口和三段出口装有一回一和三回三近路，用以小幅度地调节压缩机的操作压力和输气量。各段油分离器上都装有安全阀，发生超压时，安全阀就自动跳开泄压。同时在二段和五段出口总管上装有止逆阀，防止气体和液体倒回压缩机。

3. 润滑系统工艺流程

除了无油润滑压缩机外，为了减小压缩机相互运动部件的磨损，降低功耗，冷却摩擦表面，保证填料函和活塞环的油膜密封，都要注入润滑油。润滑油系统包括传动机构润滑系统和气缸填料函润滑系统。

（1）传动机构润滑系统　工艺流程如图 8-5 所示。此图为一列润滑油流程，每台压缩机由几列并联成全机润滑系统，循环油泵 3 输出的油压为 0.18～0.28MPa，精滤器 4 前后均装有压力表，以便判断堵塞情况。

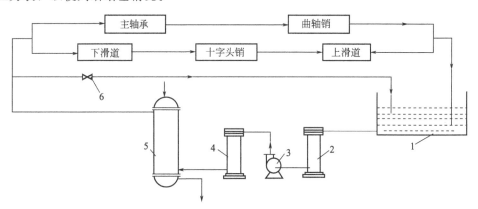

图 8-5　传动机构润滑系统流程

1—集油箱；2—粗滤器；3—循环油泵；4—精滤器；5—水冷器；6—溢流阀

（2）气缸填料函润滑系统　气缸壁和活塞以及金属填料和活塞杆之间是用压力润滑法进行润滑的。注油器将润滑油分别加压到各气缸的操作压力，然后通过油管输送至各润滑点，润滑点个数是由润滑面积决定的，如一段缸面积大，有四个润滑点；六段缸面积小，只有两个润滑点。目前真空滴油式注油器已标准化，分中压（小于 16MPa）和高压（16～32MPa）两种。

二、30 万吨合成氨厂压缩工艺流程

现以某年产 30 万吨合成氨厂使用的三缸四段离心式氢氮混合气压缩机为例，介绍离心式压缩系统工艺流程，如图 8-6 所示。

由甲烷化工序来的新鲜氢氮气，温度 38℃ 左右，压力 2.5MPa，经新鲜气分离器 1 后进

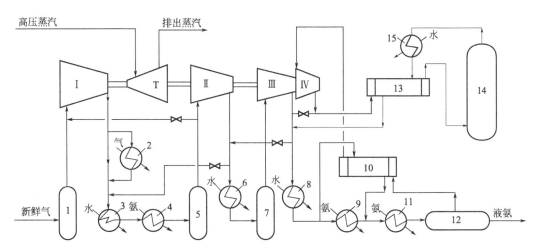

图 8-6　压缩系统工艺流程

Ⅰ，Ⅱ，Ⅲ，Ⅳ—压缩机的一段、二段、三段和循环段；T—汽轮机；

1—新鲜气分离器；2—甲烷化预热器；3——段水冷器；4——段氨冷器；5——段分离器；6—二段水冷器；

7—二段分离器；8—三段水冷器；9—三段第一级氨冷器；10—三段换热器；11—三段第二级氨冷器；

12—氨分离器；13—合成塔进出口气换热器；14—合成塔；15—锅炉给水预热器

入压缩机一段（Ⅰ）。由一段出来的气体，一部分经甲烷化预热器 2 初步降温后，与经旁通阀的气体汇合，然后再经一段水冷器 3 和一段氨冷器 4，温度降至 7.8℃左右，经一段分离器 5 除去水分后进入压缩机二段（Ⅱ）。由二段出来的气体经二段水冷器 6 和二段分离器 7 后，进入压缩机的三段（Ⅲ）。三段出口气体与从合成塔出来的循环气混合后，温度 60℃左右，经三段水冷器 8 降温至 41℃左右分为两路，每路气量约为 50％，一路经三段第一级氨冷器 9 将温度降至 7.2℃左右；另一路经三段换热器 10，温度也降至 7.2℃左右。两路汇合后经三段第二级氨冷器 11 将温度降至 -12.2℃左右，再进入氨分离器 12，经分离得到产品液氨。气体在三段热交换气中温度升至 24℃左右，然后进入循环段（Ⅳ）。从循环段出来的气体压力为 24.0MPa，温度 35℃，经合成塔进出口气换热器 13，温度升高到 141℃左右进入合成塔 14，从合成塔出来的气体经锅炉给水预热器 15、合成塔进出口气换热器降温后，又与三段出口氢氮气混合，如此不断循环。为了调节各段的打气量，均设有调节副线。

任务小结

思考与练习

1. 画出往复式压缩系统的流程简图。

2. 画出离心式压缩系统的流程简图。

任务三　原料气压缩生产装置操作

任务目标

通过对原料气压缩装置原始开始、正常开车、正常生产操作、正常停车、紧急停车步骤及常见问题原因分析和处理方法的学习，使学生掌握合成氨生产装置不同状态下的操作方法，能判断和处理常见问题。

任务要求

➤ 了解合成氨压缩装置原始开车步骤。
➤ 说出合成氨压缩装置正常开车步骤。
➤ 说出合成氨压缩装置正常停车及紧急停车标准。
➤ 知道合成氨压缩装置正常操作要点。

任务分析

合成氨压缩装置分压缩机组和汽轮机组，每一机组的开车又分为原始开车和正常开车，合成氨压缩装置的停车分为短期停车、长期停车和紧急停车，根据停车目的不同而停车方法有一定差异。

理论知识

一、压缩系统的开车过程操作

1. 原始开车

（1）置换

① 半水煤气置换。造气制贫气置换，压缩机放空阀、回收阀打开处于放空，合格后，用半水煤气置换直至 O_2 含量<0.5％合格为止。

② 打开各段放空阀、各段排油水阀，关死放空阀、回收阀，关死单机总排油水阀，关死回一总阀；回一总管压力控制在 0.2MPa，打开放空阀进行置换，连续进行 7～8 次后，拆放空阀处压力表，分析取样，O_2 含量≤0.5％为合格。可打开单机排油水总阀和各排油水阀，进行排油水管线置换，置换后将排油水总阀、各排油水阀门关闭（单机检修后置换）。

③ 按正常开车步骤准备一台压缩机，打开一段进口大阀，关死回一总阀，放掉水封，关死回收阀，打开放空阀，关死各回一阀，进行盘车置换，开三回一，分别打开各回一阀，从三空处放空置换回一管线，连续 20～30min 后，打开回一总阀置换一段时间后，拆总放空阀处与回一总管处压力表分析取样，O_2 含量≤0.5％为合格，合格后把阀门恢复正常开车前位置（原始开车置换）。

（2）操作内容

① 联系调度通知循环水岗位，缓慢打开水进口大阀，观察上水压力是否在指标内，分别打开各级冷却器、气缸、填料上水阀，分别打开各级冷却器排气阀，待气体排完后，有水溢出后，分别关死各级排气阀，打开各级冷却器、气缸、填料、回水阀，打开回水总阀，观察各级回水情况。

② 放掉水封，打开一段进口阀，检查一段吸入压力，各分离器压水，事故槽压水。

③ 盘车 2～3min，拉出盘车器，上好安全锁。

④ 检查应开的阀门：各级放空阀、回一总阀、一段进口大阀、各个水冷器上水阀、回水阀、各级填料回气阀。

⑤ 检查应关的阀门：水封溢流阀、回收阀、各级排油水阀、单机总排油水阀、各级冷却分离器导淋阀、一段进口缓冲器排水阀、事故槽排污阀、各段冷却器排气阀、导淋阀。

⑥ 检查循环油泵系统阀、油位、油温，必要时启动电加热器，调节油温在指标内，启动循环油泵，调节油压在指标内。

⑦ 检查注油器、油温，必要时开电加热器，油温调节在指标内，开启注油泵，调节各注油点，控制在 20～30 滴/min。

⑧ 联系调度通知送电，校验联锁，按步骤进行无误后进行后续工作。

⑨ 联系调度通知送电，允许开车灯亮，接调度开车指令后，开启鼓风机，启动同步电机，观察电流指示情况。

⑩ 主机运转正常后，检查机件响声，联系调度及有关岗位。

（3）小修开车

① 按照正常开车步骤及开车准备进行。

② 根据检修部位，决定是否试压置换，分析。

③ 开车前准备：要求各段放空阀、总放空阀打开，回收阀关闭，压缩机开启后各段放空阀加压各排 1～2 次后，关总放空阀，开回收阀和单机总排油水阀，其他按开车后的步骤进行。

（4）大、中修开车

① 严格按照原始开车置换步骤进行，待分析合格后，进行开车准备。

② 联锁校验无误后，才能开车，否则严禁开车。

2. 正常开车

（1）开车前的准备工作

① 放掉水封，检查一段吸入压力，检查各段分离器是否有水，如有水应彻底放掉，检查并放掉事故槽的油水。

② 检修后设备应对检修部分试压查漏。

③ 检查应开的阀门。

④ 检查应关的阀门：各级排油水阀、单机总排油水阀、水封溢流阀、回收阀、各级冷却器导淋阀、一级进口缓冲器排水阀、事故槽排油水阀、各冷却水排气和导淋阀。

⑤ 开启循环油泵、注油器，检查运转情况，检查油位及注油情况，调节油压、油温。检查各水冷及夹套、填料、封头、冷却水是否均匀，水压是否在指标之内。

⑥ 盘车 2～3min，检查无异常后，抽出盘车器，上好安全锁。

⑦ 按步骤校验联锁是否正常，不正常严禁开车。

⑧ 联锁校验无误后，联系调度通知一变送电。

（2）开车

① 允许开车后，先启动鼓风机后，启动电机，观察电流情况和启动时间，必须在 10s 内达到同步，检查机件响声是否正常后，联系调度及有关岗位。

② 加压排气，由低压到高压段进行。

③ 送气投产。联系调度室及有关工段送气。三段送气，五段送气，六段送气，送气后应对运行情况、各段温度及压力等全面检查一次，做好开车记录工作。

3. 压缩系统正常过程操作

① 严格执行岗位责任制，坚守岗位。

② 严肃执行各项工艺指标，严禁超温、超压。

③ 定时、定点、定内容按巡回检查路线，执行五字（听、摸、擦、看、比）操作法，每小时认真检查一次，拨巡回检查牌。

④ 做好原始记录，要求仿宋体，时间为 45min 至整点内。

⑤ 按时排放油水，每小时一次，做到排水不排气。

⑥ 事故槽、集油器的油水每班视情况排放 1～2 次。压缩机正常停车前，要将事故槽的油水压干净。

4. 压缩系统停车操作

（1）正常停车

① 停车前检查事故槽的回收阀是否打开，防止回收阀、放空阀都关死，压力憋高。事故槽的油水应压走。

② 检查各级放空阀是否容易打开，各段油水排放一次，将一出压力减至 0.1MPa。

③ 停止六段送气：将六段压力降至 20MPa，不可过低，否则在切气过程中会影响三、五段总管压力波动。

④ 停止五段送气：控制五段出口压力在 10.0MPa，注意五空不能开得太早、太猛，防止将五段总管压力泄低，引起系统波动。

⑤ 停止三段送气：压力降至 1.5MPa，注意压力不要泄得太早。

⑥ 泄压：从六段到一段缓慢打开各段放空阀各排油水阀，注意事故槽压力不应高于 0.2MPa，待压力泄完后，关事故槽回收阀，开放空阀，关死单机总排油水阀，按电钮停车。

⑦ 待转子停止运转后，停循环油泵、注油泵、冷却水、鼓风机。

⑧ 若停车过程中，下阀有内漏现象，应关上阀后再泄压。

⑨ 停车后，关死各级排油水阀，防止排油水阀内漏，一段气倒入压缩机。

⑩ 停车后关一段进口大阀，并加好水封。

（2）紧急停车　紧急停车是在特殊情况下，来不及正常停车而采用的停车方法，带负荷停车。由单机故障引起的单机紧急停车应发减量信号，因总管故障造成系统紧急停车应发全停信号。

具体操作方法：

① 按停车电钮切断电源，及时发出事故信号。

② 关死阀。若六、四段活门有漏气情况，则应待六段泄压至 15MPa，四段泄压至 2.0MPa 后，再关死。

③ 打开各段放空。泄压不要太快，严防超压。

④ 打开各近路阀、排油水阀和放空阀，关回收阀，压力泄完后关死单机总排油水阀，使之处于正常停车状态。

⑤ 停循环油泵、注油器、冷却水。

5. 开停车过程中注意事项

① 单机排油水总管处的排油水总阀开车前严禁打开，开车置换时将排油水阀关死，防止单机排油水总管超压，开车正常后打开排油水总阀。停车后需将排油水总阀关死。

② 回一总阀应该处于敞开状态，只在置换、一二段试压时使用。

③ 集油器气体出口阀正常操作中严禁关闭。

6. 异常现象及处理

异常现象及处理方法见表 8-4。

表 8-4　异常现象及处理方法

序号	不正常情况	原　因	处理方法
1	气缸活门漏气	气缸活门碎裂、断片、错片、弹簧断及阀座与缸口啮合不佳,气阀锁紧、螺钉松动和气阀垫圈断裂等	及时停车更换,若排气温度急剧上升超过工艺指标时,立即紧急停车
2	轴承大瓦温度高或烧坏	(1)润滑油中断或油压低 (2)检修时瓦量不当	紧急停车处理

续表

序号	不正常情况	原　　因	处理方法
3	同步电机冒烟或着火	(1)电机接地造成短路 (2)定子温度过高 (3)带负荷启动 (4)电压过低造成过流 (5)电机鼓风机未开	紧急停车,着火时用四氯化碳或二氧化碳灭火器灭火
4	气缸内有响声	(1)开车时分离器积水未放净 (2)缸内有异物 (3)检修时余隙量留得小 (4)活塞松动	紧急停车查明原因
5	十字头或主轴瓦突然剧烈振动	(1)轴瓦烧 (2)十字头销轴和压板螺钉松脱	紧急停车
6	冷却水中断	水压低或跳车	(1)联系供水岗位及时供水 (2)紧急停车
7	设备管道大量漏气或爆炸着火	(1)严重超压 (2)设备管道和阀门材质问题或长期腐蚀冲刷强度减小而破裂 (3)设备故障	紧急停车,迅速切断气源,迅速灭火
8	循环油泵、注油泵跳车	(1)电机故障 (2)油泵故障	迅速启动副油泵,若启动不起来,应紧急停车,注油泵可暂时手摇供油,并通知电工处理
9	净化塔、醇烃化塔、循环机和652风机故障	电器或设备故障	根据事故信号或调度指挥减量或停止送气
10	缸内有尖叫声	(1)气缸冷却不良或缺油造成干磨 (2)金属异物进入气缸	(1)改善冷却和润滑 (2)停车处理
11	气体送不出,出口压力高	(1)出口阀头脱落 (2)管道堵塞 (3)单向阀问题	(1)更换阀门 (2)停车吹通管道 (3)更换单向阀
12	机身有敲击声	(1)十字头销盖或十字头滑履松 (2)主轴瓦、连杆大头瓦或小头瓦松、磨损 (3)油压低 (4)油温过低 (5)油型号不对	(1)紧固、调换零件 (2)紧固、调换轴瓦 (3)调节油压 (4)开电加热器加热 (5)换油
13	压缩机不起动	(1)供电源失效 (2)油压低,停车开关断开 (3)控制盘问题 (4)气缸带压 (5)盘车装置、锁定器锁住	(1)恢复供电源 (2)使油压恢复正常,调整开关 (3)检查线路、联锁、继电器、电气接点 (4)气缸泄压,调整开关 (5)脱开盘车器

二、安全及环保措施

1. 工业卫生要求

(1) 氨在空气中的最高允许浓度为≤30mg/m³。

(2) 工作环境内的噪声不能超过85dB。

2. 环保管理制度

(1) 冷冻站排放的氨气要送入火炬燃烧。

(2) 生产过程中的初期雨水、冲洗水由下水道排往污水处理工段进行处理。

(3) 氨压缩机用过的润滑油要收集起来,统一处理。

任务小结

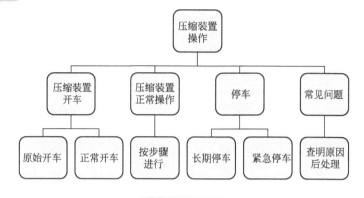

思考与练习

1. 合成氨压缩生产装置正常开车步骤有哪些？
2. 合成氨压缩生产装置正常操作控制要点是什么？
3. 合成氨压缩生产装置短期停车步骤有哪些？
4. 合成氨压缩生产装置在什么情况下紧急停车？如何操作？

任务四　合成氨压缩岗位安全操作及环保措施

任务目标

通过对合成氨压缩岗位各种物料理化性质的学习，结合岗位常见事故的处理及事故案例分析，了解合成氨压缩岗位安全生产特点，掌握本岗位安全生产要点，并结合所学专业知识，会判断和处理常见事故。同时，对本岗位"三废"处理知识也要有一定的了解。

任务要求

➢ 掌握合成氨压缩岗位几种物料的理化性质。
➢ 能说出本岗位安全生产特点。
➢ 了解本岗位常见事故及处理方法。
➢ 知道本岗位安全操作注意事项。
➢ 了解本岗位"三废"处理方法。

任务分析

安全操作的要点是掌握岗位物料性质，以避免形成发生不安全事故的条件。掌握岗位安全生产特点，避免跑冒滴漏，严格按操作规程精心操作，会处理不正常情况，一切事故都是可以避免的。

理论知识

一、原料气压缩岗位安全特点

压缩机组开车工作环节多，操作步骤繁杂。操作不当，易发生烧轴瓦、振动大、喘振、超温超压、气封泄漏等故障，严重时会造成重大设备事故。

二、压缩岗位安全事故原因、处理方法

1. 压缩机气体带液

在压缩机运行过程中，如果将液体带入压缩机气缸内，由于液体具有不可压缩性，在气缸内受活塞的强制作用，产生强烈的撞击，使机身剧烈振动并且发出很大的冲击声，同时电动机电流波动，电流升高。

压缩机发生微量带液，会使输气量减少，若出现严重带液，又处理不及时，轻则使活塞杆、连杆、连杆螺栓、曲轴等断裂损坏气缸盖与活塞，重则使压缩机全部损坏。

原因：

① 出脱硫系统的煤气带水，或煤气温度过高、水蒸气含量过大，降温后产生冷凝水，同时压缩机一段入口总水分又未及时放水，则把水带入压缩机一段气缸。

② 出碳化系统的原料气带水，同时压缩机三段入口总水分又未及时放水，把水带入压缩机三段气缸。

③ 铜洗塔液位过高，或铜液分离器积液排放不及时，将铜液带入压缩机气缸。

④ 压缩机气缸发生龟裂，使夹套内的水渗入气缸而造成带水。

⑤ 压缩机各段油水排放不及时，油水积存过多，被气体带入气缸中造成带液事故。

处理方法：

① 压缩机发生轻微带液时，应立即判断是哪段气缸带液，迅速打开该段排油水阀和放空阀将气缸内液体排净，并联系有关岗位进行处理。

② 压缩机发生严重带液，要紧急停车，检查各部件是否损坏，同时打开活门，对气缸、管道进行排液。并联系有关岗位进行处理，待事故全部排除后再联系开车。

2. 压缩机连杆、活塞杆断裂

原因：

① 过紧的螺栓会受到过大的预应力，将促使它易于断裂。如果在紧固螺栓时有偏斜现象，会使螺栓间的负荷不均匀，形成其中一部分或一侧螺栓受力过度而断裂。

② 开口销断落、螺帽松动或连轴瓦太松。在该情况下，连杆的紧固性被破坏发生摇动和敲击，螺栓处于变动负荷之中，易发生断裂。

③ 螺栓"疲劳"造成金属强度下降而断裂。

④ 活塞卡住，这种现象多发生在止点或严重缺油、活塞杆断裂、气缸拉毛时，这时曲柄销飞轮作用下继续移动致使连杆、活塞杆受极大的负荷而被拉断。

⑤ 安装质量不好。安装时气缸和连杆机构中心没有对准，以及活塞不直连杆弯曲而偏心，使同一列气缸中心线不一致。当活塞移动进行压缩时致使连杆、活塞杆及螺栓承受极大负荷而被折断或拉断。

⑥ 余隙太小，造成活塞杆撞弯。

⑦ 误操作。如忘开出口阀或过早关死回路阀等使进出口压差过大，活塞环受到猛烈冲击，发生晃动，丝扣部分受力过大而损坏造成活塞杆连杆拉断。

处理方法：当发生连杆、活塞杆拉断事故时，应紧急停车检修。为避免该类事故的发生，在正常操作中要经常检查有无松动和发热情况，发现有重大敲击声，应紧急停车处理。同时对主要部件应有计划、定时检修或更换。

3. 压缩机活塞被打坏、缸套断裂

原因：

① 气缸发生液击。当大量水或铜液带入气缸时就会产生液击，造成气缸盖、活塞、连杆等损坏，严重时甚至造成压缩机全部损坏。

② 机件销子振落，使缸套断裂。

③ 气缸上面活门碎裂，金属物落入气缸，打坏活塞。

处理方法：

① 加强与外工段联系，严防压缩机带液。

② 对转动部件定期检查和更换，防止部件销子磨损松弛而脱落，造成活塞被打坏、缸套断裂。

③ 发现活门损坏，尤其一、二段上部活门损坏，要迅速停车更换。

4. 压缩机爆炸

原因：

① 进口抽成负压，空气进入煤气系统。

② 煤气中氧含量过高。

③ 操作不当使气缸压力高达极限以上，发生爆炸。

④ 发生严重液击。

⑤ 检修时未用盲板将开车部分与检修部分隔开，使空气混入煤气系统，检修后开车即发生爆炸。

预防措施：

① 保证压缩机进口压力在规定范围内，严防形成负压。

② 严格控制煤气中氧含量小于 0.5%。

③ 严格控制压缩机操作压力在规定指标内，并确保安全阀灵敏可靠。

④ 与有关工段联系，严防气缸带液。

⑤ 检修系统与开车系统必须用盲板隔开，严防空气窜入煤气系统或煤气窜入空气系统。

三、压缩岗位安全环保措施

1. 安全技术规程

① 特别注意检查各级填料冷却器水量指示器，因为填料冷却器部分管径小、阻力大、易堵塞。

② 采用列管式冷却器，提高了换热效率，但由于国产高压列管式换热器制作材质、使用中难免有缺陷，应经常检查，防止高压管束破裂，气体泄入水侧，造成安全事故。

③ 熟练精心操作，检修是保证压缩机安全长期运行的基础，所以检修工应熟悉检修规程，操作工应熟练掌握操作规程，每半年全面学习考试相关知识。

④ 压缩机的报警、联锁、安全阀是压缩机安全运行的保障，必须按要求校验管理。

⑤ 任何错误的检修和操作都会造成设备和人员的损伤，特别是进、出口活门装反，会造成爆炸事故的发生。

⑥ 由于机组转速较高，机组振动、管线振动都会给设备造成危害。

⑦ 运转电加热器前注意检查油位是否正常，否则会烧毁电加热器，循环油电加热器最好在油循环过程中运转，以得到真实油温，电加热器运转时需停用油冷器。

⑧ 由于机组打气量较大（18300m³/h），所以开停车，特别是倒车过程中需注意各段压力，气量不能波动，轻者造成工艺波动，重者造成工艺事故，必要时可通过三、五、六段放空阀控制送气量。

⑨ 液体带入气缸会造成严重的液击，损坏机组备件，开车时和运转中都要避免液体带入气缸，一方面加强排油水，另一方面外工序带液体介质需紧急停车处理。

⑩ 盘车前禁止启动设备，并挂有明显的禁动标示牌，停车后压缩机各段泄掉全部压力才能盘车。

⑪ 停车检修严重过热的部位不可过早打开，必须经过初步降温后（至少 30min）方可进行，否则会引起爆炸。

⑫ 在压缩机交出检修前，须按停车步骤处理阀门，保证外送阀门无泄漏，因为任何外送阀的泄漏均会造成人员的伤亡，故压缩机检修时需按大、中、小要求处理，可加一段水封，关闭一段进口阀，关闭回收阀检查水柱情况，检查阀门泄漏情况，在检修拆开容器设备时，人员暂时撤离，通风半小时后，带防护器具进行工作。

⑬ 一段进口压力的控制是加减负荷，开、停、倒换过程中的重点，轻则会造成气体浪费，重则会造成大量气体泄入空间造成人员 CO 中毒，故需要本岗位配合调度，随时调整。

⑭ 压缩机切气过程中严防回气过大造成系统波动，并防止回气过小，单机压力超指标。

⑮ 冷却水是保证压缩机正常运转的基础，出现供应故障应紧急停车，切不可怕影响产量坚持运转。

⑯ 各级排油水要按规定进行，并做到排油水不排气，大量排气不仅会影响产量，还会造成外工序工艺操作困难。

⑰ 由于系统较大，检修后开车置换应引起重视，置换不彻底或方法不当会引发爆炸事故。

⑱ 开停车过程中应特别注意：单机排油水总管处的排油水总阀开车前严禁打开，开车正常后排油水总阀打开；停车后需将排油水总阀关死。

2. 岗位防毒、灭火知识

(1) 空气呼吸器

① 检查完好状态：

a. 背带和全面罩头带完全放松。

b. 气瓶正确定位并牢靠地固定在背托上。

c. 高压管路和中压管路无纽结和其他损坏。

d. 全面罩的面窗应清洁明亮。

e. 接通快速接头，打开气瓶阀开关。

② 使用方法：

a. 检查气瓶压力是否在使用范围（＞24MPa），使用时间：27～30MPa 1h，24MPa 40min，6MPa 6min。

b. 将空气呼吸器气瓶瓶底向上，瓶头朝下背在肩上。

c. 插上塑料快速插扣，腰带系紧程度以舒适和背托不舞动为宜。

d. 把下巴放入面罩，由下向上拉上头网罩，将网罩两边的松紧带拉紧，使全面双层密封环紧贴面部。

e. 深吸一口气，将供气阀打开，呼吸几次感觉舒适，呼吸正常后即可进入操作区作业。

f. 用完后，关闭供气阀，用旁通阀泄压。

③ 使用注意事项：

a. 本岗位配置的空气呼吸器在使用中应使气瓶阀处于完全打开状态。

b. 必须经常查看气瓶气源压力，当压力＜5.0MPa 或压力表指计快速下降，不能排除漏气时，应立即撤离现场。

c. 在作业过程中，供气阀发生故障不能正常供气时，应立即打开旁通阀，人工供气，应迅速撤离作业现场。

(2) 氧气呼吸器

① 使用方法：

a. 将皮带挂在右肩上，用紧身皮带把呼吸器固定在左腰上。

b. 检查面罩是否完整无损，视镜是否清晰。

c. 打开氧气阀门（氧气阀门向上提后，再向逆时针方向旋开），检查压力是否＞8.0MPa，检查呼气阀、吸气阀、自动补给、自动排气是否灵活好用。

d. 戴面具前应做到一开（先打开氧气瓶）、二看（查看确认压力在使用范围）。

e. 佩戴呼吸器面罩作深呼吸几次，确认无问题后，方可戴上进入毒区。

f. 戴氧气呼吸器工作，必须两人一组，并经常观察氧气瓶压力情况，当压力降到 3MPa 时，应立即退出毒区，禁止单独一人使用呼吸器进入毒区。

g. 有毒区域内禁止取下面罩。

② 使用注意事项

a. 氧气呼吸器禁止在油类、高温、明火作业中使用。

b. 本岗位所配置的氧气呼吸器在正常压力区域内使用时间为 2h。使用时间：20.0MPa 2h，8.0MPa 30min，3.0MPa 6min。

（3）过滤式防毒面具

① 滤毒罐的型号及气体防护类型见表 8-5。

表 8-5　滤毒罐的型号及气体防护类型

型号	罐体色别	防护气体
3 型	褐色	甲醇等有机气体
4 型	灰色	氨、硫化氢
5 型	白色	一氧化碳

② 使用方法：

a. 确认符合所需防护有毒气体型号。

b. 使用前应认真检查面罩、导管、滤毒罐完好，无损不漏气。

c. 戴面具前，首先打开滤毒罐底盖，严禁先戴面具后打开底盖，做到一开（打开堵塞）、二看（查看并确认毒罐上、下口畅通）、三戴。

d. 防毒面具将面罩、导管、滤毒罐连接拧紧组装严密后，才可用。

e. 使用前应用手堵罐底，作深呼吸，进行气密试验，发现漏气，应全面检查处理。

f. 使用中闻到有毒气味，感到呼吸困难、恶心、滤毒罐发热、温度过高或发现故障时，应立即离开毒区，在毒区内禁止将面罩取下。

③ 使用注意事项　一氧化碳滤毒罐连续使用 2h 应予更换，一氧化碳滤毒罐超重 20g 应停止使用，滤毒罐摇动有沙沙响声时停止使用。

（4）长管式防毒面具

a. 进入毒区前应检查吸气阀、呼气阀是否灵活好用，并进行气密性试验，应戴好面具，然后进入。

b. 使用长管式防毒面具，应设专人监护。

c. 导管长度一般不得大于 20m，导管内无异物堵塞。

d. 导管应保持平直，不得被缠结、压挤、折扁、踩踏、猛拉，使其经常处于畅通状态，进气管端应悬挂置于上风头无污染、空气清洁的环境中，不得放在有毒物质或毒物可能突然侵入的地方，也不得扔放在地面上，监护人应经常检查导管及进气管的情况。

e. 使用长管防毒面具，只允许一人进入容器内部工作，如需要两人同时进入必须采取可靠的安全措施。

f. 使用过程中，感到呼吸困难或不适，应立即离开毒区，毒区内严禁取下面罩。

（5）二氧化碳灭火器

① 适用范围。适用于扑救贵重设备、档案资料、仪器仪表，600V 以下电器装置以及一般的可燃液体、可燃气体，不宜扑救金属 K、Na、Mg、Al 及铅锰金属。

② 使用方法。使用时将灭火器提至起火点，然后将喷筒对准焰源，右手拨动保险栓，紧握喇叭柄，左手将上面的鸭嘴向下压，手轮开关向左旋转，即可喷出二氧化碳。

③ 注意事项

a. 在室外使用应站在上风方向。

b. 在窄小的密闭空间使用后迅速撤离。

c. 灭火时，应对准火源的根部，连续喷射。

d. 使用中防止冻伤。

e. 钢瓶不可颠倒使用。

f. 喷射距离、喷射时间：$MT_3CO_2 < 2m$，30s；$MT_5CO_2 < 2.4m$，45s。

（6）干粉灭火器

① 适用范围。碳酸氢钠（BC）干粉灭火器适用于易燃、可燃液体和气体以及 50kV 以下带电设备的初期火灾。

磷酸铵盐（ABC）干粉灭火器，除可以扑救上述火灾外，还可以扑救固体物质燃烧的初期火灾。

② 使用方法

a. 使用前，应先将灭火器颠倒几下。

b. 扑救地面油火时，要采取平射姿势，左右摆动，由近及远，快速推进。

c. 对贵重设备、仪器仪表慎重使用。

d. 喷射距离、喷射时间：MF4 干粉 < 3m，12s；MF8 干粉 < 5m，20s。

任务小结

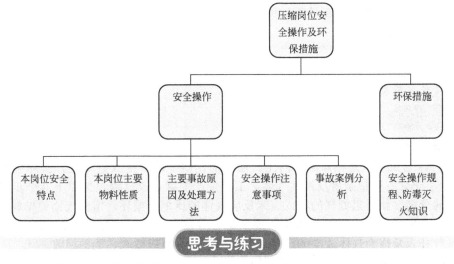

思考与练习

1. 压缩岗位的安全特点是什么？

2. 压缩岗位安全操作要点是什么？

3. 氧气呼吸器如何使用？

4. 二氧化碳灭火器如何使用？

5. 过滤式防毒面具的规格有哪些？使用条件如何？

6. 利用网络查阅本岗位有哪些安全事故，原因如何？怎样防范？

项目九

原料气合成

任务一 认识原料气合成流程

任务目标

通过学习氨合成工艺流程安排原则，掌握中、小型合成氨厂工艺流程及大型合成氨厂工艺流程，熟悉流程中新鲜气补入位置、系统热量的回收、氨的分离、未反应气体循环压缩、系统积存惰性气体排出及有用气体的回收。

任务要求

➢ 熟悉氨合成工艺流程安排原则。
➢ 熟悉中、小型合成氨厂工艺流程。
➢ 熟悉大型合成氨厂工艺流程。
➢ 熟悉惰性气体排出及有用气体的回收。

任务分析

氨合成反应的进行要通过一定的流程来完成，合理的流程设计方案对合成操作的正常进行、节能降耗至关重要。

理论知识

一、氨合成工艺流程安排原则

H_2 与 N_2 合成反应是在高温、高压、催化剂作用下的可逆放热反应，实际生产中净化后 H_2 与 N_2 仍含有微量杂质及惰性气体，工业生产中氨合成过程包括以下几个步骤：氨的合成、氨的分离、新鲜氢氮气的补入、未反应气体的压缩与循环、惰性气体的排放与反应热的回收等，考虑到消耗、节能及系统长周期运行等情况，工艺流程中需合理确定循环压缩机、新鲜气补入及惰性气体放空的位置以及氨分离的冷凝级数和热能的回收。

工业生产中，流程安排须满足以下几点要求：

① 进入合成系统的新鲜气体须清除油水，以保证系统不堵塞及催化剂活性，故需设置油水分离器。

② 气体在进催化剂床层前，其温度需达到催化剂起活温度。故需设置换热器、加热器，目前采用冷交预热、塔前换热、塔内热交换器、电炉及催化剂床层内的冷管加热。

③ 合成反应生成的氨必须冷却以冷凝分离出来，故需设置水冷器、氨冷器、氨分离器等。

④ 出塔后未经反应的氢氮混合气，需再次进入合成塔继续反应，故需设循环压缩机。

⑤ 系统中的惰性气体必须进行排放，以稳定 H_2 与 N_2 分压，利于氨的合成。同时设置

放空气回收装置，以达到节能减排的目的。

⑥ 合成过程有热量放出，需冷量冷却，考虑节能须对热量、冷量回收，故需设置冷交及热回收设备。

工业生产上根据生产规模情况、氢氮气净化情况、其他配套设施及合成系统关注点不同，氨合成工艺流程也不相同。目前国内采用中压法（20～40MPa）或低压法（10MPa 左右）。中压法氨合成的工艺流程因其在技术上和经济上都比较优越，国内外生产厂家采用较多。

二、中、小型氨厂氨合成工艺流程

1. 中、小型氨厂副产蒸汽氨合成工艺流程

我国中、小型合成氨厂，采用副产蒸汽中压法氨合成工艺流程较多，其操作压力为 32MPa，流程中设置副产蒸汽锅炉，水冷器和氨冷器两次分离产品液氨，新鲜气和循环气均由往复式压缩机加压，其常见的副产蒸汽氨合成工艺流程如图 9-1 所示。

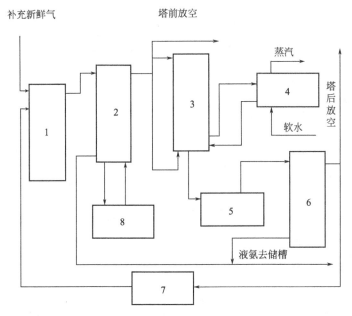

图 9-1 副产蒸汽氨合成工艺流程
1—油水分离器；2—冷交换器；3—氨合成塔；4—副产蒸汽锅炉；
5—水冷器；6—氨分离器；7—循环压缩机；8—氨冷器

由压缩工序送来的新鲜氢氮混合气（压力≤32MPa，温度为 30～45℃），与循环压缩机 7 来的合成循环气汇合，进入油水分离器。在油水分离器 1 内，气体中的油、水等杂质被除去，同时带进来微量的 CO_2 和水，与循环气中的氨作用生成碳酸氢铵结晶，也一同在油水分离器 1 中除去。除去油水的混合气出油水分离器，进入冷交换器 2 上部的冷交换器管内，在此处被从冷交换器下部氨分离器上升的冷气体冷却到 10～20℃后进入氨冷器 8。在氨冷器 8 内，气体在高压管内流动，液氨在管外蒸发，由于氨蒸发吸收了大量的热量，气体进一步被冷却至 0～-10℃，混合气中的气氨部分转化为液氨。从氨冷器 8 出来的带有液氨的循环气，进入冷交换器 2 下部的氨分离器分离出液氨，同时气体中残余的微量水蒸气、油分及碳酸氢铵等被液氨洗涤随之除去。分离掉氨后的循环气上升到冷交换器 2，再分成两路进入氨合成塔 3，一路经主阀由塔顶进入，另一路经副阀从塔底进入，用以调节催化剂床层的温度。进入氨合成塔的循环气中，含氨量一般为 2.0%～3.5%。经过氨合成反应出催化剂床

层的气体，温度约 450～500℃，在塔内先经第一段热交换器，加热进催化剂床层的气体，而本身冷却至 380℃ 以下，再引出塔外。气体出塔后，进入副产蒸汽锅炉 4，产生 1.0～1.6MPa 的饱和蒸汽回收合成气热量，气体被冷却至 300℃ 以下，再返回氨合成塔，进入第二热交换器，加热进催化剂床层的气体后，温度降至 180℃ 以下出氨合成塔外（氨含量为 13%～17%）。出氨合成塔后气体进入水冷器 5 被冷却至 25～50℃，使合成气中的部分气氨因冷却转化为液氨。带有液氨的合成气进入氨分离器 6 分离出液氨。出氨分离器 6 的气体，经循环压缩机补偿系统压力损失以后，进入油水分离器 1 又开始下一个循环。未反应的氢氮混合气如此进行循环连续生产。氨分离器 6 和冷交换器 2 下部分离出来的液氨，减压至 1.4～1.6MPa 后，由液氨总管输送至液氨储槽。

氨冷器 8 所用液氨是由液氨储槽送来的。蒸发后的气氨经分离器除去液氨雾滴后，由气氨总管输送至冰机进口，经压缩后再冷凝成液氨。

为了降低系统中惰性气体的含量，在氨分离之后设有气体放空管（称为"塔后放空"），可以定期排放一部分气体（称为"放空气"）。

2. 中、小型氨厂氨合成工艺流程选择

合成氨厂工艺流程的选择主要是合理地确定循环压缩机、新鲜原料气补入及惰性气体放空的位置，冷热交换的安排和热能回收的方式，以及确定氨分离的冷凝级数（冷凝法）。

（1）循环机位置　循环机位置设置一是考虑入合成塔气体精制度，二是考虑循环机功耗。目前多数厂采用有油润滑往复式压缩机的氨合成系统，压缩后气体中夹带油雾，循环压缩机的位置均不宜在氨合成塔之前。传统工艺流程，采取循环压缩机压出气经油分、冷交、氨冷等设备分离，气体中的油雾被脱出后，气体品质已能满足生产要求。部分厂家也有"水冷直接串冷交"的流程，循环压缩机设置在冷交之后，氨冷之前。这样，进入循环机的气体温度更低，气量减少，有利于降低压缩功耗，而且进入冷交的油污减少，提高了冷交的换热效果。但该流程冷冻负荷有所增加，且冷交压差增大。

使用无油润滑循环压缩机时，循环压缩机可置于合成塔之前。尽管循环压缩机带油对气体精度影响不大，但采取某些措施以减少循环压缩机曲轴箱带入少量油雾并设置油分仍然是必要的，油分不仅有除油效果，而且对气体还起到缓冲作用。该流程具有以下优点：

① 合成塔可处于系统最高压力下操作，有利于生产能力和氨净值的提高。

② 进冷热交换器气体洁净度高、温度低，提高冷热交换器换热效率，减少冷热交换器负荷。

③ 可取消水冷后氨分离器，带来流程简单、操作点少、系统阻力小的优点。

④ 新鲜气补入位置。

经过精炼新鲜补充气，仍含有常温饱和水蒸气（深冷法净化除外）、微量 $CO+CO_2$ 及少量油雾。这种补充气仍需经氨冷系统，利用冷凝液氨的洗涤作用，最终脱除水蒸气（深冷法净化除外）、微量 $CO+CO_2$ 及少量油雾，以防止催化剂中毒，确保催化剂的活性。

常规流程补气位置是在循环压缩机油分入口，补入的气体经冷交换和随后的氨冷凝而最终精制。补充气中所含微量 CO_2 在冷交换器管内与循环气中的氨形成氨基甲酸铵之类的结晶，该结晶会堵塞冷热交换器列管管口，造成冷交换器管内阻力日益增大。为了解决这一问题，目前，很多合成氨厂采用将补气位置移至冷交换器出口至氨冷器（或氨冷器至冷交换器）的管线上。因此处已有液氨冷凝，生成的微量氨基甲酸铵将被冷凝液氨溶解而排出，解决了系统阻力日益增大的问题。

（2）放空位置　合成氨系统因精炼气带入的甲烷、氩气等惰性气体的积累，影响氨的合成与消耗，这部分惰性气体须从合成系统中取出。氨合成系统的惰性气体放空应选择惰性气体浓度尽可能高、有效气浓度尽可能低的位置。如果惰性气体放空气中氨已回收，则惰性气体位置应选择在单位惰性气体排放所引起的 H_2、N_2 损失最小处。

在中、小型合成氨生产中，有塔后放空和塔前放空。

① 塔后放空。在经过水冷的氨分离器之后、新鲜气加入之前，气体中氨含量较低，而惰性气体含量较高，可以减少氨损失和氢氮气的消耗。

② 塔前放空。此处排放气体中的氨含量较低，但惰性气体含量也低。

合成系统的放空气及弛放气中含有不少 NH_3 及 H_2、CH_4 等气体。目前很多厂已进行回收利用。NH_3 采取等压吸收方式回收，H_2、CH_4 等气体简易的回收方法是直接供锅炉燃烧或吹风气回收；也可采用变压吸附法、中空纤维膜分离法和深度冷冻法回收氢，回收的氢纯度较高返回合成系统或作其他深度加工使用，回收的 CH_4 作燃料使用。

（3）氨合成反应热的回收利用　氨合成的反应热约为 $3.294 \times 10^6\,kJ/t\,NH_3$，相当于 $110\,kg$（标煤）$/t\,NH_3$ 的热能，换算成低压蒸汽为 $1.1t/t\,NH_3$ 左右的热量，实际生产中因回收效率问题，每生产 $1t\,NH_3$ 仅能回收相当于 $800\,kg$ 左右蒸汽的热量。

反应热的回收根据合成氨厂整体流程不同有三种方法：一是加热软水，二是加热饱和塔热水以供给变换所需添加蒸汽的热量，三是直接利用反应热产生蒸汽。利用氨合成反应热加热软水，被加热的软水再用于加热精炼再生铜液，其热量一般有余。

氨合成反应热也可用于加热锅炉给水，但考虑全厂的热水平衡，只对采取产生较高压力蒸汽以供发电的场合才比较合理。

利用合成反应热加热变换循环热水则要求将出合成塔气体温度提高到 $245℃$ 左右，使入饱和塔热水温度能达到约 $156℃$（$0.7MPa$ 压力下），此情况下可满足变换蒸汽自给的要求。变换系统还可供给精炼的铜液再生所需热量，其热利用率可达 65% 左右，热能利用比较合理，这就是所谓"变换-精炼-合成"组成的第二换热网络。该项技术的关键是保证氨合成塔出塔气体温度达到 $245℃$ 左右，缺点是合成水加热器因被加热水中硫含量高导致腐蚀较快。

目前较常用回收氨反应热的方法是加热锅炉水产生蒸汽，依锅炉换热器设置的部位不同，分为前置式、中置式和后置式三种锅炉。前置式锅炉的换热器设在合成塔内的热交换器之前，反应气体副产蒸汽后再返回合成塔内换热器进行换热，由于出催化剂床层的气体温度高，可产生 $2.5\sim4.0MPa$ 的蒸汽，蒸汽品位高。前置锅炉材质要求太高，实际应用难度较大。中置式锅炉的换热器设在塔内两热交换器中间。出催化剂床层的气体依次通过上部热交换器、锅炉换热器、下部热交换器而出塔。提温型氨合成塔实质上是将中置式的下部换热器移到了塔外，称为改良中置式，一些较好的提温型合成塔，如ⅢJ型氨合成塔，氨合成塔出塔温度也可以达到 $300℃$ 以上，其余热回收水平也可以达到中置式锅炉的水平，目前在小合成氨厂中应用较广。后置式锅炉设在合成塔的热交换器之后，合成气离开合成塔后进入锅炉副产蒸汽，经锅炉后的气体再去水冷器。

前置式、中置式、后置式废热锅炉副产蒸汽比较见表 9-1。

表 9-1　前置式、中置式、后置式废热锅炉副产蒸汽比较

项目	副产蒸汽压力/MPa	蒸汽产量/(kg/t NH₃)	余热回收品位	结构材质要求
前置式	$2.5\sim3.5$	$700\sim900$	高	耐氮、氢腐蚀，耐高温
中置式	$1.0\sim1.5$	800	较高	耐氢腐蚀，耐高温
后置式	$0.5\sim1.0$	500	低	无特殊要求

三、大型合成氨厂氨合成工艺流程

大型合成氨厂合成工艺流程多采用蒸汽透平驱动的带循环段的离心式压缩机，该气体压

缩、循环流程可使气体中不含油雾，可以直接把它配置在氨合成塔之前。氨合成压力较低（15MPa），采用三级氨冷器将气体冷却至−23℃，以使氨分离较为完全。氨合成反应热利用：一是预热进塔气体，二是加热锅炉给水或副产高压蒸汽，合成反应热回收较好。

凯洛格（Kellogg）大型合成氨工艺流程（压力为15MPa）如图9-2所示。

净化后的新鲜气在离心式压缩机的第一段气缸中压缩至6.5MPa，依次进入新鲜气甲烷化气换热器、水冷器及氨冷器被冷却至8℃，经水分离器除水分后新鲜气进入离心式压缩机的第二段气缸与合成循环气汇合，继续压缩压力升至15.5MPa，温度为69℃，出第二段气缸后进入水冷器，气体温度降至38℃。气体出水冷器后分为两路：一路约50％的气体经过两级串联的氨冷器，气体经一级氨冷器（第一氨冷器中液氨在13℃下蒸发）被冷却至22℃，再进入二级氨冷器（第二氨冷器液氨在−7℃下蒸发）被进一步冷却至1℃。另一路气体与高压氨分离器来的−23℃的气体在冷热换热器内换热，温度降至−9℃，而来自氨分离器的冷气体则升高温度至24℃。两路气体汇合后温度为−4℃，再经过第三级氨冷器（液氨在−33℃下蒸发）被冷却到−23℃，然后送往高压氨分离器。分离液氨后的循环气（含氨2％）经冷热交换器和塔前换热器预热至141℃进轴向冷激式氨合成塔进行氨的合成。合成塔出口合成气气体温度为284℃，首先进入锅炉给水预热器，经塔前换热器与进塔气体换热，被冷却至43℃，其中绝大部分气体回到离心式压缩机第二段气缸与第一段气缸来的冷却后的新鲜气汇合压缩，完成了整个循环过程。为了维持合成系统惰性气体含量指标，另一小部分气体在放空气冷凝器中被液氨冷却，经放空气分离器分离液氨后去氢回收系统。

高压氨分离器中的液氨经减压后进入冷冻系统，弛放气与回收氨后的放空气一并用作燃料或去排放气回收处理系统。

该流程特点：

① 采用离心式压缩机并回收氨合成反应热预热锅炉给水。

② 采用三级氨冷，逐级将气体降温至−23℃，冷冻系统的液氨也分三级闪蒸，三种不同压力的氨蒸气分别返回离心式氨压缩机相应的压缩段中，冷冻系数大，功耗小。

③ 流程中弛放气排放位于离心式压缩机循环段之前，此处惰性气体含量最高，气体排放量小，排放气中的氨经过回收处理，氨损失不大。

四、放空气与弛放气的回收处理

合成系统补充的新鲜气体中总含有少量的惰性气体（甲烷和氩），因不参与反应，在系统循环过程中不断积累，这些惰性气体的积累不仅消耗压缩功，还降低有效气体分压，不利于氨反应及氨的分离。积累的这部分惰性气体需要排放，但又不能排放太多（太多有效气体损失大，消耗高），需保持合成气中惰性气体的合理浓度，排放的这部分气体称为"放空气"或"排放气"。另外从氨储槽中排放出的一部分溶解于液氨中的氢氮气、氨、甲烷、氩气等，在压力降低后，也从液氨中释放出来，这部分气体称为"弛放气"或"储槽气"。

放空气与弛放气组成见表9-2。

表 9-2　放空气与弛放气组成

组分	H_2	N_2	NH_3	CH_4	Ar
放空气组成/%	50～60	16～20	8～10	13～20	6～8
弛放气组成/%	15～25	5～8	40～60	10～20	3～4

1. 氨的回收

放空气与弛放气中的氨采用等压回收。合成的排放气及液氨储槽中的弛放气，进入与液氨储槽压力相等的吸收塔，以高压水循环吸收其中的氨。在加压下回收，提高了气相氨的分

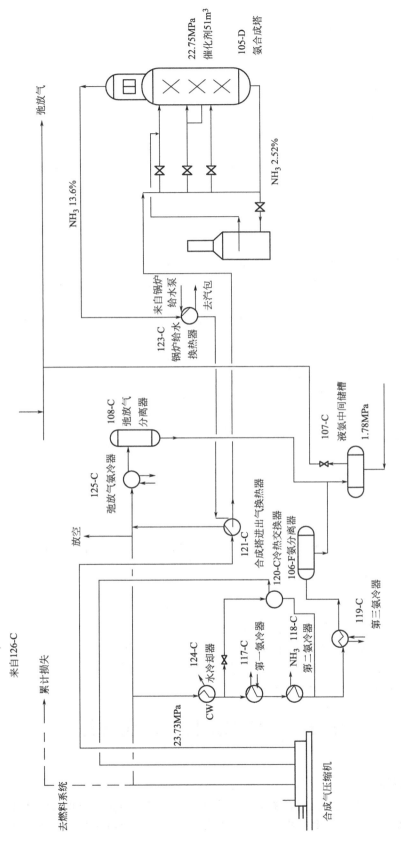

图9-2　凯洛格K-T型日产1000t合成氨工艺流程

压，有利于氨的吸收，氨水浓度高达 180tt（滴度对于氨水：1tt＝0.05mol/L）。回收的氨量约为 30～40kg/t NH_3，吸氨后的气体或进一步去回收其中的 H_2 或用作燃料。

部分厂家放空气采用中空纤维膜法回收氢，其中的氨采用高压水吸收；弛放气采用无动力氨回收。

2. 氢气的回收

放空气与弛放气的氢气损失，一般约占合成氨厂氢损失的 10％，如采取措施回收，可增产合成氨 2％～5％，可节能 17.1～23.9kg 标煤/t NH_3。

目前氢气回收有中空纤维膜分离、变压吸附和深冷分离技术。

（1）中空纤维膜分离法　美国孟山都公司开发了选择性渗透膜技术和普里森中空纤维渗透膜技术，成功应用于合成氨厂。中空纤维膜的材料是以聚砜、一甲基乙酰胺为原料加工成内腔中空的纤维丝，再涂以高渗透性聚合物，此种材料具有选择性渗透特性，H_2O、H_2 和 CO_2 渗透较快，而 CH_4、N_2、Ar、O_2 和 CO 等渗透较慢，通过渗透速率的不同把渗透快与慢的气体分离开来。中空纤维暴露在氨含量大于 0.2％的气流中会失效，因此回收氢气前先用水洗涤放空气体，使气体的氨含量降至 0.2％以下。除氨后的气体经加热器加热到 30～40℃，进入串联排列的膜分离器，氢气回收率可达 95％，氢气纯度为 90％以上。

（2）变压吸附分离法　弛放气和放空气在压力为 9.8MPa 下用水吸收 NH_3（NH_3 含量≤200×10^{-6}）后，在 4.9MPa 下放空气干燥后通过分子筛床层，分子筛吸附 N_2、CH_4、Ar、NH_3、CO 等气体，未被吸附氢气纯度达 99.9％，其量约 30m^3/t NH_3。一个完整的变压吸附循环由吸附、减压、解吸和再加压四个步骤组成。

（3）深冷分离法　深冷分离法是根据氢气和放空气中其他组分的沸点相差较大的原理，在深冷温度－186℃下逐次部分冷凝、分离出甲烷、氩以及部分氮的冷凝液，而获得含氢 90％的回收气。

任务小结

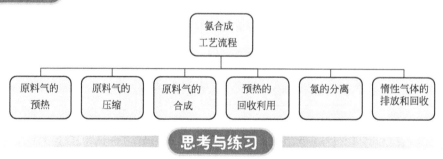

思考与练习

1. 氨合成工艺流程安排的原则是什么？
2. 画出中、小型氨厂带中置锅炉的合成系统工艺流程图。
3. 中、小型氨厂工艺流程选择时，主要确定哪几个位置点？
4. 放空气和弛放气为什么要回收？

任务二　认识原料气合成设备

任务目标

本任务介绍了原料气合成所需主要设备的种类、原理、结构、易出故障及处理方法。重点介绍了合成核心设备——合成塔，对其结构特点，中小型合成氨厂、大型合成氨厂合成塔使用进行了详细介绍。通过本任务的学习，了解合成所需设备及各设备的作用、原理、结构特点。

任务要求

➤ 了解原料气合成所需主要设备。
➤ 掌握合成塔的特点、分类、生产对合成塔内件的要求。
➤ 了解中、小型合成氨厂常用合成塔内件情况。
➤ 掌握水冷器、氨分离器、氨冷器、冷凝塔的作用。

任务分析

合成反应的进行要通过一定的设备来完成，对设备的了解和掌握是控制合成操作的重要环节。

理论知识

生产中氨合成工序包括：氨的合成反应，反应热量回收，生成气氨的冷却与分离，未反应气体的循环压缩，生成液氨的储存，惰性气体的移除。要完成上述工序，需用氨合成塔、废热锅炉、冷热交换器、氨蒸发器、分离器、循环机等设备。

一、氨合成塔

氨合成塔是合成氨生产的关键设备，其作用是使氢氮混合气在催化剂存在的条件下反应生成氨。

1. 氨合成塔的特点

氨合成是在高温、高压及催化剂存在的条件下进行的。高温、高压下，氢气、氮气对碳钢设备有明显的腐蚀作用。氢造成的腐蚀有氢脆和氢腐蚀。氢脆是指氢溶解于金属晶格中，使钢材在缓慢变形时发生脆性破坏；氢腐蚀是指氢渗透到钢材内部，使碳化物分解并生成甲烷，甲烷聚积于晶界微孔内形成高压，导致局部应力集中，沿晶界出现破坏裂纹，有时还会出现鼓泡，从而使钢材的结构遭到破坏，机械强度下降。温度超过221℃、氢分压超过1.4MPa，氢腐蚀就开始产生。

$$Fe_3C + 2H_2 \Longrightarrow 3Fe + CH_4 + Q$$

氮造成腐蚀的原因是氮腐蚀，即在高温、高压下，氮与钢中的铁及其他很多合金元素生成硬而脆的氮化物，导致金属机械性能降低。

为避免氢、氮腐蚀合成塔，实际生产中就必须使承受高温的部件不承受高压（如内件），承受高压的部件不承受高温（如外筒），氨合成塔通常都由内件和外筒两部分组成。

氨合成塔内件包括下列部件。

① 催化剂筐是装填催化剂的容器。为了移出反应热，使反应温度按理想状态分布，筐内设有冷却装置，如冷管或冷激气管或水冷盘管等。催化剂筐内气体的流向有轴向的、有径向的。

② 热交换器的作用是使进催化剂床层的气体被加热到起活温度。其结构有列管式、螺旋板式、波纹板式。

③ 电加热器的作用是在催化剂升温还原或系统不正常情况下，为进催化剂床层气体提供热量，中、小型氨合成塔使用，大型氨合成塔的内件一般不设电加热器，而是由外加热炉供热。

④ 热电偶温度计是测量催化剂床层温度的装置。

⑤ 冷气副线用于调节催化剂床层的温度。

2. 氨合成塔的分类

从氨合成反应的原理可知，为获取尽可能高的反应平衡氨浓度和尽可能快的反应速率，催化剂床层内的温度应按理想状况分布，即由高而逐渐下降。氨合成反应是放热的，若不移出反应热，则催化剂床层温度会越来越高，不利于氨的合成，而且还会使催化剂过热而失活，所以反应热需要不断移出。

氨合成塔内件形式很多，按其反应热移走的方式进行分类，目前常用的有冷管式（冷管气流连续换热式）、冷激式（多段冷激式）和段间换热式三种塔型。

（1）冷管式　在催化剂床层设置冷却管，反应前温度较低的原料气在冷管中流动，移出反应热，降低反应温度，并将原料气预热到反应温度。优点是接近最适宜温度曲线，氨净值较高。缺点是比冷激式结构复杂，冷管占据了部分空间，催化剂装填量少。根据冷管的结构不同，分为双套管、三套管、单管等。冷管式合成塔结构复杂，一般用于直径为 $600\sim1200mm$ 的中、小型氨合成塔。

（2）冷激式　一般多用于大型氨合成塔，近年来有些中、小型合成塔也采用了冷激式。将催化剂分为多层（一般不超过 5 层），气体经每层绝热反应后，温度升高，通入冷激原料气与之混合，温度降低后再进入下一层。冷激式合成塔优点：一是结构简单，催化剂床层内每段除了冷热气混合分布器之外，没有其他部件；二是催化剂装填得多，利于反应。缺点：加入未反应的冷原料气，降低了氨合成率；操作弹性小，总气量、冷激气量、温度、氨含量关联太密切和太灵敏，以致操作调节的速率难以跟上温度变化速率；热回收率较低。

（3）段间换热式　在催化剂床层间设置间接换热器，绝热反应一次，温度升高，在换热器内冷却，再绝热反应。它的优点是在段数多的情况下，反应接近最适宜温度曲线。段数越多越接近。因而反应速率越快，相同产能的氨净值越高，但它的缺点是换热器占了一定的空间，催化剂装填量少，且段数越多，催化剂越少。例如三段段间换热器内件，比其他形式的三段内件要少装 $15\%\sim25\%$ 的催化剂量。

按气体在塔内的流动方向不同，氨合成塔可分为三类。

（1）轴向塔　气体沿塔轴向流动的称为轴向塔，该种塔阻力较大。如凯洛格（Kellogg）四层轴向冷激式氨合成塔全塔压降为 $0.7\sim1.0MPa$。

（2）径向塔　气体沿半径方向流动的称为径向塔。径向合成塔最突出的特点是气体呈径向流动，路径较轴向塔短，而流通截面积则大得多，气体流速大大降低，故压降很小。当使用 $1.0\sim3.0mm$ 的小颗粒催化剂时，气体通过催化剂床层的压降只有 $0.01\sim0.02MPa$，全塔压降仅为 $0.25MPa$，大大降低了循环压缩机的功耗。使用小颗粒催化剂的径向塔，对于一定的生产能力，催化剂所需量较少，故塔径小，造价低。

（3）轴径向塔　反应气体既有轴向流动，又有径向流动，故称为轴径向塔。其目的是降低阻力，一般用于大直径塔型。对于小直径塔而言，结构太复杂。

中、小型氨厂一般采用冷管式合成塔，近年来开发的新型合成塔，塔内既可装冷管，也可采用冷激，还可以应用间接换热。大型氨厂一般为轴向冷激式合成塔。

3. 氨合成塔的基本要求

氨合成塔是合成工序最重要的设备，其对合成氨净值、电耗、操作平稳性、安全、催化剂使用效果等有很大影响。氨合成塔除了在结构上应力求简单可靠，满足高温高压的要求外，在工艺上对氨合成塔内件结构有下列要求。

（1）单塔生产能力高　氨合成塔生产能力就其本身来讲，取决于其内件中催化剂装填量、催化剂的活性和使用寿命。这就要求氨合成塔的结构合理，充分利用高压容器的空间，尽量多装催化剂。

（2）使用生产强度大的催化剂　氨合成催化剂的生产强度是指单位体积的催化剂每天能

生成的氨量，单位为 t NH_3/(m^2 催化剂·d)。催化剂的生产强度取决于催化剂表面上氨合成反应速率，除了有适宜的反应气体组成外，主要使催化剂床层的温度分布尽量接近最适宜温度曲线。因此需要有合理的移热装置，此外，内件结构应使气体分布均匀，催化剂床层同一截面上温度均匀，温差小。

（3）反应热利用率高　氨合成反应是一个可逆放热反应，热效应约为 $3.2×10^6$ kJ/t NH_3。较好地回收利用氨合成反应热，此部分热量应尽可能用来副产高品位的蒸汽，供全厂利用。

（4）流体阻力低　合成系统阻力的大小直接影响到合成氨生产能力和消耗定额。一般轴向氨合成塔的阻力约占合成系统阻力的一半，轴向氨合成塔的阻力约70%是在催化剂床层上，因而降低催化剂床层的阻力尤其重要，降低阻力是氨合成塔生产能力能否提高的关键之一。同时，降低合成塔阻力，可更好地保护合成塔内件，避免过大的阻力将催化剂筐筒体压扁破坏而造成事故。

（5）便于调节和控制　在正常操作时能维持催化剂床层的热平衡和温度的合理分布，能适应较大幅度工艺条件的波动。

（6）结构简单　制造容易，成本低，装卸催化剂容易。

4. 中、小型氨厂氨合成塔

中、小型氨厂冷管式氨合成塔使用较多，冷管式氨合成塔催化剂床层内设置冷管，未反应的冷气体进入冷管，通过间壁换热将催化剂床层内的反应热移出，而后进入催化剂床层反应。这种移热方法又分为逆流式、错流式、并流式三种。

（1）双套管并流式氨合成塔　双套管并流式氨合成塔由外筒和内件两部分所组成。该塔优点是催化剂易升温还原，内件结构可靠，操作较稳定，基本上能适应操作条件的变化。缺点是传热面积较大，"零米温度"难以提高，氨净值较低，生产能力也较低。

由于内冷管中气体与环隙中气体换热，使进入环隙中的气体温度提高，减小了与催化剂床层的传热温差，导致反应初期冷却段上部排热量与放热量不适应，床层温度持续上升，热点位置下移。到反应后期，由于反应速率降低，放热量相应减少，气体间的平均温差减小，而环隙中气体温度较高，传热温差减小，放热量与排热量相适应，较接近最适宜温度曲线。图9-3为双套管并流式催化剂床层及轴向温度分布。

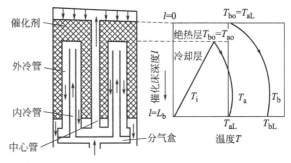

图9-3　双套管并流式催化剂床层及轴向温度分布

由图9-3分析可知，由于催化剂床层与双套管环隙中的气体间平均温差减小，降低了传热强度，按相同的热量计算，要求传热面积增加。冷管传热面积增大会使其占有较多的空间，导致催化剂容积利用系数降低。另外冷管环隙气体与内冷管气体的换热导致催化剂床层进口温度难以提高，影响了绝热段催化剂活性的发挥。

（2）三套管并流式氨合成塔　三套管并流式氨合成塔的结构如图9-4所示，它由外筒、上下封头和内件所组成。外筒是一个多层卷焊或锻造的高压圆筒，操作压力为32MPa，筒体内径为800~1200mm。筒体上封头上设有电加热炉的安装孔和热电偶温度计的插入孔，筒体下封头上开有气体出口及冷气入口。三套管并流式内件的特点是增强了传热和改善了催化剂床层的轴向温度分布，克服了催化剂的局部过热和过冷，更加充分地发挥了催化剂的性能，强化了生产，提高了生产能力。内件上部为催化剂筐，筐的中心管内悬挂着电加热炉，

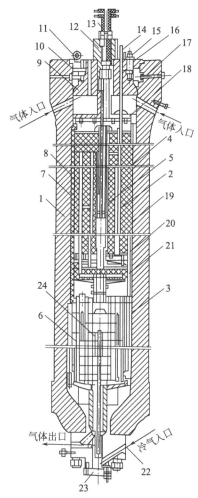

图 9-4　三套管并流式氨合成塔

1—外筒体；2—催化剂筐；3—热交换器；4—电加热炉；5—催化剂；6—热交换管；7—三套管内管（双管组成）；8—三套管外管；9—上盖；10—压瓦；11—支持圈；12—电炉小盖；13—导电棒；14—温度计外套；15—压盖；16,17—螺栓；18—催化剂筐盖；19—中心管；20—多孔板；21—分气盒；22—下盖；23—小盖；24—冷气管

下部为热交换器，中间为分气盒。催化剂筐由合金钢板焊接而成，外包石棉或玻璃纤维保温层，保温层可以防止内件大量散热，使催化剂床层温度下降，同时可降低外筒内壁的温度，防止外筒的内、外壁温差过大，而产生巨大的热应力和加剧氢气的腐蚀作用。催化剂筐盖焊在催化剂筐上部，防止泄漏。在催化剂床层中下部装有数十根冷管，顶部为不设置冷管的绝热层。冷管由内、外管所组成。内管焊接在分气盒的隔板上，由双管组成，上端焊死，下端敞开，中间形成"滞气层"，所以传热能力小。外管焊在分气盒的顶盖上，为一根单管，这样一组冷管由 3 根管子组成，故称为三套管。此外，筐内还装有两根温度计套管和一根用来装电加热炉的中心管。

电加热炉由镍铬合金制成的电炉丝和瓷绝缘子组成。当催化剂进行升温还原、停车后开车、操作不正常催化剂床层温度低时，需开启电加热炉。电加热炉热量的调节是通过调节塔外电压调节器实现的，电压调高电加热炉发热量增加，电压调低电加热炉发热量减少。

三套管"滞气层"的热导率很小，起着隔热作用，冷气自下而上地流经内衬管的温升很小，一般 3～5℃。这样内冷管仅起导管作用，冷气体只是流经内、外冷管之间环隙时才受热，有效传热面积是外冷管，内、外冷管间环隙最上端温度略高于换热器出口的气体温度，至环隙最下端温度略低于进入催化剂床层的气体温度，所以冷套管顶部催化剂床层的温度差很大，从而增强了冷却效果，使冷管的传热量与反应过程放出的热量相适应。反应后期放热量减小，但传热温差减小，床层温度缓慢下降。整个床层温度较好地遵循了最适宜温度曲线。同时催化剂床层入口温度较高，能充分发挥催化剂的活性。与双套管并流式内件相比，可实现增加 5%～10% 的产量。

5. 大型氨厂氨合成塔

冷激式氨合成塔分为轴向塔与径向塔。

（1）轴向冷激式合成塔　轴向冷激式合成塔是将催化剂床层分为若干段，在段间通入未预热的氢、氮混合气直接冷却。典型的为凯洛格四层轴向冷激式氨合成塔，塔外筒形状呈上细下粗的瓶式，在缩口部位密封，克服了大塔径不易密封的困难。内件包括四层催化剂、层间气体混合装置（冷激管和挡板）及列管式换热器。

气体在氨合成塔内的流程：气体由塔底部封头接管进入塔内，经催化剂筐和外筒之间的环隙，向上流动以冷却外筒，再经过上部热交换器的管间，被预热到约 400℃ 进入第一层催化剂床层进行绝热反应。经反应后气体温度升高至约 500℃，在第一、二层间，反应气与冷激气混合降温，然后进入第二层进行催化绝热反应。以此类推，最后气体从第四层催化剂床层底部流出，折流向上通过中心管进入热交换器的管内，换热后由塔顶排出。

该塔的优点：用冷激气调节床层温度，省去许多冷管，结构简单可靠、操作平稳方便等，合成塔筒体与内件上开设人孔，催化剂装卸时不必将内件吊出，催化剂装卸也比较容易，外筒密封在缩口处，法兰密封易得到保证。

该塔的缺点：因内件无法吊出，致使塔体较重，运输和安装较困难，维修与更换零部件极为不便，催化剂筐外的保温层损坏后很难检查、维修；塔的阻力较大，冷激气的加入，降低氨含量，使氨合成率低。

（2）径向冷激式合成塔　径向中间换热式合成塔是 20 世纪 70 年代后期，世界能源出现短缺，托普索（TopscDe）公司改进原两段径向合成塔结构的设计，采用中间冷气换热的托普索 S-200 型内件而形成的。

进塔气体流程：气体从塔顶进入，向下流经内外筒之间的环隙，再进入下部换热器的管间，冷气副线由塔底封头接口进入，二者混合后沿中心管进入第一催化剂床层。气体沿径向呈辐射状流经催化剂床层后进入环形通道，在此与由塔顶来的冷激气混合，再进入第二段催化剂床层，从外部沿径向向里流动，最后由中心管外面的环形通道向下流经换热器管内从塔底流出塔外。

该塔的优点：用床层间换热器代替了有层间冷激的内件，与轴向冷激相比不存在因冷激而降低氨浓度的不利因素，可使合成塔出口氨含量有较大提高；生产能力一定时，减小了循环量，降低了循环气功耗和冷冻功耗；采用大盖密封便于运输、安装与检修等。

该塔的缺点：在结构上比轴向冷激式氨合成塔稍复杂。该塔关键是如何有效地保证气体均匀流经催化剂床层，防止气体偏流。

6. 氨合成塔的使用和维护

氨合成塔内件是由合金钢焊接而成的，内件又是由各部件焊接成的，焊缝较多，进出氨合成塔的气体温差较大（高达 200～300℃），特别是系统不正常时，内件要承受很大的压力，内件焊缝处易出现开裂；操作不当时内件外保温脱落造成气体偏流，合成塔外筒温度超标。氨合成塔是全厂的核心设备，一旦损坏严重影响生产，所以要重视氨合成塔内件的维护，使用中要注意如下问题：

① 严格控制各项工艺指标，防止超温、超压运行。

② 氨合成塔升降压、升降温应严格按规定进行，不得波动太大，杜绝压力猛升猛降。

③ 严防液氨和气体入塔，使内件短期内温度剧烈变化而损坏。

④ 调节合成塔负荷、开关塔副线、循环压缩机副线等操作，不宜过猛。

⑤ 开关阀门应注意防止气体倒流，并缓慢进行。

⑥ 开电加热器时，必须先开循环压缩机送气，防止电炉丝过热。

⑦ 氨合成塔停塔时，必须保持塔内正压，防止空气流入，烧坏催化剂。

⑧ 定期检查阀门、丝杆、管道，清除跑、冒、滴、漏和振动。

7. 氨合成塔易发故障、原因与处理

氨合成塔常见故障、原因、处理方法见表 9-3。

表 9-3　氨合成塔常见故障、原因、处理方法

序号	故障	原因	处理方法
1	合成塔气体外泄漏（大盖小盖、下盖、热电偶导电棒处、气体管道与塔体连接法兰）	安装时螺栓拧紧的力量不够、螺栓拧紧的力量不均匀，塔的操作压力、温度波动大等	降低压力，紧固漏点处螺栓，若该处理仍不行，停车继续降低压力处理
2	合成塔气体内泄漏（包括催化剂筐顶盖泄漏、塔内换热器管板换热管泄漏、热电偶套管泄漏、冷管泄漏、合成塔上部下部填料泄漏）	与这些部件加工焊接质量、安装质量、操作情况有关	根据情况加负荷或停车处理

续表

序号	故障	原因	处理方法
3	合成塔塔壁温度高	(1)仪表系统有故障,测量不准 (2)安装时外筒壁间隙不均匀、进塔气体流量少、内件外保温效果不好、内件外保温脱落、内件变形等	(1)处理仪表系统 (2)根据情况加负荷或停车处理
4	合成系统阻力大	(1)仪表系统有故障,测量不准 (2)系统阀门阀头脱落或堵塞,系统滤油器、冷凝塔有结晶堵塞,氨合成塔阻力大	(1)处理仪表系统 (2)根据不同情况排除障碍物,必要时更换或检修内件

　　氨合成塔是合成工序的重要设备,因结构复杂,焊缝较多,安装要求严格,使用过程中压力较高、温度较高,加减负荷频繁等原因,氨合成塔易出现故障,轻则影响产量、消耗,严重时生产无法维持。

二、水冷器

　　水冷器是合成气的冷却设备,作用是用水间接冷却合成塔出口的高温气体,使200℃左右合成气体温度降至35℃左右,这时有部分气氨冷凝为液氨。水冷器结构有喷淋式、套管式和列管式。

　　(1)喷淋式水冷器　喷淋式水冷器由高压无缝钢管弯成,可自由伸缩,一般多组并联使用。从合成塔出口来的热气体,进入水冷器入口气总管然后进入各排管管内,气体向上流动,最后由上部集气管流出水冷器。水冷器的顶上安置有锯齿形边缘的水槽,水由上而下喷淋,下面设有水收集槽。喷淋式水冷器的优点是:构造简单,检修和清洗比较方便,对水质要求不高。缺点是:占地面积很大,露天安装,冷却过程生成大量的水蒸气,对高压管道及附近设备有腐蚀作用;冷却水分布不均匀,溅失较多,水利用率低,废热也无法回收利用。

　　(2)套管式水冷器　套管式水冷器由双套管组成,内管为高压管,外管为低压管。高温合成气由上部进入高压管内,从下部出来去氨冷器。冷却水自下而上在外管与内管的环隙流动,冷却高压管内的合成气。内外管间的环隙很小,水流速度快,传热效率较高。一般在上部几排,因合成气体温度较高,所以采用软水冷却,软水经加热后送给锅炉使用,这样既可回收部分废热,又可防止高压管的外壁在高温下结垢。套管式水冷器传热效率较高,可回收一部分热量,对水质的要求较高。

　　(3)列管式水冷器　列管式水冷器由筒体、小直径高压管及高压封头组成。高压气体从高压列管内通过,冷却水在管间流动,与高压气体换热。列管式水冷器的优点是占地面积小,传热效率高。缺点是结构比较复杂,清洗比较困难,冷却水质要求高。

三、氨分离器

　　氨合成塔出来的高压合成气中的氨需要从高压合成气中分离出来,其方法就是通过降低合成气温度,使其中的气氨转化为液氨,液氨从高压合成气中分离出来。工业生产中实现液氨分离的设备就是氨分离器。氨分离器的结构有多层同心圆筒式和填充套筒式等形式。多层同心圆筒式氨分离器由高压筒体和内件两大部分组成。内件由四层同心圆筒组成,圆筒壁上沿径向开有很多长方形孔,且每层孔的位置相互错开,使气体穿过各层圆筒时改变方向,增加气体停留时间。带有液氨的混合气由筒体上部侧面进入,沿筒体及套筒的环隙向下流动。当气体出环隙到达筒体中部时,流速降低,气体中颗粒较大的液氨因重力作用而下降。气体即从内件最外层圆筒上的长方孔进入,顺次曲折流经第二、三、四层。由于气体不断改变方向及与圆筒壁撞击,则有更多的液滴被分离,较小的液滴也会凝聚长大,都沿着圆筒流下。分离后的高压混合气体从中心圆筒上部出去经筒体上部侧面流出。分离下来的液氨积存在分离器底部,通过排出阀门控制排入氨槽。填充套管式分离器是在高压外套里面套入一圆筒形内套,内套的外壁绕有螺旋式导向管，内部装有拉西铁环填料，待分离的高压合成气由顶部顺内外筒的环隙沿导向管盘旋而下，至分离器底又折流而上，经填料阻挡后从上部流出。在上述流动过程中，液氨因重力及填充物填料的阻挡滴至器底，完成液氨与高压混合气体分离。

四、氨冷器

氨冷器的作用是利用液氨蒸发吸热，将经过水冷后的循环气进一步冷却，使气体中残留的气氨部分继续冷凝下来。

氨冷器分立式和卧式两种。立式氨冷器由外筒和高压蛇管组成，外筒是钢制的中压圆筒，有数层具有同心圆的高压蛇管放置于中压圆筒内，高压蛇管上下端分别与气体进出口总管相连。氨冷器上面设有液氨除沫器，用以除去出氨冷器气氨中所夹带的液氨雾滴。

五、冷凝塔

冷凝塔又称冷热交换器，具有换热与分离作用。其由高压外筒和内件组成，内件的上部是一个列管式热交换器，下部为一氨分离器。气体在冷凝塔内的流程为：滤油器来的循环气，自冷凝塔顶盖处进入塔内列管式热交换器管内，将热量传给管间的来自氨冷器出口的冷气体，回收部分冷量，使自身温度降低至 $10\sim20℃$。然后气体在分气盒汇合，经中心管向上从塔盖上的出口去氨冷器。气体在氨冷器进一步冷却后，出氨冷器进入冷凝塔下部氨分离套筒的中心管，气体从中心管的小孔出来，经各套筒的矩形缝隙曲折流动，因重力沉降及套筒阻碰液氨被分离出来。被分离下来的液氨自塔底的出口排出，气体则进入上部热交换器的管间，被管内的气体加热至 $30℃$ 左右后，从塔上部的出口送到合成塔。

任务小结

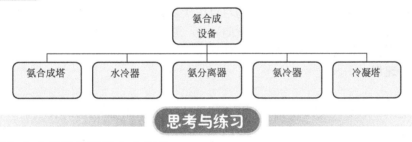

思考与练习

1. 原料气合成所需主要设备有哪些？
2. 氨合成塔内件一般包括哪些附件？
3. 工艺上对合成塔内件有什么要求？
4. 氨合成塔内件正常使用中应注意哪些问题？

任务三　控制原料气合成条件

任务目标

能通过合成塔温度、压力、空间速度及进塔气体成分等控制条件的变化对原料气合成的影响，从氨合成反应的基本原理的角度分析，得出氨合成反应所需原料气最佳条件，从而使学生掌握氨合成反应原料气合成条件的控制方法。

任务要求

➤ 了解控制进合成塔原料气合成条件的目的。
➤ 掌握进合成塔原料气控制的条件。

➢ 掌握各个控制条件对氨合成的影响。
➢ 能说出空间速度的定义。
➢ 知道各个控制条件常用的指标。

任务分析

要想使合成反应顺利进行，必须在适宜的温度范围内，合成催化剂才能有较好的反应活性；根据氨合成反应的化学方程式及化学平衡原理可知，提高反应压力有利于氨合成反应向正方向进行，但考虑到对设备材质、工艺操作、安全生产及经济性的要求，氨合成反应在一定的压力条件下最为安全经济；空间速度的高低对氨合成生产的影响有利有弊，合理的空间速度有利于提高合成氨产量；根据氨合成反应的化学方程式可知，H_2和N_2是氨合成反应的有效成分，且在$H_2：N_2＝3：1$的条件下反应最为有利，但由于生产工艺条件的限制，氨合成原料气中含有CH_4等无效气体，且受实际生产工况条件下各种因素的影响，氨合成不可能达到理想的平衡状态，因此氢氮比在不同的工艺条件下有所不同，实际生产中根据不同情况一般控制在2.2～2.8较为合理。因此，要想在合成氨系统设计生产能力一定的条件下获得较高的合成氨产量，必须控制氨合成原料气合成条件。

理论知识

在设备一定的情况下，要想达到最佳的生产条件和获得较好的经济效益，氨合成岗位操作应努力实现最佳的工艺条件：氨净值尽可能高，反应速率尽可能快，电耗及新鲜气消耗尽可能低，操作方便，安全可靠，以求达到尽可能大的设备生产强度。

影响氨合成工艺条件的主要因素是空间速度、反应温度、合成压力和气体组成等，因此以上几方面就是控制氨合成原料气合成条件的主要目标。

一、空间速度

1. 定义

合成氨生产中的空间速度是指单位时间内通过单位体积催化剂的气量，简称空速，用V_{sp}表示，单位为h^{-1}。

由于氨合成反应是体积缩小的反应，因此合成塔出口气量比进口气量少，所以有进口空速与出口空速之分，一般所讲的空速是指进口空速。

催化剂生产强度是指单位时间内单位体积催化剂所生产合成氨的产量，单位为 kg $NH_3/(m^3cat \cdot h)$，也称催化剂生产能力。

2. 空速的选择

在一定的温度和压力下增大空速，使气体和催化剂的接触时间缩短，单位体积气体所生成的氨量减少，氨净值下降，但适当增大空速，单位时间内气体经过合成反应的次数增多，可使合成氨产量增加。增大空速对提高催化剂的生产能力的作用十分明显，提高空速，使催化剂生产能力提高。

但空速提高，也会因循环气量的增加而造成循环机的负荷和塔后气体的冷却水量增加，从而增加动力消耗，同时因反应后气体中的氨含量降低，增大了氨的分离难度，若空速过高，则催化剂床层温度难以维持而垮温。

所以，权衡催化剂生产强度与经济效益的关系，选择合理空速，以达到最佳的经济效益。目前 30MPa 的中压法氨合成塔，空速一般为 20000～30000h^{-1}、氨净值为 13％左右较为合适；而对于余热回收型的氨合成塔，以空速 15000～20000h^{-1}、氨净值为 15％左右较为合适；大型合成氨厂为了充分利用反应热，降低功耗并延长催化剂的寿命，通常采用较低的空速，如操作压力为 15MPa 的轴向冷激式氨合成塔，以空速 10000h^{-1}、氨净值为 10％左右较为合适。氨合成压力高，反应速率快，空速可高一些，反之可低一些。

在实际生产中，需使合成系统设计能力比生产能力高一些，使空速适当低一点，以求较好的经济效益。

二、反应温度

1. 温度范围

从反应原理可知，为提高氨合成的反应速率，须使反应在较高的温度下进行。但从化学平衡的角度出发，在不增加系统冷却量的情况下得到较高氨净值，则反应须在较低的温度下进行。因此，为使反应具有工业生产意义，必须在综合考虑设备、工艺条件特别是最佳经济效益的情况下，选择合适的生产温度。

在目前工艺条件下，由于氨的合成反应须在催化剂存在条件下才有工业生产意义，因此氨合成反应温度就有了一定限度，这就是催化剂的活性温度范围。如 A106 催化剂的活性范围温度为 400～520℃，A201 催化剂的活性范围温度为 360～490℃，A301 催化剂的活性范围温度为 320～500℃。若低于活性温度下限，则反应速率很慢，生产难以进行，若高于活性温度上限，则因过热使催化剂活性减退，甚至使催化剂烧结而影响生产的正常进行。

由于催化剂生产工艺和有效成分含量不同，不同的催化剂，有不同的活性温度范围。同一种催化剂在使用过程中，由于受补充气体中有毒气体、油污及生产过程中其他工艺条件的影响，催化剂活性不断降低，即催化剂老化，因此，催化剂在不同的使用阶段，其最适宜操作的活性温度也有所不同。

在催化剂使用初期，因其活性较强，反应温度就可以维持在相对较低的温度。随着催化剂使用时间的延长，其活性逐渐减弱，反应温度就要逐步提高。此外催化剂最适宜的温度还与合成系统压力、空间速度等工艺条件有关。在压力高、空速大的情况下，反应温度就需要相对维持高些，反之，反应温度就要维持相对低些。

在一定空速下，开始时氨产率随温度的升高而增加，达到一最高点，温度再升高，氨产率反而下降。不同的空速都相应有一个最高点，也就是最适宜温度。为了获得最大的氨产率，合成氨的反应温度应随着空速的增大而相应的提高。在空速不变的情况下，增大压力，氨合成反应的化学平衡向正方向进行，反应速率加快，氨产率提高，最适宜温度也相应提高。实践证明，氨合成操作温度控制在 470～520℃较为适宜。

2. 催化剂床层温度分布的理想状态

催化剂床层温度对合成氨反应平衡和反应速率的影响具有双重性，因为在反应开始时，反应气体中 H_2、N_2 的浓度最高，NH_3 浓度最低，远未达到平衡状态，不需考虑反应平衡的问题，此时应尽可能提高反应温度，以获得尽可能高的反应速率。当反应进行到催化剂床层底部时，反应物系中 H_2、N_2 浓度降至最低，NH_3 浓度升到最高，离平衡状态较近，此时应降低温度，以求尽可能高的平衡转化率，即求得尽可能高的氨净值。因此，为了达到最佳的生产条件，催化剂床层温度分布的理想状态，应为反应由始至终，温度逐渐降低，这样方可自始至终得到较高的反应速率。总之，反应温度应先高后低。

3. 轴向冷管换热式合成塔的催化剂床层温度实际分布

由于进入催化剂床层气体的温度提高是靠氨合成的反应热来达到的，根据工艺条件需要，进入催化剂床层气体的温度较低，进入催化剂床层时气体的温度不可能达到反应所需的最高温度。因此，气体进入催化剂床层后，先经过一段绝热层，使温度很快升高，以使中下部催化剂床层温度尽可能达到理想分布状态。这样，催化剂床层内的温度实际分布是按低—高—低状态分布的，理想的温度分布情况是热点位于催化剂层最顶部。显然，实际上达不到这样的理想状态，但为了达到理想的反应条件，应使热点位置尽可能在催化剂床层上部。热点位置受冷管传热面积大小、催化剂活性高低等工艺设备条件影响而有所不同。最极端的情况是，温度分布与理想情况相反，热点处于催化剂层最底部，这是由冷管传热面积太大及催化剂活性很差所造成的。

三、合成压力

在合成氨生产过程中，合成系统的压力是决定其他工艺条件的前提，是决定生产强度和技术经济指标的主要因素。

由氨合成反应方程式可知，提高操作压力使氨合成反应的平衡向正方向移动，同时反应速率加快。在空速一定的情况下，氨合成系统操作压力提高，反应速率加快，出口氨浓度提高，氨净值也就提高。同时，氨合成系统压力提高，设备生产强度加大，合成塔的生产能力也就增大，并有利于简化分离流程。

氨合成操作压力过高（58MPa以上）时，对氨合成系统设备（包括压缩机）材质要求较高，合成塔需用高镍合金钢等特殊材料，且设备制造困难；同时由于氨合成率高，催化剂床层内热量不易移出，使催化剂始终处于高温操作，易失去活性，一般几个月就需要更换催化剂，这就影响设备能力的发挥。

氨合成操作压力过低（15MPa以下）时，对氨合成系统设备（包括压缩机）的材质及制造要求降低，生产管理也相对容易。但氨合成塔出口氨含量较低，只有8%～10%，催化剂生产能力降低，同时氨冷凝分离困难，循环气需冷却至$-20℃$以下，因此冷冻设备的负荷大大增加，生产成本反而升高。

生产上操作压力的选择主要涉及氢氮气的压缩功耗、循环气压缩机的功耗和冷冻系统的压缩功耗，从经济效益的角度考虑，操作压力的选择，必须使总功耗最低。提高压力，循环气压缩功耗和氨分离冷冻功耗减少，而氢氮气压缩机功耗却大幅度增加。当操作压力在20～30MPa时，总功耗较低。

适宜的合成压力是相对的，合成压力的选择需考虑多方面的因素。

根据我国目前的工业水平、催化剂性能、压缩机形式等，考虑生产的经济性，合成压力宜采用20～32MPa，国内合成氨系统采用设计压力31.4MPa的较多。但随着氨合成技术的进步，采用压力较低的径向氨合成塔，装填高活性的氨合成催化剂，都会有效地提高氨合成率，降低功耗。

四、气体成分

此处的气体成分指的是入塔循环气体组成，在其他条件一定的情况下，要想获得较高的氨产率，达到较为理想的合成氨产量，必须合理控制入塔循环气体成分，主要包括氢氮比、惰性气体含量和氨含量等。

1. 循环气中的氢氮比

从化学平衡的角度而言，为获取最高的平衡氨含量，须使循环气中的氢氮比等于3。但在实际合成氨生产中，受各种因素的影响，反应状态离平衡状态较远，一般只能达到平衡状态的60%左右。这样，当氢氮比大于或小于3时，其对氨含量降低的影响程度就减小。从反应速率的角度而言，为获取最大的反应速率，对氢氮比的要求则随工况不同而不同。当反应处于过渡区（如催化剂颗粒的平均直径≥10mm）时，以氢氮比等于3为宜。实际生产中的大多数情况是反应受动力学控制，此时需氢氮比小于3。理论上氢氮比的数值应从反应开始时的1.5逐渐增大至平衡时的3。但实际上，当入塔气体中氢氮比小于3时，随反应进行，氢氮比不是增大而是减小，所以反应开始时的氢氮比不能是1.5，而应高些。又因为在生产中，反应未达到平衡，反应终止（出催化剂床层）时，氢氮比也不应为3，而应小于3。

由于生产中反应未达平衡，为兼顾化学平衡与反应速率的需要，宜维持入塔气中的氢氮比为2.5左右。合成氨厂常选择的控制指标是循环气的氢氮比为2.2～2.8。

2. 循环气中的惰性气体含量

受气化工艺的限制，新鲜气中除 H_2、N_2 等有效气体成分外，还不可避免地存在 CH_4 不参加合成氨化学反应的气体成分，即惰性气体。

惰性气体的存在对化学平衡和反应速率都不利，为了提高氨净值和反应速率，反应物系统中的惰性气体含量越低越好，而且，惰性气体含量低，冷量与循环机电耗也会减少。为了保持循环气中一定的惰性气体含量，主要依靠合成氨系统放空气量来控制。但为了降低新鲜气（或补充气）的消耗量，氨合成系统中惰性气体含量越高越好，因为惰性气体含量高，说明合成氨系统气体放空量小，有效气体成分损失也少。所以，惰性气体含量控制在一定范围内较为经济。

当操作压力较低、催化剂活性较好时，循环的惰性气体含量可保持高些，以保持在 $16\%\sim20\%$ 为宜，以降低新鲜气的消耗量；反之，循环的惰性气体含量应保持低些，以控制在 $12\%\sim16\%$ 之间较为合适。

实际生产中惰性气体含量控制指标为：在 $14.7MPa$ 流程中，循环气中 CH_4 含量 $>12\%$，在 $31.4MPa$ 流程中，循环气中 CH_4 含量 $>15\%$。执行原则是：合成系统压力未达指标时，则保持惰性气体含量高些，反之，宜保持惰性气体含量低些。

3. 进塔气体中氨含量

当其他条件一定时，入塔气体中氨含量越高，氨净值越小，生产能力越低；反之降低入塔气体中氨含量，催化剂床层反应的推动力增大，反应速率加快，氨净值增加，生产能力提高。入塔气体中氨含量的高低，取决于氨分离的方法。

冷凝法分离氨，入塔气体中氨含量与系统压力和冷凝温度有关。要想降低入塔气中的氨含量，则需降低氨冷温度，但这样使冷量消耗增大，在经济上不可取。因此，从经济效益的角度出发，进塔气体氨含量不是越低越好，而是控制在一个合理的范围内较为合适，通常情况下，在 $14.7MPa$ 流程中，进口 NH_3 含量 $\leqslant2.0\%$；在 $31.4MPa$ 流程中，进口 NH_3 含量 $\leqslant2.5\%$。

五、氨合成反应催化剂

氨合成反应须在催化剂作用下进行。氨合成催化剂为铁系。铁系催化剂的活性组分为 $\alpha\text{-}Fe$，未还原前的催化剂主要成分是 Fe_2O_3 与 FeO，此外还有促进剂 K_2O、CaO、MgO、Al_2O_3、CoO、SiO_2 等。

1. 催化剂的主要性能

工业生产中使用的氨合成铁系催化剂是一种具有金属光泽、带磁性的黑色不规则或球形固体颗粒，堆积密度一般为 $2.5\sim3.0kg/L$，孔隙率一般为 $40\%\sim50\%$。同一种催化剂其颗粒粒度越大，活性越低，还原时开始出水的温度及出水主期温度越高，压力降越小。一个合成塔所用催化剂的粒度是由两种或多种的氨合成催化剂的组合而定。

2. 催化剂的还原

氨合成催化剂活性的好坏，直接影响到合成氨的生产能力和能耗的高低。氨合成反应起催化作用的成分是 $\alpha\text{-}Fe$，使用前催化剂必须还原。

$$FeO + H_2 \Longrightarrow Fe + H_2O - Q$$
$$Fe_2O_3 + 3H_2 \Longrightarrow 2Fe + 3H_2O - Q$$

催化剂还原要达到催化剂晶粒小、比表面积大、还原彻底、还原过程中尽量减少反复氧化还原的目的，这样还原后的催化剂活性才高。

3. 催化剂的钝化

合成塔内件损坏，须进行更换，但催化剂的活性还很好，可继续使用，这时就必须将催化剂进行钝化。钝化是使催化剂外表面生成一层氧化铁薄膜，而内部仍为活性铁。钝化后的催化剂与空气接触时，则不再氧化。

钝化的方法是将合成系统压力降至 $0.5\sim1.0MPa$，催化剂温度降至 $50\sim80℃$，用 N_2 置换系统，然后逐渐导入空气，使氮气中氧含量在 $0.2\%\sim0.5\%$。在钝化过程中，放出的热量会使催化剂层温度上升，因此，应严格控制催化剂温度，一般应不超过 $130℃$。随着钝化过程的进行，将气体中的氧含量逐渐增加到 20%，而催化剂层温度不再上升，合成塔进出口气体中氧含量相等，说明钝化已完成。

4. 催化剂的中毒与衰老

进入合成塔的新鲜混合气，虽然经过了净化，但仍然含有微量的有毒气体（水蒸气、一氧化碳、二氧化碳、氧、硫及硫化物、砷及砷化物、磷及磷化物等）。这些物质能使氨合成催化剂中毒。水蒸气、一氧化碳、二氧化碳、氧可使催化剂暂时中毒；硫、砷、磷和它们的化合物及油雾使催化剂中毒以后，不能再恢复活性，可使催化剂永久中毒。

经长期使用后，催化剂长期处于高温之下，细小晶粒逐渐长大，表面积减小，活性下降；进塔气中含有少量引起催化剂暂时中毒的毒物，使催化剂表面不停地反复进行氧化还原反应。上述情况造成催化剂衰老，衰老到一定程度，就需更换新的催化剂。

任务小结

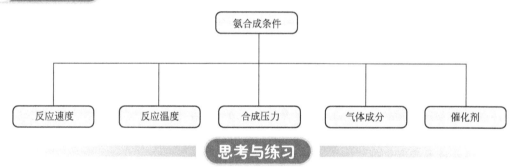

思考与练习

1. 氨合成反应控制的条件有哪几种？
2. 各种合成氨方式的使用空速是多少？
3. 氨合成催化剂适宜的反应温度是多少？
4. 氨合成反应适宜的压力是多少？为什么？
5. 氨合成反应控制的气体成分有哪几种？指标是多少？

任务四　原料气合成生产装置操作

任务目标

通过对原料气合成装置原始开车、正常开车、正常生产操作、正常停车、紧急停车步骤及常见问题原因分析和处理方法的学习，使学生掌握合成氨生产装置不同状态下的操作方法，能判断和处理常见问题。

任务要求

➤ 了解合成氨生产装置原始开车步骤。
➤ 掌握合成氨装置系统置换方法和合格标准。

➢ 说出合成氨生产装置正常开车步骤。

➢ 说出合成氨生产装置正常停车及紧急停车标准。

➢ 知道合成氨生产装置正常操作要点。

任务分析

合成氨生产装置的开车分为原始开车和正常开车，如果是新安装系统或老系统大检修结束后，要按照原始开车步骤进行操作，具体步骤包括：系统检查、系统吹净、试运转、催化剂装填、吹中心管装电炉丝、气密试验、系统置换、催化剂的升温还原、转入正常生产9个阶段。而正常开车相对简单，仅需系统检查、系统置换（如系统保压则不需要）、催化剂升温还原（如系统保温则不需要）、系统加负荷转入正常生产等几个阶段。

合成氨装置的正常操作主要是催化剂温度、塔出口温度、塔壁温度、系统压力及压差、原料气成分的控制。

合成氨装置的停车分为短期停车、长期停车和紧急停车，根据停车目的不同而停车方法有一定差异。

理论知识

一、原料气合成系统的开车过程操作

1. 原始开车

（1）系统全面检查　　当系统全部安装结束或大检修结束之后，应由公司技术部门组织生产、安全、车间等单位相关技术人员（如果是新建系统还需设计和施工单位参加），按照"三查四定"的原则（查设计漏项、查工程质量及隐患、查未完工程量，定任务、定人员、定时间、定措施）进行验收整改。

首先检查是否有漏项和未完成工程量。按图纸仔细核对装置内所有设备、管道、阀门、仪表与信号是否齐全，位置是否正确，并核对其型号、材质是否与技术文件要求相符等。

然后再按照技术规程和规范检查其安装质量，如管道、阀门是否按要求试压合格、管道焊接质量是否按要求检测合格等。

最后检查外部条件是否具备，如管道是否已接通、电源是否已接好、开车的技术文件（方案、图表等）是否已齐全等。

所有检查发现问题必须按要求整改并验收合格后方可进行下一步开车工作。

（2）系统吹净　　在设备、管道安装和检修的过程中，内部可能有灰尘、油泥、水分、铁屑、焊条及螺帽等杂物，开车前必须吹除，以免在开车过程中堵塞设备和管道，污染催化剂，影响电炉丝的绝缘。如果是新建的系统，每台设备、每根管道都要吹净，如果是大修后的系统，只需对检修的部分进行吹净。

吹净介质可用压缩空气，吹净时要按吹净流程图分段进行，即一台设备及其所连接管道吹净后，再按流程图向后一台设备和管道进行吹净，具体方法如下：联系生产调度员，通知压缩机送空气，送合成系统压力保持在3～5MPa。然后按吹净流程图分段进行系统吹净，在准备吹净的设备入口处、阀门前及流量计孔板处，都要将法兰拆开，装上盲板将阀门口挡住，以防杂质吹入阀体及设备内，一台设备或一段管道吹净后再连接法兰按流程图吹净下一台设备或下一段管道。如大修后氨合成塔已经装入催化剂，吹净时则应将塔与系统隔开，塔后吹净可由系统副线将气体导入。塔内装催化剂后最好用干净的氮气吹除催化剂粉末。吹净合格的标志是气流畅通，并用缠有白纱布的木棒在排气口试探，吹净2～3min，白纱布上没有杂质出现。吹净过程中做好记录，并严格按操作规程进行，严禁出现擅自改动吹净流程、更换吹净介质、提高吹净压力等违章行为。

（3）试运转　新建系统必须通过试运转，以检验设备的性能和安装质量，消除各种影响正常生产的工作问题，为以后的正常生产奠定基础。

试运转包括单机试车和联动试车。单机试车有循环压缩机及电加热炉的试运转、副产蒸气系统（包括高压水泵）试运转。联动试车是以空气或氮气为介质，在一定压力下进行全系统设备的联合试运转。单机试车一般是一台设备一台设备地进行，联动试车是在单机试车的基础上进行的模拟生产状态的试车过程。

循环压缩机单机试车包括电动机空运转、无负荷试车及有负荷试车，以检验电气和机械部分安装是否正确、运转是否正常等。电动机空运转方法是拆开电机和循环机机械部分的连接装置，通电使电动机单独运转，一般电动机空转试车时间为 $1\sim2h$；循环压缩机无负荷试车方法是使电动机和循环机机械部分同时运转，时间一般为 $6\sim8h$；全负荷运转方法是电机和机械部分运转的同时，以空气或氮气为介质，循环机加压至设计压力，时间一般为 $6\sim8h$。在试运转过程中，应经常检查各传动部分的温度是否超标、润滑情况是否良好、响声是否正常等，并检查进出口阀门是否有泄漏、前后填料是否有发热及漏气现象、进出口压差是否正常等情况。发现问题应停车处理，然后再重复试车直至合格。

电炉丝的单机试车方法是将电炉丝吊在塔外的特制钢架内，首先测量其绝缘电阻是否在指标范围内，合格后进行通电耐压试验；通过调压器输入电流，使电炉丝逐渐升温，测定不同电压、电流下电炉丝的温度，核算在不同温度下电炉丝的电阻系数，作为以后使用的依据。

单机试车合格后，即可进行系统的联动试车，试车要求如下：

① 检查循环压缩机的输入气量和在负荷下的工作情况。

② 检查系统各设备、管道和阀门安装质量及各处阻力和振动情况。

③ 检查各种仪表是否正确灵敏。

④ 检查与外工序联系的水、电、气等管路是否接好畅通。

⑤ 检查废热锅炉系统水泵的输送能力等。

（4）装填催化剂　氨合成塔装填催化剂是氨合成岗位一项重要的工作，如果催化剂装填不好，会直接影响到以后生产中催化剂床层阻力和温度分布的均匀性，对氨合成塔的生产能力有直接的影响。装填催化剂在联动试车合格后进行，如果是系统大修则在合成塔内件安装完毕后进行。催化剂必须严格按技术部门提供的方案进行装填，并做好装填记录。

（5）吹中心管装电炉丝　催化剂装好后盖好大盖，进行中心管吹净，气源可用空气或惰性气体。

具体方法为：首先调节好系统阀门，应关的阀门有各放氨根部阀、氨合成塔进出口阀、塔副阀、系统近路阀、各冷激阀、循环放空阀、塔前后放空阀、各排油阀等；应开的阀门有循环压缩机进出口阀，并检查合成塔顶有无杂物。合格后通知压缩送气，打开补气阀向系统充压至 $1\sim2MPa$，然后打开副阀或主气阀，轮流吹净，反复进行多次，最后用白布检查合格后停止补气，系统泄压后装电炉丝。

（6）气密试验　气密试验是指在规定的最高操作压力下，以静压试验系统中设备、管道的连接处有无泄漏。气密试验介质可用氢氮混合气、氮气或空气，用氢氮混合气试验时，压力可升至最高操作压力；用氮气或空气试验时，压力可低于最高操作压力。一般新建的系统，气密试验可分为两步进行。第一次试验是在系统吹净以后和用空气加压联动试车以前，这时氨合成塔的内件已装好，但催化剂还没有装入。用高压机送来的压力为 20MPa 左右（操作压力 31.4MPa 为例）的压缩空气，打开补气阀使空气送入系统，控制升压速率 $<0.5MPa/min$。在气密试验中，分为 5MPa、10MPa、15MPa、20MPa 四个升压阶段，在每个升压阶段都要仔细检查，当发现高压容器顶盖、管道法兰、高压阀填料等处有泄漏时，应

做下记号，停止送气，泄压处理，然后再加压试验。查漏一般可用耳听手摸的方法进行判断。对于细微的漏气，则可用肥皂水涂在设备或接管法兰处，以观察气泡出现来判明漏点。当系统中压力升至 20MPa，全面检查没有泄漏现象，且压力表上读数也不下降，并保压 2～4h，压降不超过 1MPa 时，即认为气密试验合格。试压合格后压力不必泄掉，可直接进行系统的联动试车。

第二次气密试验在合成塔催化剂已装好，并且系统以新鲜混合气置换合格后进行。分为 10MPa、15MPa、20MPa、25MPa、30MPa 几个升压阶段（最高压力为工作压力）。每次加压后应切断气源稍等一下，待各处压力均衡后进行检查和处理（检查和处理方法同第一次）。气密试验合格后，即可进行催化剂的升温还原工作。对于大修后的开车，只需进行第二次气密试验。

（7）系统置换　空气和合成氨系统补充气中的氢气、甲烷等可燃性气体混合，在一定范围内会形成爆炸性气体，同时空气中的氧在催化剂还原过程中会使催化剂氧化而影响催化剂的还原，所以合成氨系统在开车之前必须用氮气或新鲜氢氮混合气将系统内所有设备及管道内的空气排除干净，这个过程称为置换。

置换的方法是：将压缩机送来的 2～3MPa 的氮气导入系统，在塔后放空。然后反复充压、泄压几次，分析系统内气体中 O_2 含量＜2％以下时，视为置换合格。也可直接用新鲜气置换，分析系统内气体中 O_2 含量＜0.2％时视为置换合格。使用新鲜氢氮气置换时，绝对禁止启用电加热器，在排放气体时切不可猛开阀门，以免产生静电火花而发生爆炸。

（8）催化剂的升温还原　系统置换合格后即可进行催化剂的升温还原工作，催化剂的升温还原必须按公司技术部门提供的升温还原方案严格进行，并接受催化剂生产厂家技术人员的现场技术指导，操作方法如下。

① 准备工作。准备皮管，以备放水；准备好还原操作记录报表、文具用品和防护用品；准备氨水计量用磅秤一台，盛装氨水用桶若干；准备好分析药品和仪器；各种电气仪表检查合格；电气仪表、分析、操作等各类人员培训合格并到岗。

② 向合成氨系统加氨。因为如不加氨，催化剂还原出水时，由于氨冷温度较低会产生结冰事故，因此必须在催化剂升温还原前向系统加氨。加氨方法是：在气密试验合格后，将系统压力降至 0.5MPa，由液氨储槽送来液氨加进氨分离器（如有生产系统也可用生产系统循环气），加氨时间 5～10min。加氨完成后，打开补气阀补充新鲜气，当补气压力达到 5～6MPa 时，停止补气，按正常开车步骤启动循环压缩机系统循环，分析气体中氨含量为 5％左右后，启动电炉按升温还原方案要求开始催化剂的升温还原。

（9）转入正常生产　催化剂温度、出水量达到要求，催化剂按方案要求升温还原完成后，结合催化剂生产厂家技术人员，听公司生产调度通知，系统转入轻负荷生产。轻负荷生产达到要求时且系统各种条件具备后，听公司生产调度通知，系统逐步加负荷转入正常生产。

2. 正常开车

（1）开车前的准备

① 检查各设备、管道、阀门、分析取样点及电气仪表等是否正常完好。

② 检查系统内所有阀门的开、关位置是否符合开车要求。

③ 在生产调度人员的统一组织下，与供水、供气、供电部门及相关工序联系，做好开车准备。

（2）开车前的置换

① 系统未经检修处于保压、保温状况下的开车，不需置换。

② 系统检修后的开车，须先吹净，再气密试验和置换。

（3）开车

① 系统未经检修处于保压、保温状况下的开车。

a. 稍开补气阀，让系统缓慢充压（升压速率＜0.5MPa/min），待系统压力略高于合成塔压力后，开启合成塔主阀。

b. 按正常开车步骤，启动循环压缩机，开启系统近路阀及循环压缩机回路阀，气体循环。

c. 开启电炉，根据催化剂床层温度上升情况，逐渐加大电炉功率，并相应加大循环气量。

d. 催化剂床层升温采用调节电炉电流及系统气体循环量的方法，温度升至350℃前的升温速率为30～40℃/h。

e. 催化剂温度高于200℃，开启水冷却器，300℃时开启氨冷器，400℃时氨分离器及冷交换器开始放氨。

f. 当催化剂床层达到反应温度后，减慢升温速率，控制在5℃/h，逐渐加大补气量，缩小催化剂轴向温差。根据温度情况，逐渐减小电加热器功率直至停用电炉，系统转入正常生产。

g. 升温中如遇循环压缩机跳闸，应立即切断电炉丝电源，以免电炉丝烧毁。

② 系统检修后的开车。系统吹净、气密试验和置换合格后，按①的步骤进行。

二、原料气合成系统正常过程操作

原料气合成系统正常生产情况下的操作任务是：在补充气量一定的条件下，利用现有的生产装置取得尽可能高的合成氨产量和最好的经济效益。为此，应重点做好以下操作。

1. 催化剂床层温度

催化剂床层温度应力求稳定在催化剂适宜的反应温度范围内。在催化剂床层中温度最高、反应最为灵敏的那一点的温度称为热点温度，因此热点温度能全面反映出整个催化剂床层温度变化情况，所以在催化剂的不同使用时期，应根据热点温度的变化，对催化剂床层温度进行严格控制。

对于运行的氨合成塔，在一定的操作条件下热点温度取决于催化剂床层入口温度（也称零米温度）。零米温度的变化灵敏地影响整个催化剂床层温度（包括热点温度），所以操作时，应时刻注意零米温度的变化，并作预见性的处理，以维持热点温度的稳定。

实际操作中催化剂床层温度调节方法如下。

（1）改变循环量　正常操作时温度控制应以循环压缩机近路阀或系统副线阀来调节循环量为主。关小循环压缩机近路阀，循环机的输气量增加，循环气量增加，空速加大，催化剂床层温度降低，反之温度上升。开大系统副线阀，通过合成塔的循环气量减少，空速减小，催化剂床层温度上升，反之温度下降。

（2）调节合成塔副线阀、冷激副线阀　开大合成塔副线阀、冷激副线阀，气体不经合成塔下部换热器换热，进入冷管及催化剂床层的气体温度降低，使整个催化剂床层温度下降，反之，关小塔副线阀、冷激副线阀气量可使催化剂床层温度升高。在系统满负荷生产情况下，如空速加满，催化剂床层温度仍难以控制时，用塔副线阀和冷激副线阀调节比较方便。副阀、冷副线调节不得大幅度变动，否则会因催化剂床层温度急剧变化而易损坏合成塔内件。

（3）改变循环气中的惰性气体含量　提高循环气中惰性气体含量可降低氢氮气的分压，减弱氨合成反应，催化剂床层温度下降；反之，催化剂床层温度上升。用提高惰性气体含量来降低催化剂床层温度的办法一般不采用，因为此种方法调节缓慢，增加动力损耗，只有在采取前两种方法仍无效，且在系统压力不高的条件下才采用。在催化剂使用初期，因催化剂反应比较灵敏，温度波动较大，可适当提高惰性气体含量，抑制合成反应，稳定催化剂床层温度。

（4）其他调节方法 改变合成塔进口氨含量、合成塔压力、氢氮比及使用电炉、调节塔主阀等方法也可调节催化剂温度。

催化剂床层温度的调节一般情况下只采用前两种方法，其他方法只能作为非常手段，一般不采用。催化剂床层温度调节应力求平稳，一般要求温度波动范围不大于5℃。

2. 催化剂床层平面温差

所谓平面温差就是在催化剂床层同一平面上的温度差异。催化剂填装不均匀造成床层内气体偏流及催化剂还原程度不一致、冷管排列不均匀、内件泄漏、催化剂床层温度控制过低等原因都会造成平面温差。

平面温差过大，催化剂不能充分利用，造成氨合成塔生产能力下降。同时平面温差大会使内件受热不均匀而产生应力，严重时因内件变形而引起合成塔外壳温度过高危及生产安全。防止产生平面温差的方法，主要是避免操作条件剧烈变化，如升降压过快、气量急速变化、催化剂床层入口温度剧烈波动等。

一般消除平面温差的办法是：在条件许可的情况下适当降低合成塔的负荷、减少循环量和适当提高催化剂床层入口温度等。

3. 合成塔出口温度和塔壁温度

出塔气体温度及塔壁温度不可过高，因为高温、高压下氢氮混合气对钢材的腐蚀加剧，会引起钢材脱碳、氢腐蚀、氢脆、渗氮等。碳钢管道温度应控制在200℃以下，否则钢材发生氢脆或起泡穿孔，危及生产安全。铬钼钢管使用温度允许高些。

塔壁温度正常情况下只有60℃左右，如有局部超温现象，说明环隙气体有偏流现象，或内件保温装置有损坏情况。另外关小塔主阀，用副线阀操作时床层平面温差过大也会导致塔壁温度过高。

4. 系统压力

合成系统的压力，主要取决于生产负荷的大小，另外各种操作条件的波动也会影响合成压力。新鲜气量一定时，如催化剂活性好、空速大、操作温度适宜、气体成分好，系统压力相对就低，反之，压力就会升高。因此，调节压力的办法有两个：一是改变操作条件，二是调节补充气量。

当压力高时，可以通过提高空速、降低惰性气体含量、降低进塔氨含量、改善氢氮比等手段来降低系统压力。当操作条件恶化，使系统压力超标时，应迅速查明原因，采取相应措施降低压力，如压力超出正常范围，应先开放空阀泄压至正常范围，再采取处理措施。

5. 气体成分

（1）氢氮比 合成氨循环气中的氢氮比波动会影响催化剂床层温度及系统压力的波动。而在合成氨原料气制造过程中，受工艺条件的限制，气体的成分不可避免地会在一定范围内波动，造成合成氨岗位循环气中氢氮比随之变动。因此合成氨岗位必须根据循环气中 H_2/N_2 的变化及时与造气岗位联系，力求氢氮比稳定在合理范围内。

（2）进口氨含量 合成塔进口循环气中的氨含量与系统压力、氨冷凝器出口气体温度和分离设备效果有关。在实际生产中，系统压力和分离设备一般难以改变，因此，氨冷器出口气体温度是影响合成塔进口氨含量的主要因素，影响氨冷器出口气体温度的因素有以下几方面。

① 水冷器出口循环气温度。水冷器出口的气体温度受冷却水量、冷却水温度、水冷器

换热面积和换热效果等因素影响，因此应经常清理水冷器管壁污垢以提高换热效率。

② 气氨总管压力。氨冷器内的液氨蒸发温度随蒸发压力的变化而变化。气氨总管压力高，液氨蒸发量小，氨冷温度高，反之液氨蒸发量大，氨冷温度低。

③ 氨冷器液位。在保证氨冷器内有一定蒸发空间的前提下提高液位对降低冷凝温度有利。

④ 氨冷器的冷却效率。因为液氨中含有少量的水分和油分，当液氨气化后，水分、油分残留在氨冷器内，如不及时排放，会越积越多，水分和油黏附在高压管的外壁，会使冷却效率下降，因此氨冷器必须定期排放和清理。

（3）惰性气体含量　循环气中的惰性气体主要是 CH_4，因惰性气体不参加合成氨的化学反应，因此，如不采取处理措施，循环气中的惰性气体含量会越来越高。惰性气体含量越高，合成系统压力越高。因此，合成氨生产中，惰性气体含量要控制在一定的范围内。惰性气体含量一般采取塔后放空来调节。

6. 压差

压差就是气体流动的阻力。气体不流动，就不存在压差，压差的大小与气流速率的二次方成正比，与气体密度成正比。

（1）合成塔压差　合成塔压差就是塔进出口气体的压力降，表示塔内阻力的大小，而绝非合成反应使气体体积缩小所造成的压力降低。不论系统压力是否达到指标，只要塔压差达到了指标，合成系统负荷就不能再增加了，否则合成塔内件将因压差过大而损坏。

（2）系统压差　系统压差就是循环压缩机进出口循环气的压力降，它包括气体流经合成系统所有设备及管道的阻力。正是由于这个阻力的存在，使流经合成系统的气体压力降低，才需设置循环压缩机提压，以补偿压力的损失。系统所允许的压差是由循环压缩机的性能决定的，若压差超指标，一般是设备或系统出现故障，应尽快查明原因并及时处理，以防发生事故。

三、氨合成系统停车操作

1. 短期停车

短期停车是停车时间较短（一般不超过 24h），在短期内即可恢复生产的停车，停车后合成系统处于保压、保温的状态。停车步骤如下：

① 稍开补气放空阀，关闭补气阀、各放空阀、取样阀，联系生产调度通知压缩工段停止送气。

② 联系电工开启电炉，循环压缩机维持小流量循环，使催化剂床层温度缓慢下降。

③ 关闭氨分离器、冷交换器放氨阀，氨冷器停止加氨。

④ 当系统压力降至 5MPa 时，停用电炉，按正常停车步骤停循环压缩机，关闭氨合成塔进出口阀，合成系统处于自然保温、保压状态。

2. 长期停车

长期停车是指停车后，系统需要进行较长时间的检修，停车时间较长（一般 24h 以上）的停车。停车步骤如下：

① 停车前 2h 逐渐关小氨冷器加氨阀，直至关闭，停车时应将氨冷器内的液氨用完。

② 联系生产调度，通知压缩工段逐步停送新鲜原料气，新鲜气全部停送后，关闭新鲜气补气阀。

③ 将氨分离器内的液氨排放完，关闭放氨阀。

④ 以电炉和循环压缩机控制催化剂床层降温速率在 40℃/h 左右，逐渐降低催化剂床层温度，当温度降至 300℃ 左右时，停电炉及循环压缩机，让其自然降温。

⑤ 开启氨合成塔后放空阀，系统逐步泄压至常压，泄压速率不大于 0.5MPa/min。

⑥ 如果停车后要检修氨合成塔，需要对催化剂进行钝化处理，钝化处理需按钝化方案严格进行。如果停车后不检修氨合成塔，对催化剂不需进行钝化，只需关闭氨合成塔进、出口阀，并在塔进、出口处装上盲板。在合成塔进口取样管处通入氮气，使塔内保持微正压。

⑦ 关闭液氨储槽进、出口阀，弛放气放空阀，并注意其压力变化。

⑧ 按照置换方案，用惰性气体或蒸汽进行系统置换，直至分析合成系统内气体成分达到置换方案要求，方可交付检修。

3. 紧急停车

本岗位或合成氨系统内相关岗位发生重大设备、工艺或电气事故等危及安全生产的紧急情况时，必须紧急停车，步骤如下：

① 立即联系生产调度，通知压缩岗位停止送气，迅速开补气放空阀，关闭补气阀，按紧急停车步骤停循环压缩机（如电炉在用时，需先停用）。

② 迅速关闭合成塔进气阀和冷激副线阀。

③ 关闭氨分离器和冷交换器放氨阀及氨冷器加氨阀。

④ 根据事故情况，听生产调度通知，按短期或长期停车方法处理。

四、氨合成岗位常见问题及处理方法

正常生产情况下，常见问题及处理方法见表 9-4。

表 9-4 合成氨装置生产中常见问题、原因及处理方法

序号	常见问题	常见原因	处理方法
1	催化剂床层温升过快	补充气量增加，循环气量调节不及时	适当增加循环气量
		合成塔冷副阀开启度过小	适当开大冷副阀
2	催化剂床层温度突然下降，系统压力升高	进塔气带氨	降低氨分离器液位，减少循环气量，关闭塔副线阀，如情况严重，应减少补充气量，以防超压
		进塔气带铜液	减量切气源，联系铜洗岗位避免带铜液，减循环量，关塔副线阀
		进塔气中 $CO+CO_2$ 含量超标	减量切气源，关塔副线阀，并与前工段联系降低 $CO+CO_2$ 含量
		内件损坏	停车检修内件
		循环气量太大	适当减少循环气量
		氢氮比过高或过低	与造气岗位联系调整氢氮比
3	系统压差过大	管道或设备局部堵塞	查明原因并停车处理
		塔内热交换器堵塞	停车处理
		循环气量太大	适当减少循环量
		催化剂床层局部烧结或粉化	减量生产或停车更换催化剂
4	进塔气中氨含量高	氨冷器温度高	降低氨冷器温度至指标范围内
		氨冷器内漏	停车检修
		分离效果差	停车检修或改造分离设备
5	合成塔壁温度高	循环气量太小	适当加大循环气量
		内件保温效果差	停车检修内件保温层
		内件损坏	停车检修内件
		内件安装不正	停车校正内件位置

续表

序号	常见问题	常见原因	处理方法
6	催化剂床层平面温差过大	催化剂装填不均匀,气体偏流	降温、降压后再逐步升温、升压,缩小平面温差
		热电偶插入深度不准确	校正热电偶插入深度
		冷管漏气	停车检修
		热电偶外套管漏气	停车检修
7	电炉丝烧坏	绝缘不良,电炉丝短路	停车更换电炉丝
		循环气量过小,电炉丝过载	停车更换电炉丝
		电炉丝安装质量不好	停车检修并更换电炉丝
8	氨分离器液位低或无液位	液位计指示不准确	根据放氨压力操作并校正液位计
		操作不精心,放氨阀开启过大,时间过长	关小或关死放氨阀使液位至正常位置,加强调节
9	仪表空气中断	空压机跳闸或机械故障,倒车不及时	(1)联系生产调度及空压站,尽快恢复供气 (2)调整为手动操作,必要时紧急停车
10	循环压缩机打气量不足	活门损坏	倒车更换活门
		活塞环损坏	倒车更换活塞环
		气缸余隙过大	倒车调整气缸余隙
11	循环压缩机打气量不足	填料漏气严重	倒车检修填料
		近路阀内漏	倒车检修近路阀
12	循环压缩机有敲击声	液氨带入气缸	降低氨分、冷交液位,严重时紧急停机处理
		杂物带入气缸	紧急停机处理,并开启备用设备
		活塞杆螺帽松动,连杆与轴瓦配合精度不够,十字头销松动	倒车处理
		气缸余隙过小	倒车调整气缸余隙
13	循环压缩机油泵出口油压过低	油过滤器堵塞	倒车清洗油过滤器
		曲轴箱油位过低	加油至正常油位
		油泵损坏	倒车检修或更换油泵
		油泵近路阀开启过大	调整近路阀至合适开度
14	氨压缩机打气量不足	进口温度高或压力低	降低进口温度或提高进口压力
		活门损坏	倒车更换
		活塞环损坏或磨损	倒车更换
		气缸磨损超差	倒车更换
		气缸余隙过大	倒车调整余隙
15	压缩机出口气氨压力过高	氨冷器冷却水量小	加大冷却水量
		氨冷器冷却效果差	查明原因,清理氨冷器,提高冷却效果
16	氨压缩机出口气氨温度过高	进口气氨压力过低,压缩比过大	与铜洗、合成等岗位联系,适当提高气氨压力

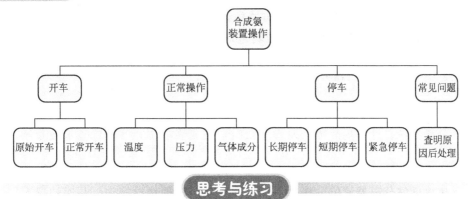

思考与练习

1. 合成氨生产装置正常开车步骤有哪些？
2. 合成氨生产装置正常操作控制要点是什么？
3. 合成氨生产装置短期停车步骤有哪些？
4. 合成氨生产装置在什么情况下紧急停车？如何操作？
5. 合成塔电炉丝烧坏的原因是什么？如何处理？
6. 利用网络查阅本岗位有哪些安全事故，原因如何，怎样防范。

任务五　原料气合成岗位安全操作及环保措施

任务目标

能通过对合成氨岗位各种物料理化性质的学习，结合岗位常见事故的处理及事故案例分析，了解合成氨岗位安全生产特点，掌握本岗位安全生产要点，并结合所学专业知识，会判断和处理常见事故。同时，对本岗位"三废"处理知识也要有一定的了解。

任务要求

➤ 掌握合成氨岗位几种物料的理化性质。
➤ 能说出本岗位安全生产特点。
➤ 了解本岗位常见事故及处理方法。
➤ 知道本岗位安全操作注意事项。
➤ 了解本岗位"三废"处理方法。

任务分析

安全操作的要点是掌握岗位物料性质，以避免形成发生不安全事故的条件。氨合成工艺具有高温、高压、易燃、易爆、易中毒的特点。掌握岗位安全生产特点，避免跑、冒、滴、漏，严格按操作规程精心操作，会处理不正常情况，一切事故都是可以避免的。

理论知识

一、原料气合成岗位安全操作

1. 原料气合成岗位安全特点

该工段最大的特点是温度高、压力高、爆炸性气体浓度高，高低压并存相通，产品

NH_3 具有毒性和冷冻作用，原料气中 H_2、CH_4 属于易燃易爆气体。因此，本岗位易发生火灾、爆炸、急性中毒事故。

2. 本岗位部分安全事故原因、处理方法和预防措施

（1）氨合成塔进口气体带液　氨合成塔进口气体带液的现象使催化剂层进口温度下降、进口气体中氨含量猛升、催化剂层上层温度急降，严重时会造成合成催化剂温度垮温。同时合成系统压力升高，氨分离器液位明显高于指标要求。

原因：

① 操作不认真，氨分离器液位调节不及时，致使液位过高造成液氨带入合成塔。

② 氨分离器液位计出现故障，发现不及时，造成假液位，液位计显示液位不高，实际液位过高。

处理方法：

① 迅速放低氨分离器液位，如果是液位计故障应根据经验操作，并通知仪表工或维修工及时维修。

② 迅速减小合成系统循环气量，关小冷激阀。

③ 如催化剂层温度下降过多，合成反应变差，应开启电炉升温。

④ 如合成系统压力超过指标高限，应稍开塔后放空阀降低合成系统压力。

⑤ 采取以上措施后，如合成催化剂层温度仍然没有明显上升或合成系统压力继续升高，应及时联系生产调度，通知高压机减量，直至合成系统恢复正常，系统逐步减量转入正常生产。

预防措施：

① 认真操作，及时调节氨分离器液位，避免液位过高。

② 经常检查液位计，发现不正常情况及时处理，避免形成假液位。

（2）新鲜气中 CO、CO_2 含量高　新鲜气中 CO、CO_2 含量高，如处理不及时，会使合成催化剂中毒，造成催化剂床层温度下降、活性降低，严重时会造成合成系统垮温，同时合成压力升高。如 CO_2 含量高，还会产生结晶物，造成合成系统管道或设备堵塞，严重影响安全生产。

原因：

① 精炼岗位操作不认真。系统气量波动时调节不及时或设备发生故障时处理不及时。

② 新鲜气 CO、CO_2 自动分析仪失灵，仪表显示不高，实际数据偏高。

③ 前工段 CO、CO_2 指标严重超标，造成精炼岗位负荷过重。

④ 高压机倒车窜气，致使部分气体未经精炼岗位处理而直接进入合成系统。

⑤ 系统设计不合理，系统负荷大，精炼系统设计能力小，造成精炼系统负荷过重。

处理方法：

① 关闭新鲜气补气阀，打开新鲜气补气放空阀，切断有毒气体来源。

② 迅速减小合成系统循环气量，关闭冷激阀。

③ 情况严重时，如催化剂床层温度下降过快过低、合成系统压力过高时，可打开塔后放空阀降低合成系统压力，并开启电炉升温。

④ 待气体成分合格、催化剂床层温度正常后，联系生产调度，系统逐步加负荷直至正常生产。

预防措施：

① 精炼岗位加强操作，及时处理设备故障或调整工艺指标。

② 加强仪表的检查维护，发现问题及时处理。

③ 通知生产调度，及时查明前工段 CO、CO_2 超标原因，采取果断措施处理至正常指

标范围内。

④ 通知生产调度，查明原因，关闭高压机相关连通阀。

⑤ 根据精炼系统情况，生产系统合理加负荷，并找机会处理，加大精炼系统设备生产能力。

（3）液氨储槽爆炸　根据生产需要，液氨储槽要经常进行倒槽、排放弛放气等操作。而液氨属于危险化学品，液氨储槽是压力容器，氨库属于重大危险源，一旦发生事故，就会造成重大财产损失或人员伤亡。因此，严格按照操作规程精心操作，避免事故发生具有重要意义。

原因：

① 放氨操作失误，高压气体大量进入液氨储槽，造成超压，使储槽爆炸。

② 储槽内液氨储量过大，当温度升高液氨膨胀后，由于液体的不可压缩性，会使容器的压力升高，造成储槽爆炸。

③ 安全阀失灵，在压力升高时不能正常起跳、泄压。

④ 设备制造质量差，存在缺陷。

⑤ 储槽长期使用，因腐蚀和疲劳使设备耐压强度降低。

处理方法：

① 联系调度，合成氨系统按紧急停车步骤停车。

② 迅速关闭冷交、氨分放氨阀。

③ 戴上必要的个人防护用具，迅速开启备用储槽，关闭在用储槽进口、出口阀。

④ 开启喷淋水稀释泄漏的液氨，排至事故池。

⑤ 开启消防水灭火。

预防措施：

① 认真进行放氨操作，严禁高压气体倒入液氨储槽。

② 严格控制液氨装量，不超过整个储槽容积的80%，不允许储槽放在日光下曝晒和靠近高温热源。

③ 定期检查安全阀。

④ 选用高质量的液氨储槽，并按时对储槽进行检测，及时更新有隐患的设备。

（4）软水加热器泄漏　合成岗位软水加热器外筒介质为软水，不能承受高压，而软水加热器内部为高压管，管内为合成高压循环气。因此，软水加热器高压管一旦泄漏，将会造成高压合成循环气进入软水系统，对安全生产造成极大威胁。

原因：

① 循环热水质量差，氧或其他杂质超标，软水加热器换热管发生化学腐蚀和电化学腐蚀，造成内漏。

② 合成系统开车时，催化剂升温后，才将软水加热器送水，换热管发生热应力损伤，造成泄漏。

③ 变换热水泵掉压，加热器内液位过低或蒸干，恢复供水后，补液位过快，换热管发生热应力损伤，造成泄漏。

④ 软水加热器的设计、制造不符合安全技术要求，不到运行周期，焊口破裂。

⑤ 软水加热器运行周期超过规定，发生疲劳泄漏。

处理方法：

① 立即打开软水加热器放空阀，压力泄至正常指标（泄压时要注意防止热水烫伤）。

② 通知变换岗位注意饱和热水塔液位和饱和塔出口半水煤气温度、系统压力变化。

③ 迅速查明超压原因，若是软水加热器泄漏，及时联系车间、调度切气，合成系统

泄压。

预防措施：

① 严格水质管理，确保变换循环热水中总固体含量<$500×10^{-6}$，氯含量≤30mg/L，若超标应加大饱和塔出口热水排污量。

② 严格执行合成系统开停车规程，开车时先给软水加热器送水，后送气升温，停车时合成塔催化剂降温结束后再停软水加热器给水。

③ 严格控制变换热水塔液位指标，谨防热水泵掉压，热水泵出现故障，及时开启备用泵。

④ 软水加热器的采购，必须选用资质齐全的生产厂家，设备结构图、安装图纸、生产厂家资质证书、产品质量证明书、出厂证、合格证等技术资料必须齐全，且按期经过质量技术监督局检验。

⑤ 每次大修要进行耐压试验，日常运行过程中，车间要做好维护保养记录和检修记录。

⑥ 软水加热器到使用周期后，按规定报废更换。

⑦ 软水加热器远传压力表定期校验保证灵敏可靠，超压报警灵敏可靠。

⑧ 软水加热器安全阀定期校验，确保一旦超压安全阀能及时泄压。

(5) 合成废热锅炉泄漏　合成岗位废热锅炉外筒介质为热水和中压蒸汽，压力相对不高，而废热锅炉内部为高压管，管内为合成高压循环气。因此，废热锅炉高压管一旦泄漏，将会造成高压合成循环气进入中压蒸汽系统，对安全生产造成极大威胁。

原因：

① 废锅补水质量不合格，含氧或其他杂质超标，加速了废锅设备的化学腐蚀和电化学腐蚀，使换热管损坏造成内漏。

② 操作不认真，废锅长时间液位低未发现，或多级泵掉压，废锅烧干，又急速大量补水，列管热应力变化过快，发生泄漏。

③ 合成废热锅炉的设计、制造不符合安全技术要求，不到运行周期焊口破裂。

④ 合成废热锅炉运行周期超过规定，发生疲劳泄漏。

处理方法：

① 立即打开废锅蒸汽放空阀，压力卸至正常指标（卸压时要注意防止蒸汽烫伤）。

② 迅速查明超压原因，若是合成废热锅炉泄漏，及时联系车间，调度切气，合成系统泄压。

预防措施：

① 严格水质管理，确保补水中溶解氧和其他杂质指标在工艺标准要求范围内。

② 严格控制废锅液位，发生废锅长时间液位低或热水罐无液位，多级泵掉压长时间无法补水，废锅出口气体温度猛升现象时，绝不能立即补水。正确方法是合成系统切气，待合成废锅出口温度降至正常后，再缓慢补水至正常液位，合成系统恢复正常生产。

③ 经常校对废锅液位计，保证现场和DCS液位机的准确、灵敏、可靠。

④ 认真巡检，发现液位异常及时处理。

⑤ 合成废热锅炉的采购，必须选用资质齐全的生产厂家，设备结构图、安装图纸、生产厂家资质证书、产品质量证明书、出厂证、合格证等技术资料必须齐全，且按期经过质量技术监督局检验。

⑥ 每次大修要进行耐压试验，日常运行过程中，车间要做好维护保养记录和检修记录。

⑦ 合成废热锅炉到使用周期后，按规定报废更换。

⑧ 合成废热锅炉远传压力表定期校验保证灵敏可靠，超压报警灵敏可靠。

⑨ 合成废热锅炉安全阀定期校验，确保一旦超压安全阀能及时泄压。

⑩ 废锅液位计的采购，必须选用资质齐全的生产厂家，生产厂家资质证书、产品质量证明书、出厂证、合格证等技术资料必须齐全。

3. 合成岗位的安全操作注意事项

① 操作人员要严格执行工艺技术操作要点，按照安全操作规程要求，严格控制合成系统温度、压力、压差、液位等在指标范围内。

② 进入岗位要按规定穿戴好个人防护用品。

③ 设备、管道阀门使用前，必须与有关岗位联系，仔细检查在检修时所加的盲板是否拆除，检修的紧固件是否紧固可靠，确认无误后再开车。

④ 各种安全防护装置、仪表、指示器、消防及防护器材等不准任意挪动或拆除。

⑤ 操作人员必须掌握气防、消防知识，并会使用气防、消防器材。

⑥ 各容器及管道的法兰、机器管口、安全阀等漏气时，不可在有压力的情况下拧紧螺栓。如必须堵漏应报告车间，首先将压力降低至规定的范围，才可拧紧螺栓。在未处理前应设立明显标志。

⑦ 如遇爆炸、着火事故发生，必须先切断有关气源、电源后进行抢修。

⑧ 设备交出检修时，必须按车间签发的检修票上有关工艺处理条文执行，并检查检修需加盲板处是否设立明显标识。

⑨ 生产需要启用电炉时，应先经电工测量电炉对地电阻大于 $0.2M\Omega$，按照先开循环机后开电炉、先停电炉后停循环机的原则操作，并保证足够的循环气量。

⑩ 设备检修时，必须保证塔内正压，对需用的氮气中杂质含量 $\leqslant 5 \times 10^{-5}$，以防催化剂氧化超温。

⑪ 补气升压和放空泄压，严防倒气，升降压不得过快，以免损坏设备或引起静电着火。

⑫ 系统内安全阀要定期校验，确保准确灵敏。

⑬ 液氨储槽最大储存量不得超过容积的 85%，氨库倒槽要遵循先开后关的原则，严防液氨储槽超压。

⑭ 严禁在岗位吸烟及一切违章动火，操作工有权检查本岗位范围内的动火手续及安全措施落实情况。

⑮ 不是自己分管的设备、工具等，不准动用。

⑯ 不经车间领导同意，禁止任何人员在本岗位进行任何试探性操作。

⑰ 非电工人员严禁修理电气设备、线路及开关。

⑱ 一旦发生事故，必须立即报告值班长，不得隐瞒或推托，要积极处理，以防事故扩大。重大事故必须保护现场。

二、原料气合成岗位环保措施

1. 氨合成污染源

(1) 废水 油分离器和液氨冷凝槽排出的含油污水，间歇排放；氨冷器间歇排出的废水，含有氨的冷却水溢流，排入下水道。

(2) 废气 排放气和弛放气的放空，含有氨。

(3) 固体废弃物 氨合成反应使用后的固体催化剂，作为固体废弃物处理。

2. 环保措施

(1) 回收排放气和弛放气 排放气和弛放气中含有大量的氨气和氢气，可从这些气体中回收氨和氢，减少空气污染；氨合成两气回收氨后，可通过氢回收中空纤维膜回收其中的氢气，剩下的甲烷气可送锅炉作为燃料，也可送造气吹风气回收岗位燃烧炉和造气吹风气一起燃烧，进入余热锅炉产生蒸汽。

(2) 采用新型节能型氨合成塔 氨合成塔是合成氨企业的心脏设备，长期以来，我国采用的老式塔型主要为轴向冷管塔，不仅床层阻力大，而且有冷管冷壁效应等不利因素，催化剂的活性不能充分发挥，能耗高。针对我国众多合成氨企业的老式冷管轴向氨合成塔产量低、能耗高的缺陷而开发的新型节能型氨合成塔，全面改善了传热特性和气流分布，提高了催化剂利用系数，降低了床层阻力，成功地克服了老式塔型的种种弊端，可大大减少排放气量。

（3）回收洗液中的氨　进料清洗器底部出口所排放的稀氨水不应当排入下水道，应当在和其他稀氨水混合后送至氨汽提塔回收利用。

（4）废催化剂的回收利用　氨合成岗位所使用的催化剂失效后，不可随意废弃而浪费资源，污染环境，应进行回收利用。废催化剂回收利用的方法，大体上包括如下三个过程：

① 预处理，除去在使用或卸出过程中附着的杂质，改变其不利于回收操作的外形尺寸。

② 将活性组分与载体进行分离，选择合适的分离方法，如溶剂抽提法、还原溶解法等。

③ 对回收后的有效成分进行成品加工，余下的残渣进行最终处理，一般采用填埋法进行处理。

任务小结

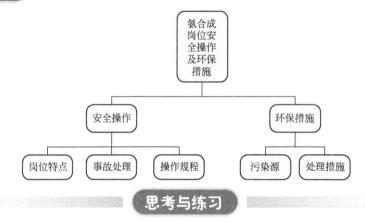

思考与练习

1. 氨合成岗位安全生产特点是什么？
2. 氨合成岗位主要物料有哪些？
3. H_2、CH_4、NH_3 的爆炸极限各是多少？
4. 写出液氨储槽爆炸的原因及处理方法？
5. 氨合成岗位安全操作注意事项有哪些？
6. 氨合成岗位的污染源是什么？

合成氨的储存与输送

氨的用途非常广泛，可用于制氨水、氮肥（尿素、碳铵等）、硝酸、铵盐、纯碱等，广泛应用于化工、轻工、化肥、制药、合成纤维、塑料、染料等行业，同时氨也是一种很好的制冷剂，在制冷行业应用非常广泛。

在合成氨厂，氨既是合成氨厂的产品，也是合成氨厂生产氮肥或其他以氨为原料的化工产品的原料，氨可以作为合成氨厂的制冷剂，也可以作为产品直接出售。因此，氨的储存和输送在合成氨厂具有重要的意义和作用。

任务一　认识合成氨的储存

任务目标

通过对冷冻原理及饱和状态下氨的物料参数的学习，了解氨的液化和蒸发条件，从而使学生掌握氨储存的适宜条件。

任务要求

➢ 说出氨的冷冻原理。
➢ 知道氨冷冻循环工艺流程。
➢ 理解冷冻系数、冷冻能力的意义。
➢ 说出液氨的几种储存方式。
➢ 知道中小型和大型合成氨厂液氨储存设备和要求工艺条件。

任务分析

常温常压下氨为气态，为便于储存和运输，工业上常常使之液化。液化的原理是根据氨的饱和状态下物理状态参数，通过降温或加压的方式，使气氨在一定温度或一定压力条件下变为液氨。液氨通过管道送往液氨储槽（或中间储槽），部分参与冷冻循环，作为合成氨厂的冷源；部分作为生产原料制作各种氮肥；富裕的液氨储存在液氨储槽内，通过管道输送或槽车运输等方式作为商品外售。

理论知识

一、氨冷冻原理及工艺流程

冷冻是通过一定的方法，使某一物体或某一空间的温度达到并保持所需低于常温的操作，也称为制冷。合成氨厂设置冷冻系统的目的是利用氨合成系统生成出来的液氨，在氨合成岗位氨冷器内蒸发吸收热量，将经过水冷之后的合成循环气进一步冷却到常温以下，使气氨冷凝成液氨；在以铜洗工艺精制原料气的过程中，也需要用氨冷器冷却铜氨液，使铜氨液冷却到所需操作温度；在大型合成氨厂，有的还以氨冷器冷却弛放气和其他工艺气体，以达到生产工艺要求温度。蒸发后的气氨经压缩、冷却冷凝，又转变为液氨，如此循环使用。

1. 氨冷冻原理

（1）液氨的蒸发及气氨的液化　根据气液平衡原理可知，液氨的蒸发温度与其饱和蒸气压有关。温度越低，氨的饱和压力越低，液氨密度越大而气氨密度越小，氨的焓值下降，相变过程的蒸发热增加。因此，根据以上特点，在生产中，可根据生产工艺所要求的冷冻温度，来确定液氨蒸发压力。在合成氨生产中，氨合成岗位和铜洗岗位氨冷器的操作过程，就是通过控制液氨的蒸发压力，来达到生产所要求的温度。

液氨蒸发为气氨后，为了能够循环使用，必须使之重新液化。因为气氨的冷凝温度是随压力的增大而升高的，因此当通过一定的方法，使气氨压力提高到一定程度后，其冷凝温度就高于冷却水温度，这时就可以用水冷器使之液化了。假定冷却水温 30℃，传热温差 5℃，则冷凝温度为 35℃，气氨相应的冷凝压力是 1.395MPa（绝压）。由此可见，在合成氨生产工艺中，气氨的液化过程主要是气氨的加压（通过氨压缩机）及水冷却冷凝。

（2）冷冻循环　合成氨生产中的冷冻系统以液氨作冷冻剂，在氨合成或铜洗等岗位氨冷器中与被冷介质换热，被冷介质温度降至常温以下蒸发为气氨，液氨蒸发为气氨，蒸发出来的气氨用氨压缩机（或称为冰机）加压到一定压力（一般 1.6MPa 左右），然后通过水冷器冷却至常温（25～35℃），气氨冷凝为液氨，液氨再经减压阀进行节流膨胀，温度和压力同时下降。膨胀前后的压差越大，则膨胀后氨的温度越低。节流膨胀后的低温液氨，又回氨合成或铜洗等岗位氨冷器中与被冷介质换热。如此往复，就形成了冷冻循环，如图 10-1 所示。

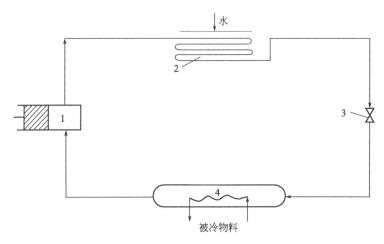

图 10-1　冷冻循环

1—氨压缩机；2—水冷器；3—减压阀；4—氨冷器

在上述冷冻循环系统中，气氨只经过一次压缩，被冷介质也只经过一次氨冷（称为一级氨冷）。在操作压力为 32MPa 的中小型合成氨厂生产工艺中，出氨合成塔气体经过水冷冷却至常温后，再经过一级氨冷，温度可降至 0～−10℃，即可达到氨合成岗位（一般要求进口 NH_3 含量≤2.5%）的工艺要求。但对于操作压力较低的大型合成氨厂，为了使出氨合成塔气体中氨分离达到入塔气体（要求进口 NH_3 含量≤2.0%）的工艺要求，需要将气体温度降至−15～−25℃，因此液氨需要在更低的温度下蒸发。由上述可知，液氨蒸发温度越低，气氨压力就越低，因此冰机压缩时的压缩比越大，冰机的功耗也就越多。在合成氨生产中，为了节省能量，一般根据冷冻系统温度的不同要求，采用不同的蒸发压力，进行多级氨冷，一般采用 2～3 级氨冷。

（3）冷冻能力　制冷剂从被冷介质中吸收的热量称为冷冻量。单位时间内从被冷介质吸收的热量称为冰机的冷冻能力，单位为 kJ/h。冰机的冷冻能力不仅与压缩机的能力大小有关，还与整个冷冻循环的操作条件有关。如蒸发温度越高、冷凝温度越低，制冷量越大；反之，制冷量越小。因此，要表示氨压缩机的冷冻能力，必须指明冷冻循环的条件。

为了便于比较氨压缩机的冷冻能力，国际上规定了标准操作条件：氨压缩机吸入的为氨干饱和蒸气，蒸发温度 -15℃，冷凝温度 30℃，过冷温度 25℃。氨压缩机铭牌上标出的冷冻能力就是指的标准冷冻能力。

2. 冷冻系统工艺流程

（1）中小型合成氨厂冷冻系统　一般采用一级氨冷，其冷冻系统流程如图 10-2 所示。

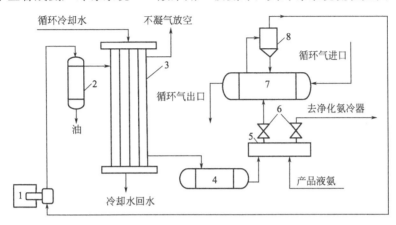

图 10-2　中小型合成氨厂冷冻系统流程

1—冰机；2—油分离器；3—水冷器；4—液氨储槽；5—分配器；
6—减压阀；7—合成氨冷器；8—分离器

由氨冷器蒸发出来的气氨，经分离器除去所夹带的液氨雾滴后，以自身蒸发压力为动力进入冰机 1 被压缩，出冰机的气氨压力为 1.0～1.6MPa（冬季）或 1.4～1.6MPa（夏季）、温度 <145℃，经油分离器 2 除去气氨在气缸中夹带的油雾，然后进入水冷器 3，用冷却水将气氨冷却，并冷凝为液氨。出水冷器的液氨压力约为 1.4MPa、温度约为 40℃，进入液氨储槽 4 内，经分配器 5、减压阀 6 减压后分别送往合成、净化（如铜洗）等工段的氨冷器。在分离器 8 中，液氨吸收热量蒸发为气氨后又回到冰机 1，如此往复循环。

在生产中，若氨冷器液位过高或分离器分离效果不好，进入冰机的气氨中将带有液氨，出现液击现象，如处理不及时将会使冰机损坏。发生带液现象时，应降低氨冷器的液位，并关小氨压缩机进口阀，提高进口温度，将液氨汽化，使进口氨蒸气为干饱和蒸气或稍过热的状态。当氨冷器液位过低或冰机的吸入管道保温不好时，氨蒸气在过热状态下进入冰机，其体积增大，吸入量减少，冷冻能力降低。此时，可提高氨冷器液位，或者在冰机进口前的管道内加入少量液氨，使其蒸发吸热，降低入口温度，提高冰机的冷冻能力。

（2）凯洛格冷冻系统　大型合成氨厂根据工艺需要，一般采用三级氨冷，即凯洛格冷冻系统工艺流程。氨合成工序中循环气的温度约为 38℃，依次通过一、二、三级氨冷器；在三级氨冷器中，循环气分别被冷却到 22℃、1℃、-23℃；液氨蒸发压力分别为（绝压）为 689kPa、301kPa、104kPa，蒸发温度分别为 13.3℃、-7.2℃、-33℃。其流程如图 10-3 所示。

由氨合成系统氨分离器来的液氨靠自身压力送入中间储槽 15，一部分送至二级闪蒸槽 10 和三级闪蒸槽 13，另一部分送至冰机储槽 6，一级闪蒸槽 7（689kPa、13.3℃）的液氨来自冰机液氨储槽 5 和冰机储槽 6。

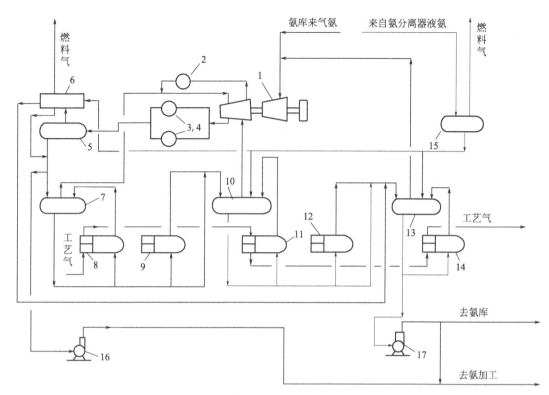

图 10-3　凯洛格冷冻系统工艺流程

1—冰机；2~4—水冷器；5—冰机液氨储槽；6—冰机储槽；7—一级闪蒸槽；
8——一级氨冷器；9—合成气压缩机段间氨冷器；10—二级闪蒸槽；11—二级氨冷器；
12—弛放气氨冷器；13—三级闪蒸槽；14—三级氨冷器；15—中间储槽；16,17—液氨泵

一级闪蒸槽 7 出来的液氨，一部分送一级氨冷器 8，另一部分送往合成气压缩机段间氨冷器 9，剩余液氨经减压后进入二级闪蒸槽 10。一级氨冷器 8 蒸发出来的气氨进入一级闪蒸槽 7，与一级闪蒸槽蒸发出来的气氨汇合后一同进入冰机三段进口，合成气压缩机段间氨冷器 9 蒸发出来的气氨进入二级闪蒸槽 10。

二级闪蒸槽 10（301kPa、-7.2℃）出来的液氨，一部分送往二级氨冷器 11，另一部分送往弛放气氨冷器 12，剩余液氨经减压后进入三级闪蒸槽 13。二级氨冷器 11 蒸发出来的气氨进入二级闪蒸槽 10，与二级闪蒸槽蒸发出来的气氨汇合后一同进入冰机二段进口，弛放气氨冷器 12 蒸发出来的气氨送往三级闪蒸槽 13。

三级闪蒸槽 13（104kPa、-33℃）的液氨除送三级氨冷器 14 外，剩余部分可通过液氨泵 17 加压后作为液氨产品送往氨库或与冰机储槽 6 来的液氨混合后送往氨加工岗位生产相应的产品。蒸发出来的气氨与氨库来的气氨汇合后进入冰机一段进口。

冰机为离心式压缩机，压缩机为三段压缩。由三级闪蒸槽 13 出来的气氨进入冰机 1 的一段压缩，一段出口与二级闪蒸槽 10 出来的气氨汇合进入二段压缩，二段出口气氨先经水冷器 2 冷却后再与一级闪蒸槽 7 来的气氨汇合进入三段压缩。三段出口的气氨压力约为 1.8MPa（绝压），经两台并联的水冷器 3、4 冷却冷凝，得到 42℃左右的液氨，送往冰机液氨储槽 5。冰机液氨储槽 5 的闪蒸气去冰机储槽 6，将气态氨冷凝成为液氨，分离出的液氨送往一级闪蒸槽 7，闪蒸气作燃料用。冰机液氨储槽 5 的液氨一部分送往一级闪蒸槽 7，另一部分与从三级闪蒸槽 13 来的液氨配成 40℃的产品去氨加工，系统多余的液氨送往氨库。

3. 冷冻系统的节能操作

① 提高水冷器的冷却效果。清除水冷器合成气高压管上的水垢，提高水冷器的传热系数；改造水冷器冷却水分布器，使冷却水充分沿管壁流下；加强水冷器循环水的管理，减少水冷器高压管的结垢，降低冷却水温度等。

② 提高氨冷器内液氨纯度。及时进行氨冷器的油水排放工作，否则将影响传热系数，减少制冷量。

③ 根据生产工艺的不同，具备条件的可将铜液氨冷器、合成氨冷器的气氨以连通阀隔开，气氨压力高的送回冰机，以减少压缩功耗，气氨压力低的送碳化系统高位吸氨器，制作氨产品。

二、液氨的储存

在合成氨生产企业，由于氨合成和氨加工的不均衡性，过剩的产品液氨需要储存，因此合成氨厂需要设置液氨储槽。

液氨储槽的操作压力主要是由液氨温度所决定的。液氨储存在密闭的液氨储槽中，由于温度的变化，部分会转化为气氨，造成液氨储槽内压力升高。温度越高，蒸发的气氨量越多，压力也就越高。由于液氨的温度越低，其饱和蒸气压也越低，因此在较低的压力下（如常压）储存液氨，必须降低液氨的温度，而在较高的温度下（如常温）储存液氨，必须提高储槽的压力。

液氨的储存可以按照温度和压力条件来划分，通常有下面三种方式：加压常温储存、加压冷冻储存、常压冷冻储存。

原则上液氨储存的温度为 $-33\sim43\text{℃}$。目前中小型合成氨厂，一般在高压常温储存液氨。当液氨温度为 40℃ 时，液氨储槽的操作压力一般为 1.606MPa（绝压）。我国各地夏季气温一般不超过 40℃，因此液氨储槽的压力大多数为 1.6MPa 左右，液氨储槽常做成卧式，最大容量为 200t。近年来随着小尿素的投产，液氨储槽的操作压力提高到 2.5MPa 左右。

大型合成氨厂需要容积较大的液氨储槽，一般采用耐压能力较低的氨球或常压立式储槽。因此，必须降低液氨的温度。氨球的操作压力（绝压）一般为 0.49MPa 左右，温度 $3\sim4\text{℃}$，最大容氨量为 3000t；常压立式槽的操作压力（绝压）为 100kPa 左右，温度约 -33℃，容氨量一般为 $5000\sim10000\text{t}$。这两种储槽外面均设有保温层。储槽内蒸发出来的气氨送回冰机，此外在储槽旁边还单独设有小冰机，在大冰机不运转时使用。

不论采用何种液氨储槽，在液氨储槽内不能充满液氨，必须在上部留有一定的空间，作为气氨的容积。否则，当温度升高，液氨膨胀后，由于液体的不可压缩性，会使储槽压力升高而引起爆炸事故。因此，规定液氨储槽内储存液氨量，一般不允许超过容积的 80%。

为降温和在液氨泄漏的事故情况下进行紧急处理，在液氨储槽上方设置水喷淋装置。当发生事故时，可随时开启喷淋水装置，以溶解吸收跑出的氨气，降低空气中氨的浓度。液氨储槽仓库还应设有专用的事故槽，事故槽的标高应低于储槽的底部，运行中的储槽一旦发生事故，以便将液氨尽快全部排入事故槽。

液氨储槽充装到规定容积时，应及时打开另一储槽的液氨入口阀门，并关闭原储槽的液氨进口阀进行倒槽。倒槽操作时，严格按照操作规程操作，同时要加强联系和检查，防止液氨总管压力憋高。正常生产时，储槽上的弛放气排出阀应常开。

在氨合成冷凝分离过程中，一定量的 H_2、N_2、CH_4、Ar 等气体，在高压下溶解于液氨中，当液氨在储槽内进行减压后，溶解于液氨中的气体大部分从液相中解吸出来，同时由于减压作用部分液氨汽化，这种混合气工业上称为"弛放气"或"储槽气"。弛放气的成分主要为 H_2、CH_4、NH_3 和 Ar。此气体在储槽内会越积越多，使储槽压力升高，为保持储槽压力在指标范围内，这些气体需要不断排放出去。一般用氨吸收塔回收弛放气中的氨，回收后的气体进入氢回收、吹风气回收或直接作为燃料使用。

任务小结

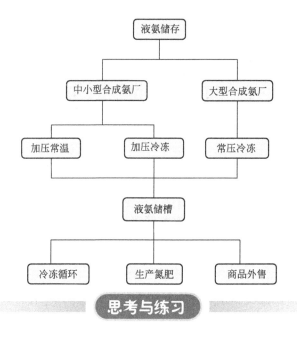

思考与练习

1. 什么是冷冻？
2. 氨的冷冻原理是什么？
3. 写出合成氨厂冷冻循环过程。
4. 液氨的储存方式有哪几种？储存条件是什么？
5. 中小型和大型合成氨厂液氨储存设备和储存条件有何不同？

任务二　认识合成氨的输送

任务目标

　　通过对氨的输送方式的学习，了解各种输送方式的原理、优缺点，能从安全和技术经济的角度，根据输送要求的不同，选择合适的输送方法。

任务要求

➤ 了解氨输送的目的。
➤ 掌握液氨输送的主要方式。
➤ 知道管道输送的优缺点。
➤ 能说出运输工具输送的优缺点。
➤ 了解液氨使用和输送的安全要求。

任务分析

　　合成氨厂生产出来的液氨，需要通过一定的输送方式输送到内部或外部使用单位。目前，国内输送方式主要有管道输送和运输工具输送两大类。其中管道输送根据输送时动力来源的不同，有系统压力管道输送、压力输送罐管道输送、氨压缩机管道输送、氨泵管道输送等，运输工具输送根据运输工具的不同有水路槽船、铁路槽车、公路槽车、瓶装运输的方式。

理论知识

　　氨合成生产装置生产出来的液氨，需要通过管道或泵输送到中间储槽，然后通过分配阀送往合成氨生产系统其他需要使用的相关生产岗位，作为制冷剂、生产原料等使用，部分剩余的液氨送往商品氨储槽，作为产品外售。液氨在制冷的过程中蒸发为气氨，气氨小部分送往相关生产岗位作为生产原料，大部分则通过氨压缩机加压冷却后重新转变为液氨后重新使用。

　　氨在常温常压下为气态，与空气混合能形成爆炸性混合物，遇明火、高热能引起燃烧爆炸。与氟、氯等接触会发生剧烈反应。若遇高热，容器内压增大，有开裂和爆炸的危险。

　　氨对人体有较大的危害性，液氨或高浓度氨可致眼灼伤，液氨可致皮肤灼伤。低浓度氨对黏膜有刺激作用，高浓度氨可造成组织溶解坏死。

　　因此，氨的安全、经济合理输送具有重要的意义。

一、液氨的输送

1. 液氨的输送方式

液氨的输送方式主要有管道输送和运输工具输送。

其中管道输送主要适用于合成氨本系统内各岗位间的输送和输送距离不太远的对外使用单位间的输送，如氨合成岗位生产出来的液氨输送到中间储槽、中间储槽输送到本系统内各用氨岗位或氨库、厂内冷冻系统液氨的循环等。根据输送动力的不同分为系统压力管道输送、压力输送罐管道输送、氨压缩机管道输送、氨泵管道输送等输送方式。

运输工具输送液氨主要适用于商品液氨供给本系统以外的距离较远的使用单位使用。运输工具输送根据输送工具的不同一般有水路槽船、铁路槽车、公路槽车、瓶装运输等输送方式。

（1）管道输送　由于液氨在常温时的沸点随压力的降低而降低，因此在常温下液氨必须储存在有一定压力的容器或管道内。液氨管道输送时，必须保证管道中任何一点的压力都高于液氨在输送温度下的饱和蒸气压力，否则液氨会在管道中汽化而形成"气塞"，大大降低管道的流通能力，因此，管道输送必须保证在一定的压力下才能正常进行。

① 系统压力管道输送。此种输送方式主要是指氨合成岗位生产出来的液氨，通过降温分离后储存在氨分离器和冷交换器内，二者内的液氨依靠氨合成系统内的高压（氨合成系统压力）通过放氨阀减压后放入液氨储槽内，然后再通过分配阀分配到相应的使用单位（工艺流程可参考液氨的储存章节）。

此种输送方式的动力是氨合成系统与液氨储槽之间的压力差。因此，输送过程中的关键是严格控制放氨压力和氨分离器及冷交换器内液氨的液位，即放氨压力一般控制在 $1.4\sim1.6$ MPa，氨分离器和冷交换器内液氨的液位保持在液位计高度的 $1/2\sim2/3$ 处，目的是放氨压力既稍高于液氨储槽的压力，保证氨分离器和冷交换器内的液氨能及时排放到液氨储槽，同时又不会因液位过低使合成氨系统内的高压气体窜入液氨储槽内，导致液氨储槽压力超标而发生液氨泄漏或液氨储槽爆炸等不安全事故。

② 压力输送罐管道输送。国内短距离的液氨输送通常采用此种方法。此种输送方式的原理是利用蒸汽的显热和潜热，使部分液氨汽化，汽化后的液氨因体积膨胀，压力升高，造成输送罐与使用单位储罐之间的压力差。其输送动力来自蒸汽的热能。

其工艺流程为：将原有液氨球罐的液氨放一部分至压力输送罐内，通蒸汽间接加热后，汽化了的液氨返回原有球罐顶部，将液氨压出，然后通过管道输送到相应的使用单位。

③ 氨压缩机管道输送。合成氨生产系统运行过程中，氨合成、精炼等岗位氨冷器需要使用液氨作为制冷剂，汽化后的液氨变为气氨。为保证生产的连续进行，气氨通过氨压缩机加压冷却为液氨后送往液氨中间储槽循环使用。此种输送方式的动力来自氨压缩机（工艺流程可参考液氨的储存章节）。

④ 氨泵管道输送。氨泵管道输送适用范围较广，在合成氨厂生产过程中，氨泵主要有往复式和离心式。此种输送方式的动力来自氨泵。

尿素合成塔氨泵输送是合成氨厂最典型的例子。其输送流程为：液氨储槽来的压力为 2.0MPa 左右的液氨经液氨过滤器净化后，进入液氨高压泵，因尿素合成塔需要的液氨压力较高，一般达到 20MPa 以上，因此，液氨高压泵小型合成氨厂一般选用往复式泵，大中型合成氨厂一般选用多级离心式泵，通过柱塞压缩或多级叶轮加压至尿素合成塔需要压力供尿素生产。

此外，在液氨装卸车、短距离和距离不太远的长距离液氨输送中，也可采用离心泵输送。

液氨长距离管道输送在国外使用较为普遍，在一定条件下与其他输送方式相比有明显的优势。

（2）运输工具输送

① 水路罐船（槽船）。水路罐船运输是供货单位将液氨通过管道输送到码头，再通过液氨装车泵输送的方法，将液氨充装到水路罐船的液氨储罐内，然后通过水路运输到使用单位，再由使用单位用液氨卸车泵通过管道输送到相应的液氨储存设备。

水路罐船运输的优点是运输能力大（相对于汽车运输），运输费用相对较低。缺点是只适用于具有水路运输条件的情况，且槽船建造技术难度较大，建造费用较昂贵，同时供需双方都要配合兴建必要的输送管道及码头等设施，一次性投资较大。

② 铁路罐车（槽车）。铁路罐车运输是供货单位在特定的火车装车点，通过管道和液氨装车泵将液氨充装到火车罐车内，然后通过铁路运输到相应的使用单位，再由使用单位在特定的卸车点，用液氨卸车泵通过管道输送到相应的液氨储存设备。

铁路罐车运输的优点是储运能力大（相对于汽车运输），运输费用相对较低，运输距离远。缺点是必须有相应的铁路设施，且调度和管理比较复杂。一般适用于运输距离较远、运输量较大的情况。

③ 公路罐车（槽车）。公路罐车运输是供货单位通过相应的装车方法，把液氨充装到特定的汽车罐车内，通过公路运输的方式把液氨运输到相应的使用单位。

公路罐车运输液氨的优点是机动性大，灵活性强，设备制造费用较低，且制造周期短。缺点是运输能力小，运输费用较高。一般适用于运输距离短、运输数量较少的情况。

④ 瓶装运输。瓶装运输是供货单位通过相应的设施，把液氨充装到特定的钢瓶中，将钢瓶装在载重汽车的车厢内，通过公路运输的方式运输到使用单位。

瓶装运输适用于城市中液氨分装站与各销售点或用户之间的运输。优点是运输方式灵活，缺点是运输费用较高，而且气瓶在长途运输过程中容易相互碰撞、跌落而发生事故，不能用于大量和远距离运输。

2. 两种输送方式的比较

（1）管道输送方式的优缺点

① 管道输送稳定可靠，输送及时且具有可连续性，不受外界因素影响。

② 管道输送安全性好，管理简单。管道埋于地下，安全可靠，环保。

③ 管道输送不受天气（特别大的自然灾害除外）、交通、装卸场地、装卸时间安排等外界因素的影响，且省去了装卸车等环节，操作方便灵活。

④ 管道输送有很好的经济性。管道输送量大，除少量的维护成本外，运行费用较低。

⑤ 管道输送方式不够灵活。有些输送方式只在特定的条件下才能使用。输送对象基本是点对点，用户相对单一。

⑥ 一次性投资较大。管道输送一次性投资较大，因此只适用于输送量较大、供需关系比较稳定的情况。

（2）运输工具输送方式的优缺点

① 运输方式灵活，可根据用户需求输送到不同的地方（特别是公路槽车和瓶装运输）。

② 运输量相对较小（与管道输送相比较而言）。

③ 运输成本高。运输成本基本与运输距离成正比，因此，不适合长距离运输。

④ 受天气、交通情况的影响较大，雨雪天气等恶劣的气候条件及道路交通堵塞的情况都有可能影响液氨的运输。

⑤ 装卸车场地和时间安排都较困难。不管是水路运输、铁路运输还是公路运输，都需要一定的装卸场地和装卸车环节，而且夜间也不适合装卸车。

尽管如此，由于受技术条件（国内相关设计和验收规范缺乏）、输送对象单一、一次性投资大等条件的限制，目前，国内长距离管道输送使用范围仍然有限。据资料报道，目前国内输送距离一般不超过 100km。

3. 液氨输送（使用）的安全要求

① 液氨储罐（槽）、管道、阀门应符合压力容器、压力管道的材质要求，应设置灵敏可靠的温度计、压力计、液位计、安全阀，及高低液位报警，并应将信号引至控制室（操作间）。

② 常压低温式液氨储罐（槽）应有良好的绝热保冷措施，布置在室外的常温压力式储罐（槽）应隔热或设喷淋水冷却措施。两种储罐（槽）附近均应设有消防喷淋水雾和排水等防止液氨大量外泄的防范设施。

③ 液氨常温储存应选用球罐或卧罐。

④ 操作人员必须认真进行充装操作，控制充装量不得超过储罐（槽）总容积的 70%。

⑤ 氨对铜有腐蚀作用，凡有氨存在的设备、管道系统不得有铜材质的配件。

⑥ 在液氨使用场所，包括液氨储罐区、压缩机房、氨蒸发器、氨冷却器、液氨钢瓶储存区、钢瓶使用区和使用液氨的厂房均应按照《石油化工企业可燃气体和有毒气体检测报警设计规范》（GB 50493—2009）设置可燃气体检测报警仪，并将信号接至控制室（操作间）。

⑦ 液氨、氨气管道严禁穿过生活间、办公室、控制室及与其无关的房间。用氨设备和氨的输送管道应标出明显的颜色，并对管内介质流向作出明显标识，以利于操作和事故处理。

⑧ 氨制冷设备和管道的刷漆颜色应符合《冷库设计规范》GB 50072—2010 的有关规定。

⑨ 液氨的金属管道除需要采用法兰连接外，均应采用焊接并对焊缝按国家规范要求进行探伤。

⑩ 液氨、氨气管道、阀门、法兰、垫片及紧固件等的材质、压力等级应符合石油化工管道安装设计的要求。

⑪ 制冷管道系统应采用氨专用阀门和配件，其公称压力不应低于 2.5MPa（表压）并不得有铜质和镀锌镀锡的零配件，其密封面形式应为凹凸面。

⑫ 制冷系统的管子应采用无缝钢管，其质量应符合现行国家标准《输送流体用无缝钢管》GB/T 8163—2008 的要求，应根据管内的最低工作温度选用钢号；管道的设计压力应

采用 2.5MPa（表压）。

⑬ 液氨的装卸应有安全措施和防止污染环境的措施。

⑭ 压力容器及安全附件应按《压力容器安全技术监察规程》的规定进行检验、检测。

⑮ 液氨管道属于 GC2 级压力管道，应按《压力管道安全管理与监察规定》进行检验、检测。

⑯ 必须设置配套的事故水池及水泵或相应的消防水源，液氨一旦泄漏，立即用雾状水喷淋吸收，防止事故蔓延。

⑰ 应设置紧急泄氨器，当发生重大紧急事故时能快速将系统内的氨放出溶于水中（每 1kg/min 的氨至少应提供 17L/min 的水）排至经有关部门批准的储罐、水池（或事故废水池、中和池），经污水处理场，处理后达标排放。

另外，国家对液氨的水路槽船、铁路槽车、公路槽车、气瓶等运输都有专门的管理规定，这里不再一一赘述。

二、气氨的输送

液氨汽化为气氨后体积膨胀，温度越低膨胀系数越大。如在 -20℃、饱和蒸气压约为 0.2MPa 时，液氨的比容约为 1.5L/kg，而同温度下汽化为气氨后比容约为 623.6L/kg，体积膨胀了 400 多倍。即使在 20℃、饱和蒸气压为 0.9MPa 的情况下，液氨的比容约为 1.6L/kg，而同温度下气氨的比容约为 149.4L/kg，体积也膨胀了 90 多倍。因此，气氨不适宜长距离管道输送和运输。

目前，在合成氨厂，气氨的输送主要是合成氨生产系统内部的制冷系统循环或制作氨水等情况下的管道输送。其输送动力来自于液氨蒸发为气氨后的体积膨胀功和氨压缩机或高位吸氨器进口的吸力。

任务小结

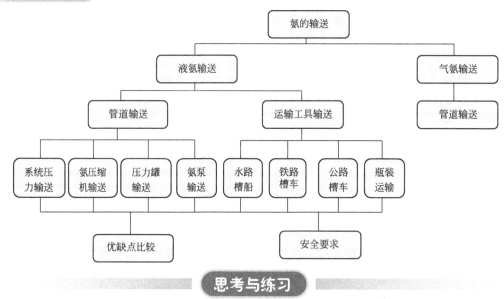

思考与练习

1. 液氨的输送方式有哪几种？
2. 液氨的管道输送方式有哪几种？
3. 液氨管道输送的优缺点是什么？
4. 液氨运输工具运输的优缺点有哪些？
5. 液氨的汽车罐车运输和瓶装运输分别适用于什么情况？

参 考 文 献

［1］ 程桂花. 合成氨. 北京：化学工业出版社，1998.
［2］ 林玉波. 合成氨生产工艺. 第 2 版. 北京：化学工业出版社，2011.
［3］ 张子峰. 合成氨生产技术. 第 2 版. 北京：化学工业出版社，2011.
［4］ 程桂花，张志华. 合成氨. 北京：化学工业出版社，2011.
［5］ 吴玉萍. 合成氨工艺. 第 2 版. 北京：化学工业出版社，2011.
［6］ 池永庆. 尿素生产技术. 北京：化学工业出版社，2011.
［7］ 赵建军. 甲醇生产工艺. 北京：化学工业出版社，2008.
［8］ 中国石油和石化研究会. 合成氨和尿素. 第 3 版. 北京：中国石化出版社，2012.
［9］ 李平辉. 合成氨原料气净化. 北京：化学工业出版社，2010.
［10］ 刘郁. 合成氨生产工习题集. 北京：化学工业出版社，2014.
［11］ 田伟军，杨春华. 合成氨生产. 北京：化学工业出版社，2012.
［12］ 陈性永. 操作工. 北京：化学工业出版社，1997.
［13］ 郑广俭，张志华. 无机化工生产技术. 北京：化学工业出版社，2003.
［14］ 田铁牛. 化学工艺. 北京：化学工业出版社，2002.
［15］ 应卫勇. 煤基合成化学品. 北京：化学工业出版社，2010.
［16］ 中国石油化工集团公司职业技能鉴定指导中心. 合成氨装置操作工. 北京：中国石化出版社，2007.
［17］ 许世森，张东亮，任永强. 大规模煤气化技术. 北京：化学工业出版社，2006.
［18］ 陈五平. 无机化工工艺学. 北京：化学工业出版社，2002.
［19］ 赵忠祥. 氮肥生产概论. 北京：化学工业出版社，1995.
［20］ 徐宏. 化工生产仿真实训. 北京：化学工业出版社，2010.
［21］ 王丽丽. 空分技术读本. 北京：化学工业出版社，2009.
［22］ 郑书忠. 工业水处理技术及化学品. 北京：化学工业出版社，2010.
［23］ 余经海. 工业水处理技术. 第 2 版. 北京：化学工业出版社，2011.
［24］ 廖巧丽，米镇涛. 化学工艺学. 北京：化学工业出版社，2001.
［25］ 中国化工安全卫生技术协会. 中型氮肥生产安全操作与事故. 北京：化学工业出版社，2000.
［26］ 王云杰，栗晓燕. 如何更好地应用栲胶脱硫法. 小氮肥，2004，（7）：15-16，23.